テキスト
微分積分

小寺平治・著

共立出版株式会社

まえがき

　この本は，主として，大学理工系における"微分積分"のテキストです．
　私は，完成品としての微分積分を単なる論理の連鎖として天下り的に演繹するという方式は採りませんでした．
　roots・motivation を大切にして，具体例から入り微分積分の基本概念がどのように形成されたかが明らかになるように努めました．
　クレオパトラは絶世の美女だ，と申しますが，残念ながら，われわれは彼女に会うことができません．
　クレオパトラの生い立ちや美貌を文献でいくら調べても，彼女の美しさを実感することは無理でしょう．実際に会ってみなければダメなのです．
　実体不明の空理空論よりも，**数値的具体例**に接し，自分で計算することで，なるほど，そうか！という理解に達するのではないでしょうか．
　この本が，広く理工系諸分野の学生諸君の入門用テキストであることを考慮し，いわゆる ε-δ 式論法にはふれず，実数の連続性（中間値の定理，最大値・最小値の存在定理など）を仮定しました．

　　　　　　理念は高く　　論理は明快　　計算は単純

をモットーに，私は，この本を一所懸命にかきました．未来を生きる若い諸君のお役に立てば幸いです．
　共立出版(株)の寿日出男さん・吉村修司さんは，企画・編集・出版をともに歩んで下さいました．心よりお礼申し上げます．

　　2003 年 9 月

　　　　　　　　　　　　　　　　　　　　　　　　　小　寺　平　治

目　次

公 式 集　　　　　　　　　　　　　　　vi

Chapt. 1　一変数関数の微分法

§1　関数の基礎概念　　　　　　　　　2
§2　微分係数　　　　　　　　　　　　10
§3　指数関数　　　　　　　　　　　　18
§4　三角関数　　　　　　　　　　　　25
§5　平均値の定理　　　　　　　　　　33
§6　テイラーの定理　　　　　　　　　40
§7　関数の増減・凹凸　　　　　　　　47
§8　方程式・不等式への応用　　　　　53

Chapt. 2　一変数関数の積分法

§9　定積分　　　　　　　　　　　　　60
§10　置換積分・部分積分　　　　　　67
§11　無理関数・三角関数の積分　　　73
§12　定積分の応用　　　　　　　　　80
§13　広義積分　　　　　　　　　　　86

Chapt. 3　多変数関数の微分法

§14　多変数関数　　　　　　　　　　94
§15　微分係数　　　　　　　　　　　100

§16	合成関数の微分法	106
§17	高次微分係数	111
§18	極値問題	118
§19	陰関数定理	124
§20	条件つき極値	130

Chapt. 4　多変数関数の積分法

§21	重積分	138
§22	変数変換	144
§23	広義重積分	150
§24	体積・曲面積	156
§25	線積分とグリーンの定理	162

| 演習問題の解または略解 | 171 |
| 索　引 | 193 |

■本書を使用される先生方へ：

　　各§は，1コマ(90分)の授業をおおよその目安にいたしました．
　基本事項は"**ポイント**"としてまとめ，
　　　定義には，■(ハコ)をつけ，
　　　定理には，●(マル)をつけました．

導関数の公式

$f(x)$	$f'(x)$	$f(x)$	$f'(x)$
C	0	x^a	ax^{a-1}
e^x	e^x	a^x	$a^x \log a$
$\log x$	$\dfrac{1}{x}$	$\log_a x$	$\dfrac{1}{x \log a}$
$\cos x$	$-\sin x$	$\cosh x$	$\sinh x$
$\sin x$	$\cos x$	$\sinh x$	$\cosh x$
$\tan x$	$\sec^2 x$	$\tanh x$	$\operatorname{sech}^2 x$
$\cot x$	$-\operatorname{cosec}^2 x$	$\coth x$	$-\operatorname{cosech}^2 x$
$\sec x$	$\sec x \tan x$	$\operatorname{sech} x$	$-\operatorname{sech} x \tanh x$
$\operatorname{cosec} x$	$-\operatorname{cosec} x \cot x$	$\operatorname{cosech} x$	$-\operatorname{cosech} x \coth x$
$\cos^{-1} x$	$-\dfrac{1}{\sqrt{1-x^2}}$	$\cosh^{-1} x$	$\dfrac{1}{\sqrt{x^2-1}}$
$\sin^{-1} x$	$\dfrac{1}{\sqrt{1-x^2}}$	$\sinh^{-1} x$	$\dfrac{1}{\sqrt{1+x^2}}$
$\tan^{-1} x$	$\dfrac{1}{1+x^2}$	$\tanh^{-1} x$	$\dfrac{1}{1-x^2}$

$f(x)$	$f^{(n)}(x)$	$f(x)$	$f^{(n)}(x)$
x^a	$a(a-1)\cdots(a-n+1)x^{a-n}$	$g(ax+b)$	$a^n g^{(n)}(ax+b)$
e^{ax}	$a^n e^{ax}$	a^x	$a^x (\log a)^n$
$\cos x$	$\cos\left(x+\dfrac{n\pi}{2}\right)$	$\sin x$	$\sin\left(x+\dfrac{n\pi}{2}\right)$

原始関数の公式

$f(x)$	$\int f(x)\,dx$	$f(x)$	$\int f(x)\,dx$
x^a	$\dfrac{1}{a+1}x^{a+1}\quad(a\ne -1)$	$\dfrac{1}{x}$	$\log|x|$
e^x	e^x	a^x	$a^x/\log a$
$\log x$	$x(\log x -1)$	$\log_a x$	$x(\log x -1)/\log a$
$\cos x$	$\sin x$	$\cosh x$	$\sinh x$
$\sin x$	$-\cos x$	$\sinh x$	$\cosh x$
$\tan x$	$-\log|\cos x|$	$\tanh x$	$\log|\cosh x|$
$\cot x$	$\log|\sin x|$	$\coth x$	$\log|\sinh x|$
$\sec x$	$\log|\sec x + \tan x|$	$\operatorname{sech} x$	$\sin^{-1}(\tanh x)$
	$\log\left|\tan\left(\dfrac{x}{2}+\dfrac{\pi}{4}\right)\right|$		$2\tan^{-1}(e^x)$
$\operatorname{cosec} x$	$\log|\operatorname{cosec} x - \cot x|$	$\operatorname{cosech} x$	$-\coth^{-1}(e^x)$
	$\log\left|\tan\dfrac{x}{2}\right|$		$\log\left|\tanh\dfrac{x}{2}\right|$
$\cos^{-1} x$	$x\cos^{-1}x - \sqrt{1-x^2}$	$\cosh^{-1} x$	$x\cosh^{-1}x - \sqrt{x^2-1}$
$\sin^{-1} x$	$x\sin^{-1}x + \sqrt{1-x^2}$	$\sinh^{-1} x$	$x\sinh^{-1}x - \sqrt{x^2+1}$
$\tan^{-1} x$	$x\tan^{-1}x - \dfrac{1}{2}\log(1+x^2)$	$\tanh^{-1} x$	$x\tanh^{-1}x + \dfrac{1}{2}\log(1-x^2)$
$\dfrac{1}{x^2+a^2}$	$\dfrac{1}{a}\tan^{-1}\dfrac{x}{a}$	$\dfrac{1}{x^2-a^2}$	$\dfrac{1}{2a}\log\left|\dfrac{x-a}{x+a}\right|$
$\dfrac{1}{\sqrt{a^2-x^2}}$	$\sin^{-1}\dfrac{x}{a},\quad -\cos^{-1}\dfrac{x}{a}$	$\dfrac{1}{\sqrt{x^2+A}}$	$\log|x+\sqrt{x^2+A}|$
$\sqrt{a^2-x^2}$	$\dfrac{1}{2}\left(x\sqrt{a^2-x^2}+a^2\sin^{-1}\dfrac{x}{a}\right)$	$\sqrt{x^2+A}$	$\dfrac{1}{2}\left(x\sqrt{x^2+A}+A\log|x+\sqrt{x^2+A}|\right)$

▶注 公式で，$a>0$ とする．

マクローリン展開

$e^x = 1 + \dfrac{1}{1!}x + \dfrac{1}{2!}x^2 + \dfrac{1}{3!}x^3 + \cdots\cdots$ $(-\infty < x < +\infty)$

$\log(1+x) = x - \dfrac{1}{2}x^2 + \dfrac{1}{3}x^3 - \dfrac{1}{4}x^4 + \cdots\cdots$ $(-1 < x \leqq 1)$

$\log\dfrac{1+x}{1-x} = 2\left(x + \dfrac{1}{3}x^3 + \dfrac{1}{5}x^5 + \dfrac{1}{7}x^7 + \cdots\cdots\right)$ $(-1 < x \leqq 1)$

$\cos x = 1 - \dfrac{1}{2!}x^2 + \dfrac{1}{4!}x^4 - \dfrac{1}{6!}x^6 + \cdots\cdots$ $(-\infty < x < +\infty)$

$\sin x = x - \dfrac{1}{3!}x^3 + \dfrac{1}{5!}x^5 - \dfrac{1}{7!}x^7 + \cdots\cdots$ $(-\infty < x < +\infty)$

$\tan x = x + \dfrac{1}{3}x^3 + \dfrac{2}{15}x^5 + \dfrac{17}{315}x^7 + \cdots\cdots$ $\left(-\dfrac{\pi}{2} < x < \dfrac{\pi}{2}\right)$

$\sin^{-1} x = x + \dfrac{1}{2}\dfrac{x^3}{3} + \dfrac{1\cdot 3}{2\cdot 4}\dfrac{x^5}{5} + \dfrac{1\cdot 3\cdot 5}{2\cdot 4\cdot 6}\dfrac{x^7}{7} + \cdots\cdots$ $(-1 < x < 1)$

$\tan^{-1} x = x - \dfrac{1}{3}x^3 + \dfrac{1}{5}x^5 - \dfrac{1}{7}x^7 + \cdots\cdots$ $(-1 \leqq x \leqq 1)$

$\cosh x = 1 + \dfrac{1}{2!}x^2 + \dfrac{1}{4!}x^4 + \dfrac{1}{6!}x^6 + \cdots\cdots$ $(-\infty < x < +\infty)$

$\sinh x = x + \dfrac{1}{3!}x^3 + \dfrac{1}{5!}x^5 + \dfrac{1}{7!}x^7 + \cdots\cdots$ $(-\infty < x < +\infty)$

$\dfrac{1}{1+x} = 1 - x + x^2 - x^3 + \cdots\cdots$ $(-1 < x < 1)$

$\sqrt{1+x} = 1 + \dfrac{1}{2}x - \dfrac{1}{2\cdot 4}x^2 + \dfrac{1\cdot 3}{2\cdot 4\cdot 6}x^3 - \dfrac{1\cdot 3\cdot 5}{2\cdot 4\cdot 6\cdot 8}x^4 + \cdots\cdots$ $(-1 < x \leqq 1)$

$\sqrt[3]{1+x} = 1 + \dfrac{1}{3}x - \dfrac{2}{3\cdot 6}x^2 + \dfrac{2\cdot 5}{3\cdot 6\cdot 9}x^3 - \dfrac{2\cdot 5\cdot 8}{3\cdot 6\cdot 9\cdot 12}x^4 + \cdots\cdots$ $(-1 < x \leqq 1)$

$(1+x)^\alpha = 1 + \dfrac{\alpha}{1!}x + \dfrac{\alpha(\alpha-1)}{2!}x^2 + \dfrac{\alpha(\alpha-1)(\alpha-2)}{3!}x^3 + \cdots$ $(-1 < x < 1)$

$\dfrac{\log(1+x)}{1+x} = x - \left(1 + \dfrac{1}{2}\right)x^2 + \left(1 + \dfrac{1}{2} + \dfrac{1}{3}\right)x^3 - \cdots\cdots$ $(-1 < x < 1)$

▶注 $\tan x$ の展開式の一般項は，複雑なので略す．

便利な基本公式

●三角関数

$$\tan x = \frac{\sin x}{\cos x}, \quad \cot x = \frac{\cos x}{\sin x}, \quad \sec x = \frac{1}{\cos x}, \quad \operatorname{cosec} x = \frac{1}{\sin x}$$

$$\cos^2 x + \sin^2 x = 1, \quad 1 + \tan^2 x = \sec^2 x$$

$$\cos(x + 2\pi) = \cos x, \quad \sin(x + 2\pi) = \sin x$$

$$\cos(-x) = \cos x, \quad \sin(-x) = -\sin x, \quad \tan(-x) = -\tan x$$

$$\cos(\alpha \pm \beta) = \cos\alpha\cos\beta \mp \sin\alpha\sin\beta$$
$$\sin(\alpha \pm \beta) = \sin\alpha\cos\beta \pm \cos\alpha\sin\beta \qquad \tan(\alpha \pm \beta) = \frac{\tan\alpha \pm \tan\beta}{1 \mp \tan\alpha\tan\beta}$$

$$\cos 2\theta = \cos^2\theta - \sin^2\theta = 2\cos^2\theta - 1 = 1 - 2\sin^2\theta, \quad \sin 2\theta = 2\sin\theta\cos\theta$$

$$\cos^2\theta = \frac{1+\cos 2\theta}{2}, \quad \sin^2\theta = \frac{1-\cos 2\theta}{2}, \quad \sin\theta\cos\theta = \frac{1}{2}\sin 2\theta$$

$$\cos 3\theta = 4\cos^3\theta - 3\cos\theta, \quad \sin 3\theta = 3\sin\theta - 4\sin^3\theta$$

$$\cos^3\theta = \frac{3\cos\theta + \cos 3\theta}{4}, \quad \sin^3\theta = \frac{3\sin\theta - \sin 3\theta}{4}$$

$$2\cos\alpha\cos\beta = \cos(\alpha+\beta) + \cos(\alpha-\beta) \qquad \cos A + \cos B = 2\cos\frac{A+B}{2}\cos\frac{A-B}{2}$$

$$-2\sin\alpha\sin\beta = \cos(\alpha+\beta) - \cos(\alpha-\beta) \qquad \cos A - \cos B = -2\sin\frac{A+B}{2}\sin\frac{A-B}{2}$$

$$2\sin\alpha\cos\beta = \sin(\alpha+\beta) + \sin(\alpha-\beta) \qquad \sin A + \sin B = 2\sin\frac{A+B}{2}\cos\frac{A-B}{2}$$

$$2\cos\alpha\sin\beta = \sin(\alpha+\beta) - \sin(\alpha-\beta) \qquad \sin A - \sin B = 2\cos\frac{A+B}{2}\sin\frac{A-B}{2}$$

$$\tan\frac{\theta}{2} = t \text{ のとき}, \quad \cos\theta = \frac{1-t^2}{1+t^2}, \quad \sin\theta = \frac{2t}{1+t^2}, \quad \tan\theta = \frac{2t}{1-t^2}$$

$$\frac{1-\cos\theta}{\sin\theta} = \frac{\sin\theta}{1+\cos\theta} = \tan\frac{\theta}{2}, \quad \sin\theta \pm \cos\theta = \sqrt{2}\sin\left(\theta \pm \frac{\pi}{4}\right)$$

$$e^{i\theta} = \cos\theta + i\sin\theta, \quad (\cos\theta + i\sin\theta)^n = \cos n\theta + i\sin n\theta$$

●逆三角関数

$$y = \cos^{-1} x \iff x = \cos y, \quad 0 \leqq y \leqq \pi$$

$$y = \sin^{-1} x \iff x = \sin y, \quad |y| \leqq \pi/2$$

$$y = \tan^{-1} x \iff x = \tan y, \quad |y| < \pi/2$$

公式集

●双曲線関数

$$\cosh x = \frac{e^x + e^{-x}}{2}$$

$$\coth x = \frac{\cosh x}{\sinh x} = \frac{e^x + e^{-x}}{e^x - e^{-x}}$$

$$\sinh x = \frac{e^x - e^{-x}}{2}$$

$$\mathrm{sech}\, x = \frac{1}{\cosh x} = \frac{2}{e^x + e^{-x}}$$

$$\tanh x = \frac{\sinh x}{\cosh x} = \frac{e^x - e^{-x}}{e^x + e^{-x}}$$

$$\mathrm{cosech}\, x = \frac{1}{\sinh x} = \frac{2}{e^x - e^{-x}}$$

$$\cosh^2 x - \sinh^2 x = 1$$

$$\cosh(-x) = \cosh x, \quad \sinh(-x) = -\sinh x, \quad \tanh(-x) = -\tanh x$$

$$\cosh(x \pm y) = \cosh x \cosh y \pm \sinh x \sinh y$$

$$\sinh(x \pm y) = \sinh x \cosh y \pm \cosh x \sinh y$$

$$\cosh 2x = \cosh^2 x + \sinh^2 x = 2\cosh^2 x - 1 = 1 + 2\sinh^2 x$$

$$\sinh 2x = 2 \sinh x \cosh x$$

$$\cos(ix) = \cosh x, \quad \sin(ix) = i \sinh x, \quad \tan(ix) = i \tanh x$$

●逆双曲線関数

$$\cosh^{-1} x = \log(x + \sqrt{x^2 - 1}) \quad (x \geq 1)$$

$$\coth^{-1} x = \frac{1}{2} \log \left| \frac{x+1}{x-1} \right| \quad (|x| > 1)$$

$$\sinh^{-1} x = \log(x + \sqrt{x^2 + 1})$$

$$\mathrm{sech}^{-1} x = \log \frac{1 - \sqrt{1 - x^2}}{x} \quad (0 < x \leq 1)$$

$$\tanh^{-1} x = \frac{1}{2} \log \frac{1+x}{1-x} \quad (|x| < 1)$$

$$\mathrm{cosech}^{-1} x = \log \left(\frac{1}{x} + \sqrt{1 + \frac{1}{x^2}} \right)$$

●指数関数・対数関数

$$a^{x+y} = a^x a^y, \quad a^{xy} = (a^x)^y, \quad (ab)^x = a^x b^x \quad (a, b > 0)$$

$$a^0 = 1, \quad a^{-x} = \frac{1}{a^x}, \quad a^{x-y} = \frac{a^x}{a^y}$$

$$a^{\frac{1}{n}} = \sqrt[n]{a}, \quad a^{\frac{m}{n}} = \sqrt[n]{a^m} \quad (a > 0)$$

$$y = \log_a x \iff a^y = x \quad (0 < a \neq 1), \quad a^x = e^{x \log a}, \quad e^{\log x} = x$$

$$\log_a XY = \log_a X + \log_a Y, \quad \log_a X^p = p \log_a X$$

$$\log_a \frac{X}{Y} = \log_a X - \log_a Y, \quad \log_a b = \frac{\log_c b}{\log_c a}$$

● **数列の部分和**

$$1+2+3+\cdots+n=\frac{1}{2}n(n+1)$$

$$1^2+2^2+3^2+\cdots+n^2=\frac{1}{6}n(n+1)(2n+1)$$

$$1^3+2^3+3^3+\cdots+n^3=\left\{\frac{1}{2}n(n+1)\right\}^2$$

$$1^4+2^4+3^4+\cdots+n^4=\frac{1}{30}n(n+1)(2n+1)(3n^2+3n-1)$$

$$1\cdot2+2\cdot3+3\cdot4+\cdots+n(n+1)=\frac{1}{3}n(n+1)(n+2)$$

$$1\cdot2\cdot3+2\cdot3\cdot4+\cdots+n(n+1)(n+2)=\frac{1}{4}n(n+1)(n+2)(n+3)$$

$$a+ar+ar^2+\cdots+ar^{n-1}=\frac{a(1-r^n)}{1-r}\quad(r\neq1)$$

● **極限値・定積分**

$$\lim_{x\to+\infty}\frac{1}{x}=\lim_{x\to-\infty}\frac{1}{x}=0,\quad\lim_{x\to+0}\frac{1}{x}=+\infty,\quad\lim_{x\to-0}\frac{1}{x}=-\infty$$

$$\lim_{x\to\pm\infty}\left(1+\frac{1}{x}\right)^x=\lim_{h\to0}(1+h)^{\frac{1}{h}}=e,\quad\lim_{h\to0}\frac{e^h-1}{h}=1,\quad\lim_{h\to0}\frac{\log(1+h)}{h}=1$$

$$\lim_{x\to0}\frac{\sin x}{x}=1,\quad\lim_{x\to0}\frac{1-\cos x}{x^2}=\frac{1}{2},\quad\lim_{x\to0}\frac{x-\sin x}{x^3}=\frac{1}{6}$$

$$\lim_{n\to\infty}\sqrt[n]{a}=1\quad(a>0),\quad\lim_{n\to\infty}\sqrt[n]{n}=1$$

$$\lim_{n\to\infty}r^n=\begin{cases}+\infty&(r>1)\\1&(r=1)\\0&(|r|<1)\\\text{振動}&(r\leq-1)\end{cases}$$

$$\lim_{n\to\infty}\frac{a^n}{n!}=0,\quad\lim_{n\to\infty}n^ar^n=0\quad(|r|<1)$$

$$\lim_{x\to+0}x^a=\begin{cases}0&(a>0)\\1&(a=0)\\+\infty&(a<0)\end{cases}\quad\lim_{x\to+\infty}x^a=\begin{cases}+\infty&(a>0)\\1&(a=0)\\0&(a<0)\end{cases}$$

$$\lim_{x\to+\infty}\frac{e^x}{x^a}=+\infty,\quad\lim_{x\to+\infty}\frac{x^a}{\log x}=+\infty,\quad\lim_{x\to+0}x^a\log x=0\quad(a>0)$$

$$\int_0^{\frac{\pi}{2}}\cos^n x\,dx=\int_0^{\frac{\pi}{2}}\sin^n x\,dx=\begin{cases}\dfrac{n-1}{n}\dfrac{n-3}{n-2}\cdots\dfrac{3}{4}\dfrac{1}{2}\dfrac{\pi}{2}&(n:\text{偶数})\\\dfrac{n-1}{n}\dfrac{n-3}{n-2}\cdots\dfrac{4}{5}\dfrac{2}{3}&(n:\text{奇数})\end{cases}$$

Chapter 1　一変数関数の微分法

　ある列車の発進後 t 時間の走行距離を $f(t)$ km とする.

　いま，時刻 $t=a$ のとき，突然クラッチを切れば，**この瞬間**から列車は（摩擦や抵抗を考えなければ）**等速**で走り続けるであろう．

　等速で走り続けるこの速度こそが，

　　　時刻 $t=a$ における**瞬間の速度** $f'(a)$

にほかならない．

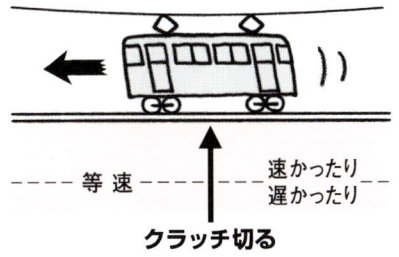

§1　関数の基礎概念 ……… 2
§2　微分係数 ……………… 10
§3　指数関数 ……………… 18
§4　三角関数 ……………… 25
§5　平均値の定理 ………… 33
§6　テイラーの定理 ……… 40
§7　関数の増減・凹凸 …… 47
§8　方程式・不等式への応用　53

§1 関数の基礎概念

―― 穴のあいた式 ――

関　数

関数 (function) の本質は，その名の通り，**機能（働き）**である．

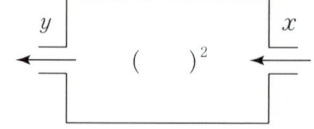

たとえば，関数 $f(x)=x^2$ とか，関数 $y=x^2$ というとき，関数の本体は，"2乗する" という働き

$$f(\ \ \ )=(\ \ \ )^2$$

であるが，ふつう，入力口・出力口に，変数 x,y を用いて $y=f(x)$ と記す．

一般に，f が集合 A の各元 a に集合 B の元 $f(a)$ を対応させる関数であることを，

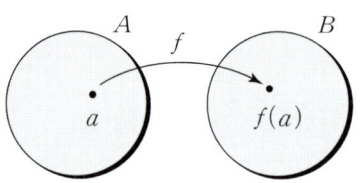

$$f:A\longrightarrow B \quad \text{または} \quad A\xrightarrow{f} B$$

などと記し，A,B および B の部分集合 $\{f(x)\,|\,x\in A\}$ を，それぞれ，関数 f の**定義域・終域・値域**とよぶ．

Chapter 1・2 では，主として，定義域・値域が $\boldsymbol{R}$ の区間の場合を扱う．

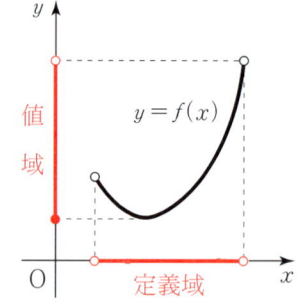

▶注　実数の全体（数直線）を $\boldsymbol{R}$ と記す．
$\boldsymbol{R}$ の区間にはたとえば，次のようなものがある：

$a<x<b$	: ——○━━━○——	(a,b)	開区間
$a\leqq x\leqq b$	: ——●━━━●——	$[a,b]$	閉区間
$a\leqq x<b$	: ——●━━━○——	$[a,b)$	半開区間
$a<x<+\infty$	: ——○━━━━━	$(a,+\infty)$	
$-\infty<x<+\infty$	: ━━━━━━━━	$(-\infty,+\infty)$	

後に分かるように，**閉か開か**（境界を含むか否か）の区別は大切．

合成関数・逆関数

たとえば，次の関数を考える：
$$y = \sqrt{x+3}$$

x にある値を代入して y の値を求めるには，まず，関数
$$u = x + 3$$
により u の値を求め，次に，関数
$$y = \sqrt{u}$$
により y の値を求めるであろう．

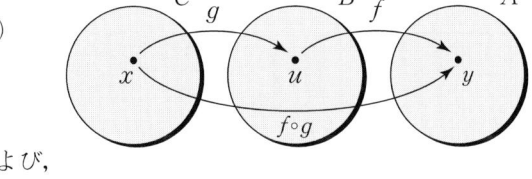

一般に，二つの関数
$$u = g(x), \quad y = f(u)$$
を，この順に施す関数
$$y = f(g(x))$$
を，g と f との**合成関数**とよび，$f \circ g$ と記す．

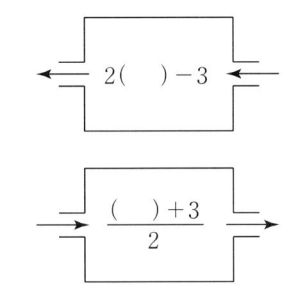

例 $y = \cos^2 x$ は，$u = \cos x$ と $y = u^2$ の合成関数である． □

次に，たとえば，
$$y = 2x - 3$$
で，x の値に対して y の値が当然決まるが，逆に y の一つの値に対して x の値が，必ず一つだけ決まる：
$$x = \frac{y+3}{2}$$

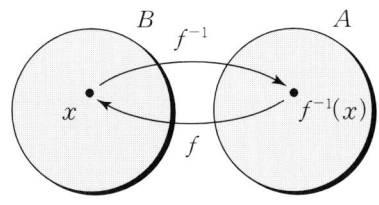

一般に，関数 $f : A \longrightarrow B$ で，各 $x \in B$ に対して，$x = f(y)$ なる $y \in A$ が**ただ一つだけ**決まるとき，x に y を対応させる関数を f の**逆関数**とよび，$f^{-1} : B \longrightarrow A$ と記す：
$$y = f^{-1}(x) \iff x = f(y)$$

■ポイント ──────────── 合成関数・逆関数 ──

(1) **合成関数**　関数 $g: A \to B$, $f: B \to C$ に対して,
$$f \circ g : A \to C, \quad (f \circ g)(x) = f(g(x)) \quad (x \in A)$$

(2) **逆関数**　全単射 $f: A \to B$ に対して,
$$f^{-1}: B \to A, \quad y = f^{-1}(x) \iff x = f(y) \quad (x \in B)$$

▶ **注**　f は**全射**(**上への関数**) $\iff$ 値域 ＝ 終域

　　f は**単射**(**一対一関数**) $\iff$ "$x \neq x' \Longrightarrow f(x) \neq f(x')$"

　　f は**全単射** $\iff$ f は全射かつ単射

[例]　$f(x) = x^2 + 2$ $(0 \leqq x \leqq 1)$ の逆関数 $f^{-1}(x)$ を求めよ.

解　$y = f(x) = x^2 + 2$ $(0 \leqq x \leqq 1)$ の値域は, $2 \leqq y \leqq 3$.
$$y = f^{-1}(x) \quad (0 \leqq y \leqq 1, \ 2 \leqq x \leqq 3)$$

とおけば,
$$x = f(y) = y^2 + 2 \quad (0 \leqq y \leqq 1, \ 2 \leqq x \leqq 3)$$
$$\therefore \ y = \sqrt{x-2} \quad \therefore \ f^{-1}(x) = \sqrt{x-2} \quad (2 \leqq x \leqq 3)$$

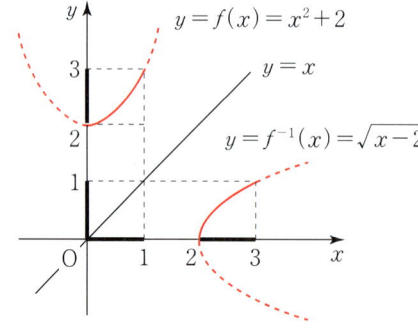

- $f^{-1}(x)$ の定義域・値域は, $f(x)$ の値域・定義域 (入れかわる)
- $y = f(x)$, $y = f^{-1}(x)$ のグラフは, $y = x$ に関して対称.

関数の極限

　$f(x)$ は点 a の近くで定義されている. (案外点 a では定義されてなくてもよいが, 点 a 以外では必ず定義されている) x が a 以外の値をとりながら限りなく a に近づくとき, 近づき方によらず $f(x)$ が定数 α に近づくならば, 近づく目標の α を, $x \to a$ のときの $f(x)$ の**極限値**とよび,

$$\lim_{x \to a} f(x) = \alpha$$

などと記す．さらに，

x が限りなく大きくなることを，$x \to +\infty$ と記す．$x \to -\infty$ も同様．

x が $x < a$ を満たしながら a に近づくことを，$x \to a-0$ と記す．

x が $a < x$ を満たしながら a に近づくことを，$x \to a+0$ と記す．

例 図のような関数 $f(x)$ について，

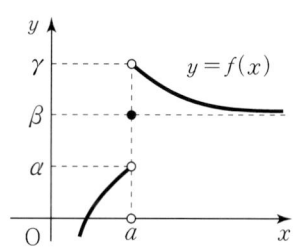

$\displaystyle \lim_{x \to a-0} f(x) = \alpha$ ： 左極限値

$\displaystyle \lim_{x \to a+0} f(x) = \gamma$ ： 右極限値

$\displaystyle \lim_{x \to +\infty} f(x) = \beta$

例 $\displaystyle \lim_{x \to +\infty} \frac{1}{x} = 0$, $\displaystyle \lim_{x \to +0} \frac{1}{x} = +\infty$, $\displaystyle \lim_{x \to 1} \frac{x^2 - 1}{x - 1} = \lim_{x \to 1} (x+1) = 2$

極限についての基本性質として，次が成立する：

●ポイント ────────────────── 極限値の基本性質 ──

$\displaystyle \lim_{x \to a} f(x) = \alpha$, $\displaystyle \lim_{x \to a} g(x) = \beta$ $(\alpha, \beta \neq \pm\infty)$ のとき，

(1) $\displaystyle \lim_{x \to a} (f(x) + g(x)) = \alpha + \beta$

(2) $\displaystyle \lim_{x \to a} kf(x) = k\alpha$ （k：定数）

(3) $\displaystyle \lim_{x \to a} f(x)g(x) = \alpha\beta$

(4) $\displaystyle \lim_{x \to a} \frac{f(x)}{g(x)} = \frac{\alpha}{\beta}$ （$\beta \neq 0$）

連続関数

点 a を含む区間 I で定義された関数 $f(x)$ が，

$$\lim_{x \to a} f(x) = f(a) \quad [\text{極限値} = \text{関数値}]$$

を満たすとき，$f(x)$ は点 a で**連続**であるという．また，区間 I の各点で連

続であるとき，関数 $f(x)$ は区間 I で**連続**であるという．ただし，閉区間の場合，端点では左または右連続を考える．

▶注 $f(x)$ は点 a で**左連続** $\Leftrightarrow \lim_{x \to a-0} f(x) = f(a)$ （**右連続**も同様）

関数が連続であるというのは，打ち砕いていえば，

変数 x の変化が微小 $\implies$ 関数 $f(x)$ の変化も微小

ということで，これが連続関数の本質であり，多変数関数の場合も，このように頭に入れておけば間違いない．

なお，$f(x)$ の連続性と，$y = f(x)$ のグラフがつながっていること（連結性）とは**別の概念**である．たとえば，右ページの例題 1.1 で示すように，次の関数は点 0 で連続であるという定義を満たしてはいるが，点 0 で"つながっている"ようには見えない：

$$f(x) = \begin{cases} x & (x：有理数) \\ 0 & (x：無理数) \end{cases}$$

●ポイント ──────────────────── **連続関数の性質** ──

（1） 二つの連続関数の和・差・積・商（分母 $\neq 0$）は，連続関数．
（2） 連続関数と連続関数の合成関数は，連続関数．
（3） $a \leq x \leq b$ で連続な関数 $f(x)$ は，$f(a)$ と $f(b)$ の間のすべての値をとる．　　　　　　　　　　　　　　　　　　　　**[中間値の定理]**
（4） $f(x)$ は点 a で連続で，$f(a) > 0$ ならば，点 a のごく近くでは $f(x) > 0$ である．
（5） 点 a を境界点とする開区間 I で，$f(x), g(x)$ は連続とすれば，
$$f(x) \leq g(x) \ (x \in I) \implies \lim_{x \to a} f(x) \leq \lim_{x \to a} g(x)$$
とくに，$f(x) \leq h(x) \leq g(x)$，$\lim_{x \to a} f(x) = \lim_{x \to a} g(x) = \alpha$ ならば，
$$\lim_{x \to a} h(x) = \alpha \quad \textbf{[ハサミウチの原理]}$$

例　$\log x \ (x > 0)$ は連続関数だから，
$$\lim_{x \to 0} \left(\log \frac{\sin x}{x} \right) = \log \left(\lim_{x \to 0} \frac{\sin x}{x} \right) = \log 1 = 0 \qquad (☞ \text{ p.20, 29})$$

=== 例題 1.1 ===   関数の連続性

次の関数は，点 0 で連続か．

(1) $f(x) = \begin{cases} \sin\dfrac{1}{x} & (x \neq 0) \\ 0 & (x = 0) \end{cases}$ (2) $f(x) = \begin{cases} x & (x：有理数) \\ 0 & (x：無理数) \end{cases}$

【解】 (1) いま，
$$a_n = \frac{1}{n\pi},$$
$$b_n = \frac{1}{\left(2n+\dfrac{1}{2}\right)\pi}$$

とおけば，
$$f(a_n) = \sin(n\pi) = 0$$
$$f(b_n) = \sin\left(2n+\frac{1}{2}\right)\pi = 1$$

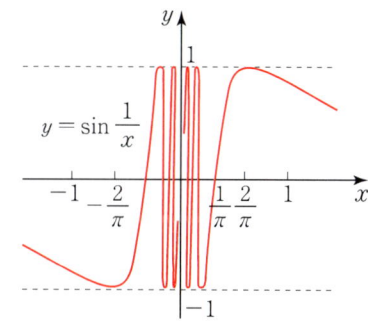

たとえば，

x が，$a_1, a_2, \cdots \to 0$ のように 0 に近づくとき，$f(x) \to 0$．

x が，$b_1, b_2, \cdots \to 0$ のように 0 に近づくとき，$f(x) \to 1$．

ゆえに，$f(x)$ は，点 0 で**不連続**．

(2) $|f(x)| \leq |x|$ だから，
$$0 \leq \lim_{x \to 0} |f(x)| \leq \lim_{x \to 0} |x| = 0$$
$$\therefore \lim_{x \to 0} f(x) = 0 = f(0)$$

ゆえに，$f(x)$ は，点 0 で**連続**．

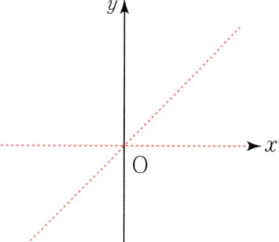

数列・級数

数列 $a_1, a_2, \cdots, a_n, \cdots$ を，$\{a_n\}$ などとも記す．番号 n がドンドン大きくなるとき，a_n が定数 a に限りなく近づくならば，数列 $\{a_n\}$ は a に**収束**（否定は**発散**）する，といい，

$$\lim_{n \to \infty} a_n = a \quad \text{または，} \quad a_n \longrightarrow a \quad (n \to \infty)$$

などと記す．このとき，a を $\{a_n\}$ の**極限値**という．

数列は，$\{1, 2, \cdots, n, \cdots\}$ を定義域とする関数と考えられるから，関数の極限の性質は，数列についても成立する．

次に，数列の極限についての基本的な具体例を挙げよう．

例 $\displaystyle\lim_{n\to\infty}\frac{1}{n}=0,\quad \lim_{n\to\infty}r^n = \begin{cases} 1 & (r=1) \\ 0 & (-1<r<1) \\ +\infty & (r>1) \\ 振動 & (r\leqq -1) \end{cases}$ 　収束 / 発散

証明 第2式を証明する．

- $r=1$ のときは，自明．
- $r>1$ のとき，$r=1+h\ (h>0)$ とおけるから，
$$r^n = (1+h)^n = 1 + nh + {}_nC_2 h^2 + \cdots + h^n > 1 + nh \to +\infty$$
- $-1<r<1$ のとき，$|r^n| \to 0$ を示せばよい．
$$\frac{1}{|r|} > 1,\ \left(\frac{1}{|r|}\right)^n \to +\infty\ \text{だから，}\ |r^n| = \frac{1}{(1/|r|)^n} \to 0$$
- $r \leqq -1$ のとき，明らか． □

例 $a>0 \implies \displaystyle\lim_{n\to\infty}\frac{a^n}{n!} = 0$

証明 $2a < N$ なる自然数 N を一つとる．$n > N$ なる n に対して，
$$0 < \frac{a^n}{n!} = \frac{a^N}{N!}\frac{a}{N+1}\frac{a}{N+2}\cdots\frac{a}{n}$$
$$< \frac{a^N}{N!}\frac{1}{2}\frac{1}{2}\cdots\frac{1}{2} = \frac{a^N}{N!}\left(\frac{1}{2}\right)^{n-N} \to 0 \qquad \square$$

さて，数列 $\{a_n\}$ の部分和 $S_n = a_1 + a_2 + \cdots + a_n$ の数列 $\{S_n\}$ が S に収束するとき，**級数** $a_1 + a_2 + \cdots + a_n + \cdots$ は，S に**収束**するといい，
$$S = \sum_{n=1}^{\infty} a_n = a_1 + a_2 + \cdots + a_n + \cdots$$

と記す．このとき，S をこの**級数の和**ということがある．

例 無限等比級数 $a + ar + ar^2 + \cdots + ar^{n-1} + \cdots\cdots$ の部分和は，
$$S_n = a + ar + ar^2 + \cdots + ar^{n-1} = \frac{a(1-r^n)}{1-r} \qquad (r \neq 1)$$

したがって，$|r|<1$ のとき，級数は収束して，その和は，

$$S = a + ar + ar^2 + \cdots = \frac{a}{1-r} \qquad \square$$

############## 演習問題 ##############

1.1 $f(x) = \frac{1}{2}x - 1 \ (2 \leqq x \leqq 3), \quad g(x) = \frac{1}{4}x^2 + 2 \ (0 \leqq x \leqq 2)$
のとき，
  （1） $(f \circ g)(x), \ (g \circ f)(x), \ f^{-1}(x), \ g^{-1}(x)$ を求めよ．
  （2） $(f \circ g)^{-1}(x) = (g^{-1} \circ f^{-1})(x)$ を確かめよ．

1.2 次の関数が，$-\infty < x < +\infty$ で連続になるように，a, b を定めよ．
$$f(x) = \begin{cases} ax + 5 & (x < 2) \\ b & (x = 2) \\ x^2 - 3 & (x > 2) \end{cases}$$

1.3 次の極限値を求めよ．
  （1） $\displaystyle\lim_{x \to a} \frac{x^n - a^n}{x - a}$ 　　（2） $\displaystyle\lim_{x \to a} \frac{\sqrt[n]{x} - \sqrt[n]{a}}{x - a}$

1.4 $y = x^2 + \dfrac{x^2}{1+x^2} + \dfrac{x^2}{(1+x^2)^2} + \cdots\cdots \quad (-\infty < x < +\infty)$
のグラフをかけ．

1.5 （1） $a_n = \dfrac{2n-1}{3n+2}$ のとき，$a = \displaystyle\lim_{n \to \infty} a_n$ を求めよ．
  （2） $n \geqq N$ のとき，つねに，$|a_n - a| < 10^{-4}$
を満たす最小の自然数 N を求めよ．

1.6 実数の集合 $A \subseteq \boldsymbol{R}$ に対して，次を満たす定数 a を A の上限（じょうげん）という：
$$\begin{cases} \text{I} & A \text{ のどの元も } a \text{ 以下である．} \\ \text{II} & a \text{ より小さいどんな数よりも大きい } A \text{ の元がある．} \end{cases}$$
次の集合 $A \subseteq \boldsymbol{R}$ の上限を求めよ．
  （1） 開区間 $(0, 2)$ 　　（2） $\left\{\dfrac{1}{2}, \dfrac{2}{3}, \dfrac{3}{4}, \cdots, \dfrac{n}{n+1}, \cdots\right\}$

▶注　A に最大元があるとき，上限と一致する．上限は最大元の代用品．下限（かげん）
　　　（最小元の代用品）も同様に定義される．

§2 微分係数

―― 丸い地球も住むときゃ平ら ――

瞬間の速度

岩壁に立って，手に持った小石をそっと離すと，x 秒後には，ほぼ，
$$y = f(x) = 4.9x^2 \ (\mathrm{m})$$
落下することが知られている．はじめゆっくり落ちるが，しだいに速度を増す．

このとき，$x=3$ 秒後の速度を考えよう．

$x=3$ 秒から $x=3.01$ 秒までの 0.01 秒間の小石の平均速度は，
$$\frac{4.9 \times 3.01^2 - 4.9 \times 3.00^2}{3.01 - 3.00} = 4.9 \times 6.01 \ (\mathrm{m}/秒)$$

この間の時間を，0.01 秒，0.001 秒，… と，しだいに短かくしていったときの究極の値，すなわち，**平均速度の極限**を，$x=3$ 秒後の**瞬間の速度**と定義するのである．

一般に $x=a$ 秒から $x=a+h$ 秒までの h 秒間の平均速度
$$\frac{f(a+h) - f(a)}{h}$$
の $h \to 0$ のときの極限値
$$\lim_{h \to 0} \frac{f(a+h) - f(a)}{h}$$
が，時刻 $x=a$ における瞬間の速度である．

一般に，この極限値が存在すれば，それを，$f'(a)$ と記し，関数 $f(x)$ の $x=a$ における**微分係数**という．

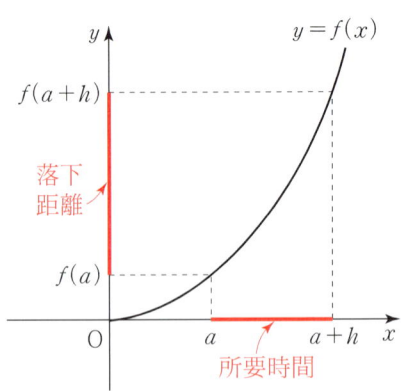

---- ■ポイント ──────────────── 微分係数・導関数 ────

関数 $y=f(x)$ の定義域内の点 a に対して,

(1) $$f'(a) = \lim_{h \to 0} \frac{f(a+h) - f(a)}{h}$$

が存在するときに, 関数 $f(x)$ は点 a で (または $x=a$ で) **微分可能**であるといい, この極限値を点 a における**微分係数**とよぶ.

(2) 各点 a に, その点における微分係数 $f'(a)$ を対応させる関数

$$f' : a \longmapsto f'(a)$$

を, 関数 $y=f(x)$ の**導関数**とよび, $f'(x)$, y', $\dfrac{d}{dx}f(x)$, $\dfrac{dy}{dx}$

などと記す. また, 関数 $f(x)$ が区間 I のすべての点で微分可能であるとき, $f(x)$ は区間 I で微分可能であるという.

▶**注** x に $f(x)$ を対応させる関数を,

$$f : x \longmapsto f(x)$$

と記すことがある.

また, $x = a+h$ とおき, $f'(a)$ を次の形で定義することもある:

$$f'(a) = \lim_{x \to a} \frac{f(x) - f(a)}{x - a}$$

[例] (1) $f(x) = x^3$ の点 a における微分係数 $f'(a)$ を求めよ.

(2) $f(x) = \sqrt{x}$ の導関数 $f'(x)$ を求めよ.

(3) $f(x) = |x|$ は, 点 0 で微分可能か.

解 定義にしたがって正直に計算する.

(1) $f'(a) = \lim\limits_{h \to 0} \dfrac{(a+h)^3 - a^3}{h} = \lim\limits_{h \to 0}(3a^2 + 3ah + h^2) = 3a^2$

(2) $f'(x) = \lim\limits_{h \to 0} \dfrac{\sqrt{x+h} - \sqrt{x}}{h} = \lim\limits_{h \to 0} \dfrac{(\sqrt{x+h} - \sqrt{x})(\sqrt{x+h} + \sqrt{x})}{h(\sqrt{x+h} + \sqrt{x})}$

$ = \lim\limits_{h \to 0} \dfrac{1}{\sqrt{x+h} + \sqrt{x}} = \dfrac{1}{2\sqrt{x}}$

(3) $f'(0) = \lim\limits_{h \to 0} \dfrac{f(0+h) - f(0)}{h} = \lim\limits_{h \to 0} \dfrac{|h|}{h}$

ところが,

$$\lim_{h \to +0} \frac{|h|}{h} = \lim_{h \to 0} \frac{h}{h} = 1$$

$$\lim_{h \to -0} \frac{|h|}{h} = \lim_{h \to 0} \frac{-h}{h} = -1$$

となり，$f'(0)$ は存在しない．$f(x)$ は点 0 で微分可能ではない． □

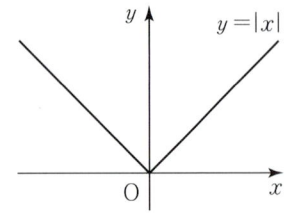

▶注　$f_+'(a) = \lim_{h \to +0} \frac{f(a+h)-f(a)}{h} = \lim_{x \to a+0} \frac{f(x)-f(a)}{x-a}$

が存在するとき，$f(x)$ は点 a で**右微分可能**といい，$f_+'(a)$ を点 a における**右微分係数**とよぶ．**左微分係数** $f_-'(a)$ も同様．このとき，

$$微分可能 \iff 右微分係数 = 左微分係数$$

微分可能性

関数 $f(x)$ の微分可能性を次のように言いかえることができる：

●ポイント ─────────────────── **微分可能性** ─

関数 $f(x)$ が点 a で微分可能であることは，次を満たす定数 α と点 0 の近くで定義された h の関数 $r(h)$ が存在することである：
$$f(a+h) - f(a) = \alpha h + r(h)h, \quad \lim_{h \to 0} r(h) = 0 \quad (*)$$
このとき，$\alpha = f'(a)$ である．

証明　まず，関数 $f(x)$ が点 a で微分可能だとする．このとき，

$$\alpha = f'(a), \quad r(h) = \begin{cases} \dfrac{f(a+h)-f(a)}{h} - \alpha & (h \neq 0 \text{ のとき}) \\ 0 & (h = 0 \text{ のとき}) \end{cases}$$

とおけば，これらは，上の条件 $(*)$ を満たす．

逆に，$(*)$ を満たす定数 α と関数 $r(h)$ があったとすると，

$$\lim_{h \to 0} \frac{f(a+h)-f(a)}{h} = \lim_{h \to 0}(\alpha + r(h)) = \alpha$$

ゆえに，関数 $f(x)$ は点 a で微分可能で，$\alpha = f'(a)$ となる． □

▶ 多変数関数の微分可能性は，分母を払ったこの形で定義される．

さて，点 a で微分可能な関数 $f(x)$ において，変数 x が a から $a+h$ まで変わるとき，変数値の変化高 h に対応する関数値の変化高を，
$$f(a+h)-f(a)=f'(a)h+r(h)h, \quad \lim_{h\to 0}r(h)=0 \quad (*)$$

主要部　　誤差項

のように分けることができる．すなわち，$h \fallingdotseq 0$（h は 0 に近い）のとき，
$$f(a+h)-f(a) \text{ は，ほぼ } f'(a)h \text{ に等しく，}$$
$$r(h)\fallingdotseq 0 \text{ だから，積 } r(h)h \text{ は増々 0 に近い．}$$
これが，$f'(a)h$ を**主要部**，$r(h)h$ を**誤差項**とよぶ理由である．

▶注　一般に，$h\to 0$ のとき，$A(h)\to 0$, $B(h)\to 0$ なる関数 $A(h)$, $B(h)$ が，$\lim_{h\to 0}\dfrac{A(h)}{B(h)}=0$ を満たすとき，$A(h)$ は $B(h)$ より**速く 0 に近づく**という意味で，$A(h)$ は $B(h)$ より**高位の無限小**ということがある．上の場合，誤差項 $r(h)h$ は h より高位の無限小である．

いま，上の $(*)$ で，$x=a+h$ とおけば，
$$f(x)=f(a)+f'(a)(x-a)+(x-a)r(x-a) \quad \cdots\cdots\cdots \text{Ⓐ}$$
これは，関数 $y=f(x)$ が点 a の近くで，1次関数
$$y=f(a)+f'(a)(x-a) \quad \cdots\cdots\cdots\cdots\cdots\cdots \text{Ⓑ}$$
で近似されることを意味し，$(x-a)r(x-a)$ は $x-a$ より**高位の無限小**であるから，この近似が "**最良近似**" だと考えられる．

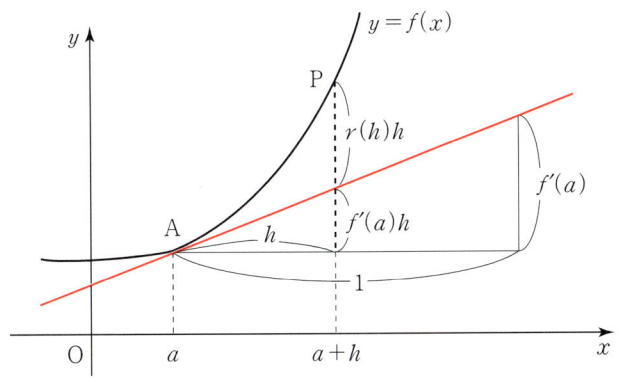

この局所最良近似１次関数Ⓑのグラフを，曲線 $y=f(x)$ の点 a における**接線**とよぶ．丸い地球も住むときゃ平ら，

一点の近所で，その曲線を接線で代用しよう．

これが，**微分法の中心思想**になっている．

▶注　点 a において，変数値の変化高 h に，関数値の変化高
$$f(a+h)-f(a)=f'(a)h+r(h)h$$
の主要部 $f'(a)h$ を対応させる正比例関数を，
$$(df)_a : h \longmapsto f'(a)h$$
と記し，点 a における関数 $f(x)$ の**微分**(differential)とよぶ．

●関数 $f(x)$ は点 a で微分可能 $\Longrightarrow$ $f(x)$ は点 a で連続

証明　$\displaystyle\lim_{x\to a}(f(x)-f(a))=\lim_{x\to a}\frac{f(x)-f(a)}{x-a}(x-a)=0$　　□

▶注　逆は成立しない．反例：$f(x)=|x|$, $a=0$.

[**例**]　曲線 $y=x^3$ 上の点 $(2,8)$ における接線の方程式を求めよ．

解　$y'=f'(x)=3x^2$, $f'(2)=12$　だから，求める接線は，
$$y=8+12(x-2) \quad \therefore \quad y=12x-16 \qquad □$$

微分法の公式

微分法の大切な公式を列挙する．

●**ポイント** ─────────────── 微分法の公式 ──

（１）　**和・差・積・商の微分法**

　（ⅰ）　$[f(x)\pm g(x)]'=f'(x)\pm g'(x)$

　（ⅱ）　$[af(x)]'=af'(x)$　　(a：定数)

　（ⅲ）　$[f(x)g(x)]'=f'(x)g(x)+f(x)g'(x)$

　（ⅳ）　$\displaystyle\left[\frac{f(x)}{g(x)}\right]'=\frac{f'(x)g(x)-f(x)g'(x)}{g(x)^2}$

（２）　**合成関数の微分法**

　　　　$[f(g(x))]'=f'(g(x))g'(x)$

証明　（１）　（ⅰ），（ⅱ）は，明らか．（ⅲ），（ⅳ）を証明する．

(iii)　$f(x+h)g(x+h) - f(x)g(x)$
$$= (f(x+h) - f(x))g(x+h) + f(x)(g(x+h) - g(x))$$
の両辺を h で割って，$h \to 0$ のときの極限を考えればよい．
$g(x)$ は連続だから，$g(x+h) \to g(x)$ （$h \to 0$）に注意すれば，
$$[f(x)g(x)]' = f'(x)g(x) + f(x)g'(x)$$

(iv)　$\dfrac{1}{h}\left(\dfrac{f(x+h)}{g(x+h)} - \dfrac{f(x)}{g(x)}\right)$

$= \left(\dfrac{f(x+h) - f(x)}{h}g(x) - f(x)\dfrac{g(x+h) - g(x)}{h}\right)\dfrac{1}{g(x+h)g(x)}$

の両辺の $h \to 0$ を考えればよい．

$g(x)$ の連続性により，点 x の近くで $g(x+h) \neq 0$ であって，$g(x+h) \to g(x)$（$h \to 0$）に注意すれば，証明すべき等式が得られる．

（2）x の変化高 h に対応する $u = g(x)$ の変化高 k は $k \doteqdot g'(x)h$. この u の変化高 k に対応する $y = f(u)$ の変化高は大略 $f'(u)k$ だから，
$$f(g(x+h)) - f(g(x)) \doteqdot f'(u)k \doteqdot f'(g(x))g'(x)h$$

証明の骨格はこれだけである．

次に，くわしい証明を記そう．
$$k = g(x+h) - g(x) = g'(x)h + r(h)h, \quad r(h) \to 0 \quad (h \to 0)$$
とおけば，
$$f(g(x+h)) - f(g(x)) = f(g(x) + k) - f(g(x))$$
$$= f'(g(x))k + s(k)k, \quad s(k) \to 0 \quad (k \to 0)$$
$$= f'(g(x))(g'(x)h + r(h)h) + s(k)(g'(x)h + r(h)h)$$
$$= f'(g(x))g'(x)h + \{f'(g(x))r(h) + s(k)g'(x) + s(k)r(h)\}h$$
この式で，
$$h \to 0 \text{ のとき, } r(h) \to 0, \ k \to 0, \ s(k) \to 0$$
となるから，$h \to 0$ のとき，$\{\ \ \ \}$ の中味 $\to 0$ となり，証明が終った．　□

合成関数の微分法の公式は，次の形が記憶しやすく，実用的：

$$y = f(u), \ u = g(x) \implies \dfrac{dy}{dx} = \dfrac{dy}{du}\dfrac{du}{dx}$$

▶注 ところが，驚いたことに，この等式で，
　　左辺の y は合成関数 $f \circ g$ を，
　　右辺の y は関数 f を
　　表わしている．一つの等式で同じ文字が異なる意味をもつ珍らしい例である．（一人二役）

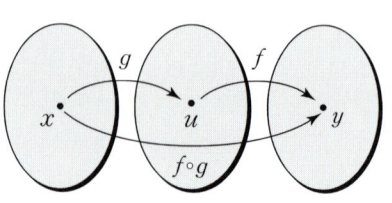

[例] 次の関数を微分せよ．
(1) $3x^4 - 5x^3 + x^2 - 4x + 7$
(2) $(2x-1)\sqrt{x}$
(3) $\dfrac{3x+4}{2x+1}$
(4) $(x^2-3x+4)^5$

$(x^n)' = nx^{n-1}$
$(n = 0, 1, 2, \cdots)$

解 上の**ポイント**の公式を用いる．

(1) $y' = 3(x^4)' - 5(x^3)' + (x^2)' - 4(x)' + (7)'$
　　　$= 3\cdot 4x^3 - 5\cdot 3x^2 + 2x - 4\cdot 1 + 0$
　　　$= 12x^3 - 15x^2 + 2x - 4$

(2) $y' = (2x-1)'\sqrt{x} + (2x-1)(\sqrt{x})'$
　　　$= 2\sqrt{x} + (2x-1)\dfrac{1}{2\sqrt{x}}$
　　　$= \dfrac{6x-1}{2\sqrt{x}}$

任意の実数 α に対して
$(x^\alpha)' = \alpha x^{\alpha-1}$
であることが知られている．
（☞ p.23）

(3) $y' = \dfrac{(3x+4)'(2x+1) - (3x+4)(2x+1)'}{(2x+1)^2}$
　　　$= \dfrac{3(2x+1) - (3x+4)\cdot 2}{(2x+1)^2} = -\dfrac{5}{(2x+1)^2}$

(4) $u = x^2 - 3x + 4$ とおけば，
　　　$y = u^5$
したがって，
　$y' = \dfrac{dy}{dx} = \dfrac{dy}{du}\dfrac{du}{dx} = 5u^4(2x-3)$
　　　$= 5(x^2-3x+4)^4(2x-3)$　　□

$y = (f(x))^n$
⬇
$y' = n(f(x))^{n-1}f'(x)$

例題 2.1 — 微分係数・導関数

（1） $f(x) = \begin{cases} 2x^2 & (x：有理数) \\ 3x^2 & (x：無理数) \end{cases}$ のとき，$f'(0)$ を求めよ．

（2） 次の関数を微分せよ．

　（ⅰ） $\sqrt{x^4 - 3x^2 + 1}$　　　（ⅱ） $\sqrt{x + \sqrt{x}}$

【解】（1） $h \neq 0$ のとき，$2h^2 \leq 3h^2$，$f(0) = 0$ だから，

$$0 \leq \left| \frac{f(h) - f(0)}{h} \right| \leq \left| \frac{3h^2}{h} \right| = 3|h| \to 0 \quad (h \to 0)$$

$$\therefore \quad f'(0) = \lim_{h \to 0} \frac{f(h) - f(0)}{h} = 0$$

（2）（ⅰ） $y = \sqrt{u}$，$u = x^4 - 3x^2 + 1$ とおけば，

$$\frac{dy}{dx} = \frac{dy}{du} \frac{du}{dx} = \frac{1}{2\sqrt{u}} (4x^3 - 6x) = \frac{2x^3 - 3x}{\sqrt{x^4 - 3x^2 + 1}}$$

（ⅱ） $y = \sqrt{u}$，$u = x + \sqrt{x}$ とおけば，

$$\frac{dy}{dx} = \frac{dy}{du} \frac{du}{dx} = \frac{1}{2\sqrt{u}} \left(1 + \frac{1}{2\sqrt{x}} \right) = \frac{2\sqrt{x} + 1}{4\sqrt{x^2 + x\sqrt{x}}} \quad \square$$

演習問題

2.1 午前 8 時 0 分～8 時 x 分の x 分間に改札口を通過する人数を，$f(x)$ 人とする．このとき，次は，それぞれ何を表わすか．

$$f(a+h) - f(a), \quad \frac{f(a+h) - f(a)}{h}, \quad \lim_{h \to 0} \frac{f(a+h) - f(a)}{h}$$

2.2 次の関数がいたる所で微分可能になるように定数 a, b を定めよ：

$$f(x) = \begin{cases} x^2 & (x \leq 1 \text{ のとき}) \\ ax + b & (x \geq 1 \text{ のとき}) \end{cases}$$

2.3 次の関数を微分せよ．

（1） $(3x - 2)\sqrt{x^2 + 1}$　　（2） $(\sqrt{x} + \sqrt{x+1})^2$

（3） $\dfrac{(5x - 4)^2}{\sqrt{2x + 3}}$　　（4） $\sqrt{\dfrac{a^2 + x^2}{a^2 - x^2}}$

§3 指数関数

━━━━━ 倍々法則の一般化 ━━━━━

バクテリアの増殖

時々刻々増殖し，1時間で2倍になるバクテリアがあったとする．

はじめの量を A g とすると，n 時間後には，$A \times 2^n$ g $(n = 0, 1, 2, \cdots)$．

さらに，負の整数・正負の有理数，一般に，実数 x について，2^x というものを考えたい．

たとえば，30分 = 1/2 時間では？ 1/2 時間が2回で1時間だから，
$$A \times 2^{\frac{1}{2}} \times 2^{\frac{1}{2}} = A \times 2 \quad \therefore \quad 2^{\frac{1}{2}} = \sqrt{2}$$

同様に，$2^{\frac{1}{3}} = \sqrt[3]{2}$，$2^{\frac{1}{4}} = \sqrt[4]{2}$，$\cdots$

また，$x = -3$ は，3時間前のことだから，現在量の $\frac{1}{2}$ の $\frac{1}{2}$ の $\frac{1}{2}$．
$$A \times 2^{-3} = A \times \frac{1}{2} \times \frac{1}{2} \times \frac{1}{2} \quad \therefore \quad 2^{-3} = \frac{1}{2^3}$$

さらに，たとえば，$2^{\sqrt{3}}$ は，$\sqrt{3}$ に収束する有理数列，たとえば，
$$1, \ 1.7, \ 1.73, \ 1.732, \ \cdots\cdots$$
をとる．このとき，
$$2^1, \ 2^{1.7}, \ 2^{1.73}, \ 2^{1.732}, \ \cdots\cdots$$
の極限値を，$2^{\sqrt{3}}$ と定義するのである．

━━━ ■ポイント ━━━━━━━━━━━━━━ 指数関数 a^x ━━━

$a > 0$ を正の実数，n を正の自然数，m を整数とするとき，

（1） $a^0 = 1, \quad a^n = \underbrace{a \times a \times \cdots \times a}_{n \text{個}}, \quad a^{-n} = \frac{1}{a^n}$

（2） $a^{\frac{m}{n}} = \sqrt[n]{a^m} \quad (a^m \text{ の } n \text{ 乗根})$

（3） $\{p_n\}$ を無理数 p に収束する**有理数**列とするとき，
$$a^p = \lim_{n \to \infty} a^{p_n}$$

▶注 (3)は，pに収束する有理数列の選び方に依らない．なぜかといえば，$\{p_n\}, \{q_n\}$が，ともにpに収束する有理数列であるとき，$p_1, q_1, p_2, q_2, p_3, \cdots$も$p$に収束する．このとき，$a^{p_1}, a^{q_1}, a^{p_2}, a^{q_2}, a^{p_3}, \cdots$および，二つの部分列$\{a^{p_n}\}, \{a^{q_n}\}$は，すべて同一の値に収束する．

上のバクテリアの話で，$x+y$時間後の量$A\times 2^{x+y}$は，x時間後の量$A\times 2^x$の2^y倍になっているハズだから，$A\times 2^{x+y} = A\times 2^x \times 2^y$．
$$\therefore \quad 2^{x+y} = 2^x 2^y$$
これは，**指数法則**とよばれ，次の(1)のように一般化される：

●ポイント ──────────────── 指数法則 ─

$a>0, b>0$とし，x, yを任意の実数とするとき，
(1) $a^{x+y} = a^x a^y$
(2) $a^{xy} = (a^x)^y$
(3) $(ab)^x = a^x b^x$

(1),(2)を混同して計算しないこと！

例 $\dfrac{\sqrt[3]{ab^4}}{\sqrt{a^3 b}} = \dfrac{(ab^4)^{\frac{1}{3}}}{(a^3 b)^{\frac{1}{2}}} = \dfrac{a^{\frac{1}{3}} b^{\frac{4}{3}}}{a^{\frac{3}{2}} b^{\frac{1}{2}}} = a^{\frac{1}{3}-\frac{3}{2}} b^{\frac{4}{3}-\frac{1}{2}} = a^{-\frac{7}{6}} b^{\frac{5}{6}}$ □

指数関数の導関数

指数関数$f(x) = a^x \; (a>0)$を微分しよう．
$$f'(x) = \lim_{h\to 0} \frac{a^{x+h} - a^x}{h} = a^x \lim_{h\to 0} \frac{a^h - 1}{h}$$
$$= a^x \lim_{h\to 0} \frac{a^{0+h} - a^0}{h}$$
$$= f'(0) a^x$$

曲線$y=f(x)=a^x$上の点$(0,1)$における接線の傾きは，aが増えるにつれて増えるから，ちょうど，
$$f'(0) = 1$$
となるaがある．このaをeと記す：

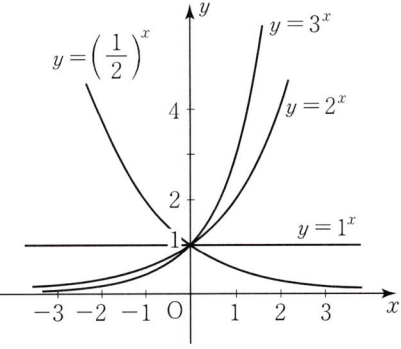

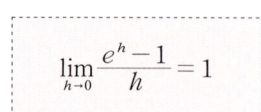

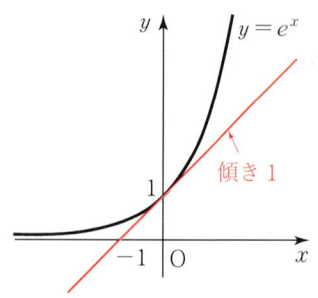

この定数 e は，無理数で，
$$e = 2.71828182845904523\cdots\cdots$$
であることが知られている．このとき，
$$(e^x)' = e^x \quad [\,e^x \text{ の導関数}\,]$$
この関数 e^x を，**自然指数関数**（単に**指数関数**）とよぶ．

対数関数

指数関数 $y = a^x$ は，

$a > 1 \implies$ 増加関数

$0 < a < 1 \implies$ 減少関数

いずれの場合も，正数 y に対して，$y = a^x$ なる x が**ただ一つだけ必ず**定まる．この x のことを，
$$\log_a y$$
と記す．

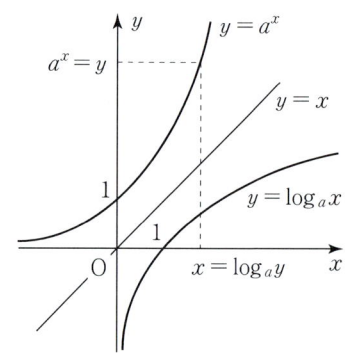

■ポイント ———————————————— 対数関数 ———

指数関数 a^x の逆関数を $\log_a x$ と記し，a を**底**とする**対数関数**とよぶ．ただし，$0 < a \neq 1$．とくに，$\log_e x$ を $\log x$ と略記し，**自然対数関数**（単に**対数関数**）とよぶ．
$$y = \log_a x \iff x = a^y \quad \text{とくに，} \quad y = \log x \iff x = e^y$$

1時間で a 倍になるバクテリアは x 時間後に a^x 倍になる——これが指数関数である．逆に，バクテリアが x 倍になるのは何時間後か？ これを，$\log_a x$ と記し，a を底とする**対数関数**とよぶのである．自明な等式
$$a^0 = 1, \quad a^1 = a, \quad a^p = a^p$$
より，次が得られる：

$$\log_a 1 = 0, \quad \log_a a = 1, \quad \log_a a^p = p$$

また，指数法則に対応して，次が成立する：

●ポイント ──────────────────────── 対数法則 ──

(1) $\log_a xy = \log_a x + \log_a y \qquad (x > 0, \ y > 0)$

(2) $\log_a \dfrac{x}{y} = \log_a x - \log_a y \qquad (x > 0, \ y > 0)$

(3) $\log_a x^p = p \log_a x \qquad\qquad\qquad (x > 0)$

例　$\dfrac{1}{2} \log_2 25 - \log_2 40 = \log_2 \dfrac{25^{\frac{1}{2}}}{40} = \log_2 \dfrac{1}{8} = -3$ □

逆関数の微分法

$y = f(x)$ の逆関数 $y = f^{-1}(x)$ の導関数の公式を求めよう．

二曲線 $y = f^{-1}(x)$, $y = f(x)$ は直線 $y = x$ に関して対称だから，曲線 $y = f^{-1}(x)$ の点 $a \, (= f(b))$ における接線の傾きを

$$m = (f^{-1})'(a)$$

とおく．$y = f(x)$ の点 $b = f^{-1}(a)$ における接線の傾きは，

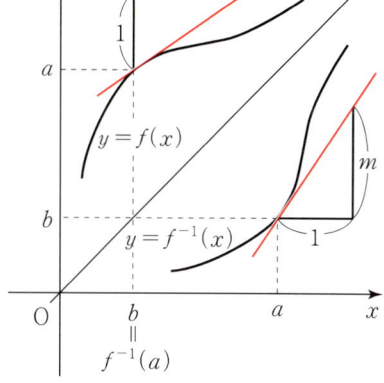

$$f'(b) = \dfrac{1}{m}$$

$$\therefore \quad (f^{-1})'(a) = m = \dfrac{1}{f'(b)} = \dfrac{1}{f'(f^{-1}(a))}$$

この結果を導関数として記せば，

●ポイント ─────────────────── 逆関数の微分法 ──

(1) $(f^{-1})'(x) = \dfrac{1}{f'(f^{-1}(x))}$

(2) $\dfrac{dy}{dx} = 1 \Big/ \dfrac{dx}{dy}$　ただし，$y = f^{-1}(x)$, $x = f(y)$

▶**注** 公式の導き方は多様．たとえば，$f(f^{-1}(x)) = x$ の両辺を x で微分すると，$f'(f^{-1}(x))(f^{-1})'(x) = 1$．

次に，対数関数 $y = \log x$ の導関数を求めよう．

$y = \log x$ より，$x = e^y$ だから，逆関数の微分法によって，

$$\frac{dy}{dx} = 1 \bigg/ \frac{dx}{dy} = \frac{1}{e^y} = \frac{1}{x}$$

すなわち，

$$(\log x)' = \frac{1}{x} \quad (x > 0) \qquad [\,\boldsymbol{\log x \text{ の導関数}}\,]$$

さて，$f(x) = \log x$ のとき，$f'(x) = 1/x$，$f'(1) = 1$ だから，

$$\lim_{h \to 0} \log(1+h)^{\frac{1}{h}} = \lim_{h \to 0} \frac{\log(1+h) - \log 1}{h} = f'(1) = 1$$

対数関数 $\log x$ の連続性から，

$$\lim_{h \to 0} (1+h)^{\frac{1}{h}} = e$$

この式で，$x = 1/h$ とおけば，

$$h \to 0 \iff x \to \pm\infty$$

だから，次の大切な公式を得る：

$$\lim_{x \to +\infty} \left(1 + \frac{1}{x}\right)^x = e$$

$$\lim_{x \to -\infty} \left(1 + \frac{1}{x}\right)^x = e$$

x	$\left(1 + \dfrac{1}{x}\right)^x$
1	$2.00000\cdots$
10	$2.59374\cdots$
100	$2.70418\cdots$
1000	$2.71692\cdots$
10000	$2.71814\cdots$
100000	$2.71826\cdots$
……	……

陰関数の微分法

x, y の方程式 $F(x, y) = 0$ が与えられたとする．

このとき，曲線 $F(x, y) = 0$ 上の点 (a, b) の近くで，

$$F(x, f(x)) = 0, \quad b = f(a)$$

を満たす連続関数 $f(x)$ が存在すれば，点 a の近くで定義された関数 $f(x)$ を，$F(x, y) = 0$ より定まる**陰関数**という．

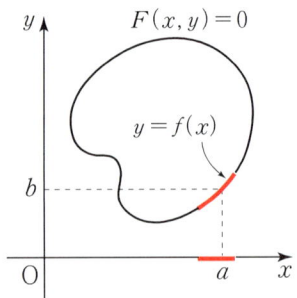

この陰関数の微分法を例題によって述べることにする.

[例] $ax^2 + 2hxy + by^2 + 2fx + 2gy + c = 0$
によって定義される関数 $f: x \longmapsto y$ について, y' を求めよ.

解 与えられた等式の両辺を x で微分すると,
$$2ax + 2h(1 \cdot y + xy') + 2byy' + 2f + 2gy' = 0$$
y' について解いて,
$$y' = -\frac{ax + hy + f}{hx + by + g}$$
□

▶注 右辺に y が含まれていてもよい. x だけで表わせないことが多い.

[例]（**対数微分法**）次の関数を微分せよ.

(1) x^x

(2) x^a （a：任意の実数）

(3) $\dfrac{x+2}{(x+1)(x+3)}$

解 (1) $y = x^x$ とおき, 両辺の対数をとると,
$$\log y = x \log x$$
両辺を x で微分すると,
$$\frac{1}{y} y' = 1 \cdot \log x + x \cdot \frac{1}{x} = (\log x) + 1$$
$$\therefore \quad y' = y(1 + \log x) = x^x(1 + \log x)$$

▶注1 $\dfrac{d}{dx} \log y = \dfrac{d}{dy} \log y \, \dfrac{dy}{dx} = \dfrac{1}{y} \cdot y'$

▶注2 $y = x^x = e^{x \log x}$ と変形する方法もある.

(2) (1) と同様にして, $y' = ax^{a-1}$.

(3) 与えられた関数を y とおき, 両辺の対数をとると,
$$\log y = \log(x+2) - \log(x+1) - \log(x+3)$$
両辺を x で微分すると,
$$\frac{1}{y} \cdot y' = \frac{1}{x+2} - \frac{1}{x+1} - \frac{1}{x+3} = \frac{-x^2 - 4x - 5}{(x+1)(x+2)(x+3)}$$
$$\therefore \quad y' = y \cdot \frac{-x^2 - 4x - 5}{(x+1)(x+2)(x+3)} = \frac{-x^2 - 4x - 5}{(x+1)^2 (x+3)^2}$$
□

例題 3.1　　指数・対数関数の導関数

次の関数 $y = f(x)$ を微分せよ．

（1）　$\log(x + \sqrt{x^2 + a^2})$　　　　（2）　$\dfrac{(x+2)^3}{(x+1)^2(x+4)}$

【解】（1）　$u = x + \sqrt{x^2 + a^2}$ とおけば，$y = \log u$．

$$y' = \frac{dy}{dx} = \frac{dy}{du}\frac{du}{dx} = \frac{1}{u}\left(1 + \frac{2x}{2\sqrt{x^2 + a^2}}\right)$$

$$= \frac{1}{x + \sqrt{x^2 + a^2}}\left(1 + \frac{x}{\sqrt{x^2 + a^2}}\right) = \frac{1}{\sqrt{x^2 + a^2}}$$

（2）　与えられた関数を y とおき，両辺の対数をとると，

$$\log y = 3\log(x+2) - 2\log(x+1) - \log(x+4)$$

この両辺を x で微分すると，

$$\frac{1}{y}\cdot y' = \frac{3}{x+2} - \frac{2}{x+1} - \frac{1}{x+4} = \frac{-6}{(x+1)(x+2)(x+4)}$$

$$\therefore\quad y' = y\cdot\frac{-6}{(x+1)(x+2)(x+4)} = \frac{-6(x+2)^2}{(x+1)^3(x+4)^2} \qquad\square$$

▶注　対数をとるとき，絶対値を付けることもある：
$$\log|y| = 3\log|x+2| - 2\log|x+1| - \log|x+4|$$
ここでは，**形式的計算**として絶対値をとらなかった．

▨▨▨▨▨▨ 演習問題 ▨▨▨▨▨▨

3.1　（1）　$\log_a b = \dfrac{\log_c b}{\log_c a}$　[**底の変換公式**]　を証明せよ．

　（2）　$y = \log_a x$ を微分せよ．

3.2　次の関数 $y = f(x)$ を微分せよ．

（1）　$\log|x| = \begin{cases} \log x & (x > 0) \\ \log(-x) & (x < 0) \end{cases}$　　（2）　$\dfrac{1}{2a}\log\left|\dfrac{x-a}{x+a}\right|$

（3）　$x^2\cdot 3^x$　　（4）　$x\sqrt{x^2 + a^2} + a^2\log|x + \sqrt{x^2 + a^2}|$

（5）　$x^{(e^x)}$　　（6）　$\sqrt{\dfrac{x^2 + 1}{(x+1)(x+2)}}$

§4 三角関数

―― 別名 "円関数" という．なぜ？ ――

三角関数

半径の長さに等しい円弧の上に立つ中心角の大きさを，**1 ラジアン**という．図で点 O を中心とする半径 1 の円（単位円）に糸を巻きつけるとき，糸 AP の長さが θ ならば，

$$\angle \mathrm{AOP} = \theta \text{ ラジアン}$$

であるが，単位のラジアンは略すのがふつうである．なお，糸は円に何重に巻いてもよく，逆回わりでもよい．

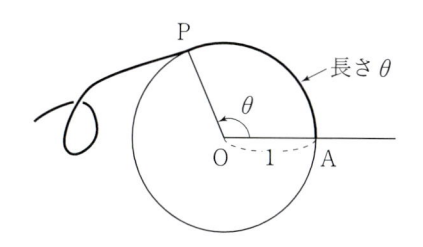

このとき，$\cos\theta$, $\sin\theta$, $\tan\theta$ を次のように定義する．

■ポイント ―――――――――― **cos・sin・tan**

単位円周上の点を P とし，OP と x 軸の正の部分との交角（偏角）を θ とするとき，

点 P の x 座標を $\cos\theta$

点 P の y 座標を $\sin\theta$

と記す．さらに，

$$\tan\theta = \frac{\sin\theta}{\cos\theta}$$

とおく．

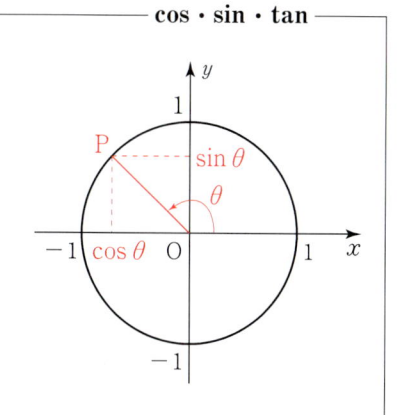

また，

$$\underset{\text{コタンジェント}}{\cot}\theta = \frac{\cos\theta}{\sin\theta}, \quad \underset{\text{セカント}}{\sec}\theta = \frac{1}{\cos\theta}, \quad \underset{\text{コセカント}}{\operatorname{cosec}}\theta = \frac{1}{\sin\theta}$$

とおき，以上 6 個の関数を**三角関数**と総称する．

例

度	0°	30°	45°	90°	120°	180°	270°
ラジアン	0	$\dfrac{\pi}{6}$	$\dfrac{\pi}{4}$	$\dfrac{\pi}{2}$	$\dfrac{2}{3}\pi$	π	$\dfrac{3}{2}\pi$
$\cos\theta$	1	$\dfrac{\sqrt{3}}{2}$	$\dfrac{\sqrt{2}}{2}$	0	$-\dfrac{1}{2}$	-1	0
$\sin\theta$	0	$\dfrac{1}{2}$	$\dfrac{\sqrt{2}}{2}$	1	$\dfrac{\sqrt{3}}{2}$	0	-1

sin・cos・tan のグラフ

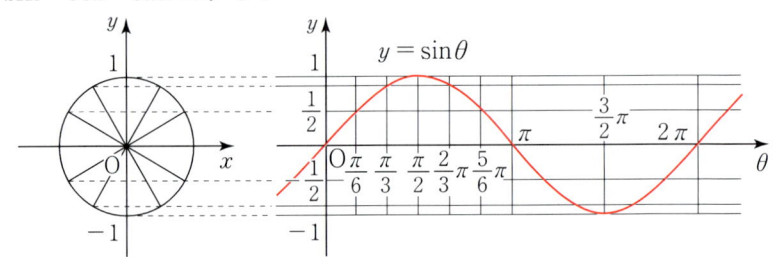

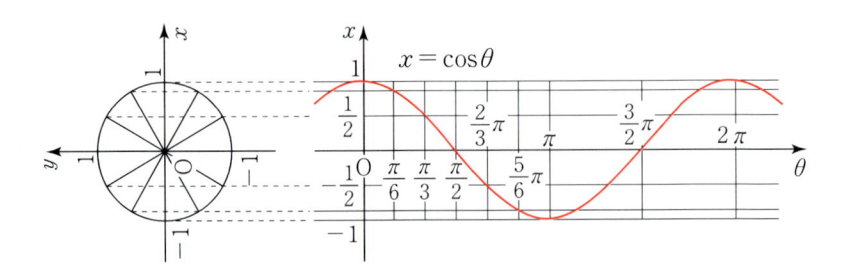

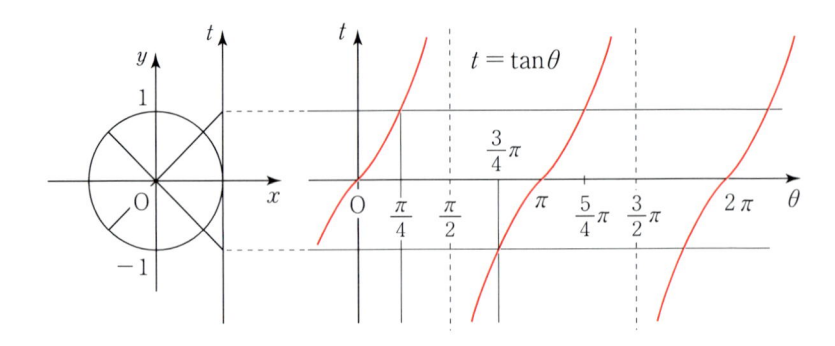

三角関数の諸公式

●相互関係
$\cos^2\theta + \sin^2\theta = 1$

$\tan\theta = \dfrac{\sin\theta}{\cos\theta}, \quad 1+\tan^2\theta = \dfrac{1}{\cos^2\theta}$

●周期性
$\cos(\theta+2n\pi) = \cos\theta$

$\sin(\theta+2n\pi) = \sin\theta$

$\tan(\theta+n\pi) = \tan\theta$

●加法定理
$\cos(\alpha\pm\beta) = \cos\alpha\cos\beta \mp \sin\alpha\sin\beta$

$\sin(\alpha\pm\beta) = \sin\alpha\cos\beta \pm \cos\alpha\sin\beta$

$\tan(\alpha+\beta) = \dfrac{\tan\alpha+\tan\beta}{1-\tan\alpha\tan\beta}$

●負角の公式
$\cos(-\theta) = \cos\theta$

$\sin(-\theta) = -\sin\theta$

$\tan(-\theta) = -\tan\theta$

他の公式は，ほぼ明らかなので，加法定理だけ証明しておく．

右の図で，点 A, B の座標を，

$\quad$ A$(\cos\alpha,\ \sin\alpha)$

$\quad$ B$(-\sin\alpha,\ \cos\alpha)$

とすれば，

$$\overrightarrow{OA} \perp \overrightarrow{OB}$$

いま，$\overrightarrow{OA}$ を点 O を中心に β だけ回転したものを，$\overrightarrow{OC}$ とすれば，

$\quad$ C$(\cos(\alpha+\beta),\ \sin(\alpha+\beta))$

このとき，

$$\overrightarrow{OC} = \overrightarrow{OH} + \overrightarrow{OK} = \cos\beta\,\overrightarrow{OA} + \sin\beta\,\overrightarrow{OB}$$

成分でかけば，

$$\begin{bmatrix}\cos(\alpha+\beta)\\ \sin(\alpha+\beta)\end{bmatrix} = \cos\beta\begin{bmatrix}\cos\alpha\\ \sin\alpha\end{bmatrix} + \sin\beta\begin{bmatrix}-\sin\alpha\\ \cos\alpha\end{bmatrix}$$

したがって，

$$\begin{cases}\cos(\alpha+\beta) = \cos\alpha\cos\beta - \sin\alpha\sin\beta\\ \sin(\alpha+\beta) = \sin\alpha\cos\beta + \cos\alpha\sin\beta\end{cases}$$

加法定理は重要で，本書冒頭の**公式集**の三角関数の公式は，ほとんど加法定理から導かれる．

三角関数の導関数

平面上で,曲線 C 上の動点の時刻 t における位置 $\mathrm{P}(x,y)$ が,
$$x=f(t), \quad y=g(t)$$
であるような運動を考える.これは,曲線 C の媒介変数表示と考えられる.このとき,
$$\boldsymbol{v}(t) = \begin{bmatrix} f'(t) \\ g'(t) \end{bmatrix}$$
を,点 P の**速度ベクトル**という:

$\boldsymbol{v}(t)$ の長さ : $\sqrt{f'(t)^2 + g'(t)^2}$

$\boldsymbol{v}(t)$ の方向 : 点 P における接線方向 $\left(\dfrac{dy}{dx} = \dfrac{g'(t)}{f'(t)}\right)$

いま,とくに,単位円周上の等速円運動を考える.

時刻 0 に点 $(0,1)$ を出発し,単位時間あたり 1 ラジアンの等速円運動する点の時刻 t における位置を,$\mathrm{P}(x,y)$ とすれば,
$$x = \cos t, \quad y = \sin t$$

このとき,速度ベクトル $\overrightarrow{\mathrm{PT}}$ は,点 P における円の接線方向であって,"等速" 運動だから,長さは,つねに 1 である.ゆえに,

$$\overrightarrow{\mathrm{PT}} = \begin{bmatrix} \cos(t+\pi/2) \\ \sin(t+\pi/2) \end{bmatrix} = \begin{bmatrix} -\sin t \\ \cos t \end{bmatrix}$$

この速度ベクトルは,$\begin{bmatrix} (\cos t)' \\ (\sin t)' \end{bmatrix}$ だから,$\begin{cases} (\cos t)' = -\sin t \\ (\sin t)' = \cos t \end{cases}$

また，商の微分法によって $\tan x$ の導関数が得られる．

$$\begin{cases} (\cos x)' = -\sin x \\ (\sin x)' = \cos x \\ (\tan x)' = \dfrac{1}{\cos^2 x} = \sec^2 x \end{cases} \quad [\text{三角関数の導関数}]$$

この結果を用いて，$f(x) = \cos x$, $g(x) = \sin x$ のとき，$f'(0)$ および $g'(0)$ の定義式から，それぞれ，次が得られる：

（1） $\displaystyle\lim_{h \to 0} \frac{\cos h - 1}{h} = 0$ （2） $\displaystyle\lim_{h \to 0} \frac{\sin h}{h} = 1$

とくに，（2）は，円について，

中心角 ≒ 0 $\implies$ 弦 ≒ 弧

を意味する大切な極限値である：

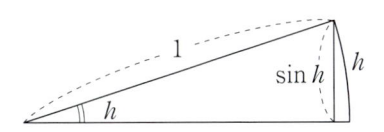

h ラジアン	（度）	$\sin h$
0.08727	（5°）	0.08716
0.05236	（3°）	0.05234
0.03491	（2°）	0.03490
0.01745	（1°）	0.01745

また，逆に，上の極限値（1），（2）を用いて，$\cos x$, $\sin x$ の導関数を求めることもできる．たとえば，

$$\begin{aligned} (\sin x)' &= \lim_{h \to 0} \frac{\sin(x+h) - \sin x}{h} \\ &= \lim_{h \to 0} \frac{\sin x \cos h + \cos x \sin h - \sin x}{h} \\ &= \lim_{h \to 0} \left(\sin x \frac{\cos h - 1}{h} + \cos x \frac{\sin h}{h} \right) = \cos x \end{aligned}$$

逆三角関数

いままで，角を知って，たとえば，$\theta = \dfrac{3}{4}\pi \Rightarrow \cos\theta = -\dfrac{\sqrt{2}}{2}$ ということを考えてきたが，今度は，逆に，

$$\cos\theta = -\frac{\sqrt{2}}{2} \implies \theta = ?$$

という問題を考えよう．

関数 $y = \cos x$ は，とくに，
$$0 \leqq x \leqq \pi$$
という範囲だけを考えれば，1 から -1 まで単調に減少するから，$-1 \leqq y \leqq 1$ なる y に対して，
$$y = \cos x, \ 0 \leqq x \leqq \pi$$
なる x が，**必ず・ただ一つだけ決まる**．この x のことを，
$$x = \cos^{-1} y$$
と記す．

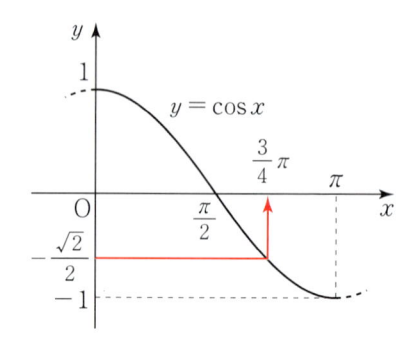

すなわち，定義域を $[0, \pi] = \{x \mid 0 \leqq x \leqq \pi\}$ に**制限した** cos を考え，
$$\cos : [0, \pi] \to [-1, 1] \quad \text{の逆関数を } \mathbf{cos^{-1}} \text{ と記す}$$
のである．同様に，

$\sin : \left[-\dfrac{\pi}{2}, \dfrac{\pi}{2}\right] \to [-1, 1]$ の逆関数を $\mathbf{sin^{-1}}$ と記し，

$\tan : \left(-\dfrac{\pi}{2}, \dfrac{\pi}{2}\right) \to (-\infty, +\infty)$ の逆関数を $\mathbf{tan^{-1}}$ と記す．

■ポイント ──────────────── 逆三角関数 ─

（1）　$y = \cos^{-1} x \iff x = \cos y, \ 0 \leqq y \leqq \pi$

（2）　$y = \sin^{-1} x \iff x = \sin y, \ -\pi/2 \leqq y \leqq \pi/2$

（3）　$y = \tan^{-1} x \iff x = \tan y, \ -\pi/2 < y < \pi/2$

たとえば，
$$\cos^{-1}\left(-\frac{\sqrt{2}}{2}\right) = \frac{3}{4}\pi, \quad \sin^{-1}\frac{1}{2} = \frac{\pi}{6}, \quad \tan^{-1}\sqrt{3} = \frac{\pi}{3}$$

［例］　$\cos(\sin^{-1} x) = \sqrt{1-x^2}$　を示せ．

解　$y = \sin^{-1} x$ とおけば，
$$x = \sin y, \quad -\frac{\pi}{2} \leqq y \leqq \frac{\pi}{2}$$
この範囲で，$\cos y \geqq 0$ だから，

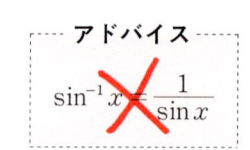

─ アドバイス ─
$\sin^{-1} x \neq \dfrac{1}{\sin x}$

$$\cos(\sin^{-1} x) = \cos y = \sqrt{1 - \sin^2 y} = \sqrt{1 - x^2} \qquad \square$$

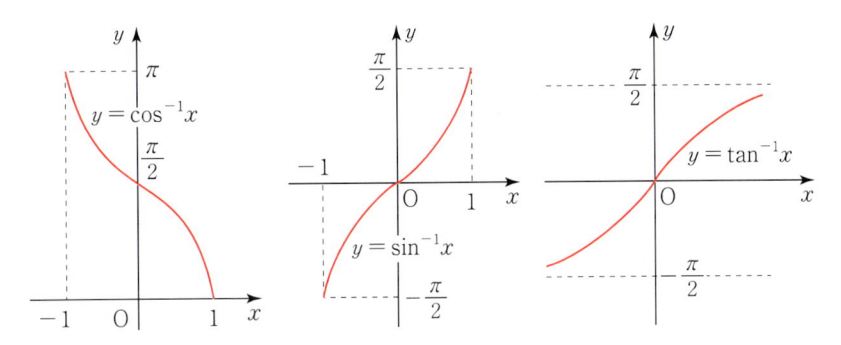

● $y = \cos^{-1} x$, $y = \sin^{-1} x$, $y = \tan^{-1} x$ のグラフ

逆三角関数の導関数

逆三角関数の導関数は，次のようになる：

$$\begin{cases} (\cos^{-1} x)' = -\dfrac{1}{\sqrt{1-x^2}} \\ (\sin^{-1} x)' = \dfrac{1}{\sqrt{1-x^2}} \\ (\tan^{-1} x)' = \dfrac{1}{1+x^2} \end{cases} \qquad [\text{逆三角関数の導関数}]$$

$y = \cos^{-1} x$, $y = \tan^{-1} x$ の場合の証明を記す．

$y = \cos^{-1} x$ より，$x = \cos y$, $0 \leqq y \leqq \pi$

この範囲で，$\sin y \geqq 0$ に注意して，逆関数の微分法により，

$$\frac{dy}{dx} = \frac{1}{\dfrac{dx}{dy}} = \frac{1}{-\sin y} = \frac{1}{-\sqrt{1-\cos^2 y}} = -\frac{1}{\sqrt{1-x^2}}$$

$y = \tan^{-1} x$ より，$x = \tan y$. $-\pi/2 < y < \pi/2$.

$$\frac{dy}{dx} = \frac{1}{\dfrac{dx}{dy}} = \frac{1}{\dfrac{1}{\cos^2 y}} = \frac{1}{1 + \tan^2 y} = \frac{1}{1 + x^2}$$

例 $\left(\dfrac{1}{a} \tan^{-1} \dfrac{x}{a}\right)' = \dfrac{1}{a} \dfrac{1}{1 + \left(\dfrac{x}{a}\right)^2} \dfrac{1}{a} = \dfrac{1}{x^2 + a^2}$ $\qquad \square$

例題 4.1 ━━━━━━━━━━ 三角・逆三角関数の導関数

次の関数 $y = f(x)$ を微分せよ．

(1) $\tan^2(3x+4)$

(2) $x\sin^{-1}x + \sqrt{1-x^2}$

【解】 合成関数の微分法・積の微分法などによる．

(1) $y' = 2\tan(3x+4) \times \dfrac{3}{\cos^2(3x+4)} = \dfrac{6\sin(3x+4)}{\cos^3(3x+4)}$

(2) $y' = 1 \cdot \sin^{-1}x + x \cdot \dfrac{1}{\sqrt{1-x^2}} + \dfrac{-2x}{2\sqrt{1-x^2}} = \sin^{-1}x$ □

▏▏▏▏▏▏▏ 演習問題 ▏▏▏

4.1 次の値を求めよ．

(1) $\sin\dfrac{\pi}{12}$ (2) $\cos\dfrac{\pi}{8}$ (3) $\sin^{-1}\left(\sin\dfrac{5}{6}\pi\right)$

4.2 (1) $\sin x + \cos x = \sqrt{2}\sin\left(x+\dfrac{\pi}{4}\right)$ を示せ．

(2) $y = \sqrt{3}\sin x - \cos x$ のグラフをかけ．

4.3 次の関数 $y = f(x)$ を微分せよ．

(1) $\cos^2(4x+5)$

(2) $\log|\cos x|$

(3) $2x\tan^{-1}x - \log(1+x^2)$

4.4 $y = e^x$ の偶部，奇部を，それぞれ，
$$\cosh x = \dfrac{e^x + e^{-x}}{2}, \quad \sinh x = \dfrac{e^x - e^{-x}}{2}$$
とおき，**双曲線関数**とよぶ．次の等式が成立することを示せ．

(1) $\cosh^2 x - \sinh^2 x = 1$

(2) $\cosh(x+y) = \cosh x \cosh y + \sinh x \sinh y$
$\sinh(x+y) = \sinh x \cosh y + \cosh x \sinh y$

(3) $(\cosh x)' = \sinh x, \quad (\sinh x)' = \cosh x$

▶注 cosh をハイパボリックコサイン，sinh をハイパボリックサインと読む．

§5　平均値の定理

$f'(x) > 0$ なら，なぜ増加関数か？

ロルの定理

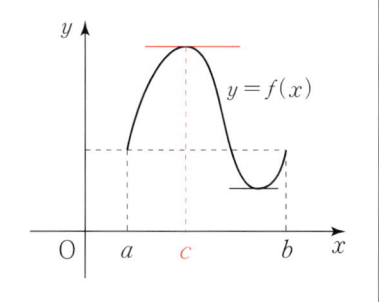

まず，連続関数の次の大切な性質に注意する（証明略）．

●ポイント ─────────── 最大値・最小値の存在定理 ─

有界閉区間 $[a, b]$ で連続な関数 $f(x)$ は，この区間で，最大値・最小値をとる．

▶注　有限閉（開）区間を，有界閉（開）区間ということが多い．

ここで，**有界・閉区間・連続関数**という三条件が大切なのであって，どの一つが欠けても，最大値・最小値の存在は保障されない：

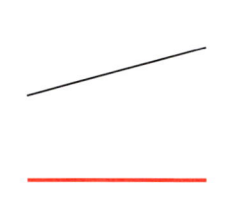

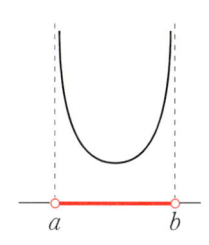

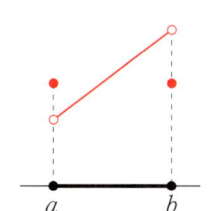

この性質を用いて，次の定理を証明する：

●ポイント ─────────────── ロルの定理 ─

関数 $f(x)$ が，条件
- 閉区間 $[a, b]$ で連続
- 開区間 (a, b) で微分可能
- $f(a) = f(b)$

を満たすならば，
$$f'(c) = 0, \quad a < c < b$$
なる c が少なくとも一つ存在する．

証明 $f(x) = k$(定数関数)のとき,つねに,$f'(x) = 0$.
$f(x) \neq$ 定数関数 のとき,$f(x)$ は点 c で最大値をとったとすると,
$$f(x) \text{ の最大値} = f(c) > f(a) = f(b), \quad a < c < b$$
$f(c)$ が $f(x)$ の最大値だから,$a \leqq x \leqq b$ なるすべての x に対して,
$$f(x) \leqq f(c)$$
$x > c$ ならば,$\dfrac{f(x) - f(c)}{x - c} \leqq 0$. $x \to c + 0$ として,$f'(c) \leqq 0$.

$x < c$ ならば,$\dfrac{f(x) - f(c)}{x - c} \geqq 0$. $x \to c - 0$ として,$f'(c) \geqq 0$.

ゆえに,$f'(c) = 0$ □

次は,平均値の定理である:

●ポイント ─────────────── 平均値の定理 ───

関数 $f(x)$ が,条件
○ 閉区間 $[a, b]$ で連続
○ 開区間 (a, b) で微分可能
を満たすならば,
$$f'(c) = \frac{f(b) - f(a)}{b - a}, \quad a < c < b$$
なる c が少なくとも一つ存在する.

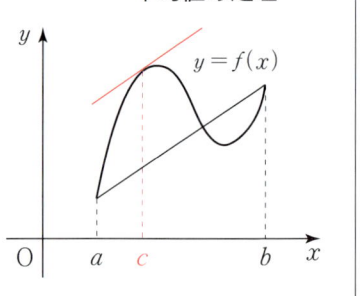

証明 $F(x) = f(x) - \{f(a) + K(x - a)\} \quad (a \leqq x \leqq b)$
とおき,$F(a) = F(b)$ を満たすような定数 K を求めると,
$$K = \frac{f(b) - f(a)}{b - a}$$
このとき,関数 $F(x)$ は,ロルの定理の条件を満たすから,$F(x)$ にロルの定理を用いればよい. □

▶**注** $a < c < b$ だから,$\theta = \dfrac{c - a}{b - a}$ とおけば,
$$c = a + \theta(b - a), \quad 0 < \theta < 1$$
とかける.このとき,平均値の定理の結論の等式は,
$$f(b) = f(a) + (b - a)f'(a + \theta(b - a)), \quad 0 < \theta < 1$$
さらに,$h = b - a$ したがって,$c = a + \theta h$ とおけば,

$$f(a+h) = f(a) + hf'(a+\theta h), \quad 0 < \theta < 1$$

とかける．これらは，後に述べるテイラーの定理の特別な形である．

[例] $f(x) = x^3 - 4x$ のとき，
$$f(b) - f(a) = (b-a)f'(c), \quad a < c < b$$
を満たす c を求めよ．ただし，$0 < a < b$ とする．

解 $(b^3 - 4b) - (a^3 - 4a) = (b-a)(3c^2 - 4)$

$\therefore\ c = \sqrt{\dfrac{a^2 + ab + b^2}{3}}$ $\quad (a < c < b$ は明らか$)$ □

[例] $a > b > 0$ のとき，$\dfrac{1}{a} < \dfrac{\log a - \log b}{a - b} < \dfrac{1}{b}$ を示せ．

解 区間 $[b, a]$ で，$f(x) = \log x$ に平均値の定理を用いると，
$$\frac{\log a - \log b}{a - b} = \frac{1}{c}, \quad b < c < a$$
これから，問題の不等式は明らか． □

関数の増減

平均値の定理から得られる重要な性質として，関数の増減と導関数の符号との関係を述べる．関数の増加・減少の定義は，

■ある区間で $f(x)$ が，つねに，
$$x_1 < x_2 \Rightarrow f(x_1) < f(x_2)$$
を満たすとき，$f(x)$ はこの区間で**増加状態**（単調増加）という

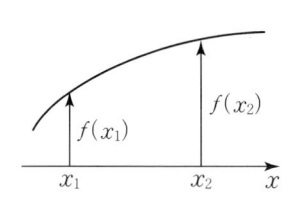

■ある区間で $f(x)$ が，つねに，
$$x_1 < x_2 \Rightarrow f(x_1) > f(x_2)$$
を満たすとき，$f(x)$ はこの区間で**減少状態**（単調減少）という．

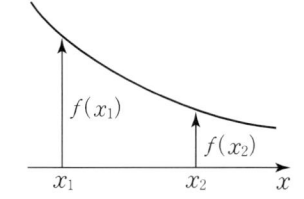

▶注 "$x_1 < x_2 \Rightarrow f(x_1) \leqq f(x_2)$" を満たすとき，$f(x)$ を**広義増加**(非減少)ということがある．広義減少も同様．

このとき，よくご存じの次の性質をキッパリと証明することができる：

> **●ポイント** ────── $f'(x)$ の符号と関数の増減 ──
>
> ある区間で，つねに，
> (1)　$f'(x) > 0$　ならば，$f(x)$ は，その区間で単調増加．
> (2)　$f'(x) < 0$　ならば，$f(x)$ は，その区間で単調減少．
> (3)　$f'(x) = 0$　ならば，$f(x)$ は，その区間で定数関数．

証明　$x_1, x_2\,(x_1 < x_2)$ を，この区間内の任意の二点とし，区間 $[x_1, x_2]$ で $f(x)$ に平均値の定理を用いれば，

$$\frac{f(x_2)-f(x_1)}{x_2-x_1} = f'(c),\quad x_1 < c < x_2$$

なる c が存在する．このとき，

$$f'(x) > 0 \implies f(x_1) < f(x_2)$$
$$f'(x) < 0 \implies f(x_1) > f(x_2)$$
$$f'(x) = 0 \implies f(x_1) = f(x_2) \qquad \square$$

コーシーの平均値の定理

平均値の定理は，次のように拡張される：

> **●ポイント** ────── コーシーの平均値の定理 ──
>
> 関数 $f(t)$, $g(t)$ が，条件
> ◦ 閉区間 $[a,b]$ で連続
> ◦ 開区間 (a,b) で微分可能で，
> $$f(a) \neq f(b)$$
> $$(f'(x), g'(x)) \neq (0, 0)$$
> を満たすならば，
> $$\frac{g(b)-g(a)}{f(b)-f(a)} = \frac{g'(c)}{f'(c)},\quad a < c < b$$
> なる c が少なくとも一つ存在する．

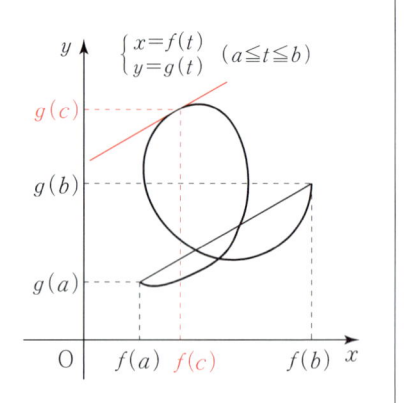

証明　$F(t) = (g(t)-g(a)) - K(f(t)-f(a))\quad (a \leq t \leq b)$

とおき，$F(a)=F(b)$ を満たすような定数 K を求めると，
$$K=\frac{g(b)-g(a)}{f(b)-f(a)}$$
このとき，関数 $F(t)$ は，ロルの定理の条件を満たすから，$F(t)$ にロルの定理を用いればよい． □

不定形の極限

さて，一般に，$\lim_{x\to a}f(x)=A$，$\lim_{x\to a}g(x)=B$ のとき，$A\neq 0$ ならば，$\lim_{x\to a}\frac{g(x)}{f(x)}=\frac{B}{A}$ であるが，$A=0$，$B=0$ の場合 $\lim_{x\to a}\frac{g(x)}{f(x)}$ はいろいろな場合が生じ，一概に結論できない．

$\lim_{x\to a}f(x)=0$，$\lim_{x\to a}g(x)=0$ のとき，$\lim_{x\to a}\frac{g(x)}{f(x)}$ を **$\frac{0}{0}$ 型の不定形**という．

不定形には，この他に，$\frac{\infty}{\infty}$ 型，$0\times\infty$ 型，1^∞ 型などがある．

●ポイント ─────────────── ロピタルの定理 ─

関数 $f(x)$，$g(x)$ は，点 a の近くで定義されていて，微分可能とする．いま，$\lim_{x\to a}f(x)=0$，$\lim_{x\to a}g(x)=0$ ならば，
$$\lim_{x\to a}\frac{g(x)}{f(x)}=\lim_{x\to a}\frac{g'(x)}{f'(x)} \quad\cdots\cdots\cdots\cdots (*)$$
$(*)$ は，右辺が存在すれば，左辺も存在し，両者が等しいことを意味する．このとき，$(*)$ の両辺は，$+\infty$，$-\infty$ でもよい．

証明 いま，$f(a)=0$，$g(a)=0$ と定義すると，$f(x)$，$g(x)$ は点 a で連続になる．x が点 a に近いとき，$[a,x]$ または $[x,a]$ で $f(x)$，$g(x)$ にコーシーの平均値の定理を用いると，
$$\frac{g(x)}{f(x)}=\frac{g(x)-g(a)}{f(x)-f(a)}=\frac{g'(c)}{f'(c)},\quad x<c<a \text{ または } a<c<x$$
なる c が存在する．$x\to a$ のとき $c\to a$ となるから，
$$\lim_{x\to a}\frac{g(x)}{f(x)}=\lim_{c\to a}\frac{g'(c)}{f'(c)} \qquad □$$

▶ **注** a が $\pm\infty$, 片側極限 ($x \to a+0$, $x \to a-0$), $\dfrac{\infty}{\infty}$ 型の不定形の場合にも, 同様の定理が成立する. これらを一括して**ロピタルの定理**とよぶ.

例 $\dfrac{0}{0}$ 型
$$\lim_{x \to 0} \frac{x - \sin x}{x^3}$$
$$= \lim_{x \to 0} \frac{(x - \sin x)'}{(x^3)'}$$
$$= \lim_{x \to 0} \frac{1 - \cos x}{3x^2}$$
$$= \lim_{x \to 0} \frac{\sin x}{6x}$$
$$= \frac{1}{6} \quad \left(\lim_{x \to 0} \frac{\sin x}{x} = 1 \text{ は,公式}\right)$$

$\lim\limits_{x\to 0}\left(\dfrac{x-\sin x}{x^3}\right)'$ ではない
分母・分子 — 別々に微分せよ!

例 $\dfrac{\infty}{\infty}$ 型 $\displaystyle\lim_{x \to +\infty} \frac{\log x}{\sqrt{x}} = \lim_{x \to +\infty} \frac{1/x}{1/2\sqrt{x}} = \lim_{x \to +\infty} \frac{2}{\sqrt{x}} = 0$

他のタイプの不定形は, $\dfrac{0}{0}$ 型, $\dfrac{\infty}{\infty}$ 型に帰着させる.

例 $0 \times \infty$ 型 $f(x)g(x) = \dfrac{g(x)}{1/f(x)}$ $\left(\dfrac{\infty}{\infty}$ 型$\right)$ へ帰着.
$$\lim_{x \to +0} x \log x = \lim_{x \to +0} \frac{\log x}{1/x} = \lim_{x \to +0} \frac{1/x}{(-1/x^2)} = -\lim_{x \to +0} x = 0$$

例 0^0 型 $f(x)^{g(x)} = e^{g(x) \log f(x)}$ ($0 \times \infty$ 型) へ帰着.
$$\lim_{x \to +0} x^x = \lim_{x \to +0} e^{x \log x} = e^{\lim_{x \to +0} x \log x} = e^0 = 1$$

例 ∞^0 型 $f(x)^{g(x)} = e^{g(x) \log f(x)}$ ($0 \times \infty$ 型) へ帰着
$$\lim_{x \to +\infty} x^{\frac{1}{x}} = \lim_{x \to +\infty} e^{\frac{1}{x} \log x} = e^{\lim_{x \to +\infty} \frac{\log x}{x}} = e^{\lim_{x \to +\infty} \frac{1/x}{1}} = e^0 = 1$$

[**例**] $\displaystyle\lim_{x \to 0} \frac{x - \log(1+x)}{x^2}$ を求めよ.

解 $x \to 0$ のとき, 分母 $\to 0$, 分子 $\to 0$ だから,
$$\lim_{x \to 0} \frac{x - \log(1+x)}{x^2} = \lim_{x \to 0} \frac{1 - \dfrac{1}{1+x}}{x^2} = \frac{1}{2} \lim_{x \to 0} \frac{1}{1+x} = \frac{1}{2} \quad \square$$

例題 5.1 — 不定形の極限

$\displaystyle\lim_{x\to 0}\left(\dfrac{a^x+b^x}{2}\right)^{\frac{1}{x}}$ を求めよ．ただし，$a>0$，$b>0$ である．

1^∞ 型の不定形　$f(x)^{g(x)} = e^{g(x)\log f(x)}$（$\infty\times 0$ 型）へ帰着．

【解】 $F(x) = \left(\dfrac{a^x+b^x}{2}\right)^{\frac{1}{x}}$

とおく．

$\displaystyle\lim_{x\to 0}e^{A(x)} = e^{\lim_{x\to a}A(x)}$

$\displaystyle\lim_{x\to 0}\log F(x) = \lim_{x\to 0}\dfrac{\log(a^x+b^x)-\log 2}{x}$

$= \displaystyle\lim_{x\to 0}\dfrac{(a^x\log a + b^x\log b)/(a^x+b^x)}{1}$

$= \dfrac{\log a + \log b}{2} = \log\sqrt{ab}$

$\therefore\ \displaystyle\lim_{x\to 0}\left(\dfrac{a^x+b^x}{2}\right)^{\frac{1}{x}} = \lim_{x\to 0}e^{\log F(x)}$

$= e^{\lim_{x\to 0}\log F(x)} = e^{\log\sqrt{ab}} = \sqrt{ab}$

$1^\infty,\ 0^0,\ \infty^0$ 型など

⬇

問題の関数の $\log$ をとれ！

演習問題

5.1 $f(t) = t^2-1$，$g(t) = t^3+t$ のとき，次を満たす c を求めよ：

$$\dfrac{g(1)-g(0)}{f(1)-f(0)} = \dfrac{g'(c)}{f'(c)},\quad 0<c<1$$

5.2 $0<a<b<1$，$0<p<q$ のとき，次の不等式を示せ：

$$\dfrac{a^q-b^q}{a^p-b^p} < \dfrac{q}{p}$$

5.3 次の極限値を求めよ．

(1) $\displaystyle\lim_{x\to 0}\dfrac{x-\tan x}{x-\sin x}$

(2) $\displaystyle\lim_{x\to +\infty}\dfrac{x^n}{e^x}$　（n：自然数）

(3) $\displaystyle\lim_{x\to 1+0}\dfrac{\log(x-1)}{\log(x^2-1)}$

(4) $\displaystyle\lim_{x\to +\infty}\dfrac{\log(1+e^x)}{x}$

(5) $\displaystyle\lim_{x\to 0}(\cos x)^{\frac{1}{x^2}}$

(6) $\displaystyle\lim_{x\to +\infty}x\left(\dfrac{\pi}{2}-\tan^{-1}x\right)$

§6　テイラーの定理

――― 一点から全体を知る ―――

高次導関数

$f''(x) = (f'(x))'$ を $f(x)$ の**第 2 次導関数**，…，$f^{(n)}(x) = (f^{(n-1)}(x))'$ を**第 n 次導関数**とよび，$f^{(n)}(a)$ を $f(x)$ の点 a における**第 n 次微分係数**とよぶ．関数 $y = f(x)$ の第 n 次導関数を，次のように記す：

$$f^{(n)}(x), \quad y^{(n)}, \quad \frac{d^n}{dx^n}f(x), \quad \frac{d^ny}{dx^n}, \quad \cdots\cdots$$

関数 $f(x)$ の第 n 次導関数 $f^{(n)}(x)$ が存在するとき，$f(x)$ は **n 回微分可能である**という．さらに，$f^{(n)}(x)$ が連続であるとき，$f(x)$ は **n 回連続微分可能である**という．

例　$\dfrac{d^n}{dx^n}(af(x) + bg(x)) = af^{(n)}(x) + bg^{(n)}(x)$

例　$\dfrac{d^n}{dx^n}(x^\alpha) = \alpha(\alpha-1)(\alpha-2)\cdots(\alpha-(n-1))x^{\alpha-n}$

例　$\dfrac{d^n}{dx^n}e^x = e^x$

例　$\dfrac{d^n}{dx^n}\cos x = \cos\left(x + \dfrac{n}{2}\pi\right), \quad \dfrac{d^n}{dx^n}\sin x = \sin\left(x + \dfrac{n}{2}\pi\right)$

例　（**ライプニッツの公式**）

$(fg)' = f'g + fg'$

$(fg)'' = f''g + 2f'g' + fg''$

$\qquad \vdots$

$(fg)^{(n)} = f^{(n)}g + {}_nC_1 f^{(n-1)}g' + {}_nC_2 f^{(n-2)}g'' + \cdots\cdots + fg^{(n)}$

例　$h(x) = x^2 e^{3x}$ のとき，

$h^{(4)}(x) = (x^2)''''e^{3x} + {}_4C_1(x^2)'''(e^{3x})' + {}_4C_2(x^2)''(e^{3x})''$

$\qquad\qquad\qquad + {}_4C_3(x^2)'(e^{3x})''' + x^2(e^{3x})''''$

$\qquad = {}_4C_2 \cdot 2 \cdot 3^2 e^{3x} + {}_4C_3 2x \cdot 3^3 e^{3x} + x^2 \cdot 3^4 e^{3x}$

$\qquad = (108 + 216x + 81x^2)e^{3x}$

テイラーの定理

平均値の定理は，次のように一般化される：

―― ●ポイント ――――――――――――― テイラーの定理 ――

関数 $f(x)$ が，$[a,b]$ で連続，(a,b) で n 回微分可能ならば，次のような c が存在する：

$$f(b) = f(a) + \frac{f'(a)}{1!}(b-a) + \frac{f''(a)}{2!}(b-a)^2 + \cdots$$
$$\cdots + \frac{f^{(n-1)}(a)}{(n-1)!}(b-a)^{n-1} + \frac{f^{(n)}(c)}{n!}(b-a)^n, \quad a < c < b$$

このとき，右辺の最後の項を**剰余項**とよび，R_n などと記す．

証明 $F(x) = f(b) - \Big\{ f(x) + \dfrac{f'(x)}{1!}(b-x) + \dfrac{f''(x)}{2!}(b-x)^2 + \cdots$

$$\cdots + \frac{f^{(n-1)}(x)}{(n-1)!}(b-x)^{n-1} + \frac{K}{n!}(b-x)^n \Big\} \quad (a \leqq x \leqq b)$$

とおく．ただし，K は，$F(a) = F(b)$ すなわち，次を満たす定数とする：

$$f(b) = f(a) + \frac{f'(a)}{1!}(b-a) + \frac{f''(a)}{2!}(b-a)^2 + \cdots$$
$$\cdots + \frac{f^{(n-1)}(a)}{(n-1)!}(b-a)^{n-1} + \frac{K}{n!}(b-a)^n \qquad (*)$$

このとき，区間 $[a,b]$ で，$F(x)$ にロルの定理を用いる．
そこで，$F'(x)$ を計算すると，

$$F'(x) = -\frac{f^{(n)}(x)}{(n-1)!}(b-x)^{n-1} + \frac{K}{(n-1)!}(b-x)^{n-1}$$

よって，$F'(c) = 0$，$a < c < b$ より，

$$K = f^{(n)}(c)$$

これを，$(*)$ へ代入すれば，求める等式が得られる． □

▶注 $b - a = h$ とおけば，テイラーの定理の等式は，

$$f(a+h) = f(a) + \frac{f'(a)}{1!}h + \frac{f''(a)}{2!}h^2 + \cdots + \frac{f^{(n-1)}(a)}{(n-1)!}h^{n-1}$$
$$+ \frac{f^{(n)}(a+\theta h)}{n!}h^n, \quad 0 < \theta < 1$$

テイラー展開

関数 $f(t)$ は点 a を含む開区間で n 回微分可能とする．この区間内の x に対して，a, x を両端とする区間で $f(t)$ にテイラーの定理を用いると，

$$f(x) = f(a) + \frac{f'(a)}{1!}(x-a) + \frac{f''(a)}{2!}(x-a)^2 + \cdots$$

$$\cdots + \frac{f^{(n-1)}(a)}{(n-1)!}(x-a)^{n-1} + R_n(x)$$

$$R_n(x) = \frac{f^{(n)}(a+\theta(x-a))}{n!}(x-a)^n, \ 0 < \theta < 1$$

これを，関数 $f(x)$ の点 a のまわりの**有限テイラー展開**という．

この式で，$f^{(n)}(x)$ が点 a で連続ならば，x が a に近いとき，$f(x)$ は多項式で近似される：

$$f(x) \fallingdotseq f(a) + \frac{f'(a)}{1!}(x-a) + \frac{f''(a)}{2!}(x-a)^2 + \cdots + \frac{f^{(n-1)}(a)}{(n-1)!}(x-a)^{n-1}$$

これを，$f(x)$ の **$n-1$ 次テイラー近似**という．$|R_n(x)|$ が，そのときの誤差である．

ただ一点 a における情報 $f(a)$，$f'(a)$，$\cdots$，$f^{(n-1)}(a)$ だけから，点 a の近くの $f(x)$ の挙動を —— それも多項式で —— 把握することができる：

一点から全体を知る

これが，**テイラーの定理の意義**のように思われる．

とくに，簡潔で実用的な，点 0 のまわりの有限テイラー展開・テイラー近似を，それぞれ，**有限マクローリン展開・マクローリン近似**とよぶ：

$$f(x) = f(0) + \frac{f'(0)}{1!}x + \frac{f''(0)}{2!}x^2 + \cdots + \frac{f^{(n-1)}(0)}{(n-1)!}x^{n-1} + \frac{f^{(n)}(\theta x)}{n!}x^n$$

$$f(x) \fallingdotseq f(0) + \frac{f'(0)}{1!}x + \frac{f''(0)}{2!}x^2 + \cdots + \frac{f^{(n-1)}(0)}{(n-1)!}x^{n-1}$$

さて，いま述べた $f(x)$ の有限テイラー展開

$$f(x) = f(a) + \frac{f'(a)}{1!}(x-a) + \cdots + \frac{f^{(n-1)}(a)}{(n-1)!}(x-a)^{n-1} + R_n(x)$$

で，両辺の極限 $\lim_{n \to \infty}$ をとると，次の大切な定理が得られる：

§6 テイラーの定理

●ポイント ──────────── **テイラー展開** ──

$f(x)$ は，点 a の近くで何回でも微分可能で，a を内部に含む区間 I で，有限テイラー展開の剰余項 $R_n(x)$ が，$R_n(x) \to 0\,(n \to \infty)$ を満たせば，$f(x)$ はこの区間 I で次のように**ベキ級数に展開**できる：

$$f(x) = f(a) + \frac{f'(a)}{1!}(x-a) + \frac{f''(a)}{2!}(x-a)^2 + \cdots\cdots \quad (x \in I)$$

これを，$f(x)$ の点 a のまわりの**テイラー展開**，右辺のベキ級数を**テイラー級数**，区間 I をこのベキ級数の**収束域**とよぶ．

とくに，$a = 0$ の場合，**マクローリン展開・マクローリン級数**という．

マクローリン展開のいくつかの基本的な例を挙げよう．

例 $\quad e^x = 1 + \dfrac{1}{1!}x + \dfrac{1}{2!}x^2 + \cdots + \dfrac{1}{(n-1)!}x^{n-1} + R_n(x)$

$$R_n(x) = \frac{e^{\theta x}}{n!}x^n \quad (0 < \theta < 1)$$

ここで，$-\infty < x < +\infty$ のすべての x に対して，

$$0 \leq |R_n(x)| \leq e^{|x|}\frac{|x|^n}{n!} \to 0 \quad (n \to \infty)$$

$$\therefore \lim_{n \to \infty} R_n(x) = 0.$$

> $a > 0$ のとき，
> $$\lim_{n \to \infty} \frac{a^n}{n!} = 0$$

ゆえに，

$$e^x = 1 + \frac{x}{1!} + \frac{x^2}{2!} + \frac{x^3}{3!} + \cdots\cdots \quad (-\infty < x < +\infty)$$

例 $\quad \cos x = 1 - \dfrac{x^2}{2!} + \dfrac{x^4}{4!} - \cdots + (-1)^{n-1}\dfrac{x^{2n-2}}{(2n-2)!} + R_{2n}$

$$0 \leq |R_{2n}| = \left|(-1)^n \frac{\cos \theta x}{(2n)!}x^{2n}\right| \leq \frac{|x|^{2n}}{(2n)!} \to 0 \quad (n \to \infty)$$

$$\cos x = 1 - \frac{x^2}{2!} + \frac{x^4}{4!} - \frac{x^6}{6!} + \cdots\cdots \quad (-\infty < x < +\infty)$$

同様に，

例 $\quad \sin x = x - \dfrac{x^3}{3!} + \dfrac{x^5}{5!} - \dfrac{x^7}{7!} + \cdots\cdots \quad (-\infty < x < +\infty)$

例 $\quad \log(1+x) = x - \dfrac{x^2}{2} + \dfrac{x^3}{3} - \cdots + (-1)^{n-2}\dfrac{x^{n-1}}{n-1} + R_n(x)$

$$R_n(x) = (-1)^{n-1} \frac{x^n}{n(1+\theta x)^n}, \quad 0 < \theta < 1$$

この形の剰余項を**ラグランジュの剰余項**とよぶが，この形では，θ が 0 に近いか 1 に近いかで $R_n(x)$ に与える影響は大きく異なり，この形の剰余項 $R_n(x) \to 0$ からは，テイラー展開の収束域を求められない．たとえば，コーシーの剰余項 $R_n(x) = \dfrac{f^{(n)}(a+\theta(x-a))}{(n-1)!}(1-\theta)^{n-1}(x-a)^n$ を用いて収束域を求めることができるが，省略し，結果だけを記す：

$$\log(1+x) = x - \frac{x^2}{2} + \frac{x^3}{3} - \frac{x^4}{4} + \cdots \cdots \quad (-1 < x \leqq 1)$$

さて，次の図は，$y = \cos x$ のマクローリン近似の状況を図示したものである．

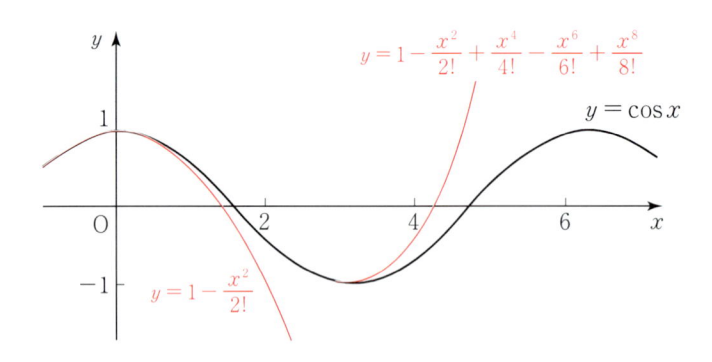

▶注 $f(x)$ の**テイラー近似とベキ級数表示可能性**とは**別次元の話**．たとえば，次の $f(x)$ は，$f(0)$, $f'(0)$, $f''(0)$, $\cdots$ がすべて存在するが，点 0 でベキ級数展開できない：

$$f(x) = \begin{cases} e^{-\frac{1}{x}} & (x > 0) \\ 0 & (x \leqq 0) \end{cases}$$

実際，$f^{(n)}(x) = e^{-\frac{1}{x}} \times$ 有理式
$f(0) = f'(0) = f''(0) = \cdots = 0$
となってしまうから．

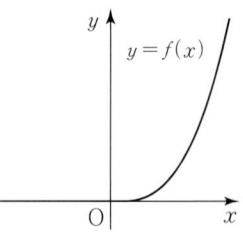

── **例題 6.1** ──────────────── **極限値への応用** ──

次式が有限の極限値として存在する a の値と，そのときの極限値を求めよ：

$$\lim_{x \to 0} \frac{1}{x^3}\left\{\sqrt{1+x} - \left(1 + \frac{x}{2} + ax^2\right)\right\}$$

【解】 $f(x) = \sqrt{1+x} = (1+x)^{\frac{1}{2}}$

とおけば，

$$f^{(n)}(x) = \frac{1}{2}\left(\frac{1}{2} - 1\right)\left(\frac{1}{2} - 2\right) \cdots \left(\frac{1}{2} - (n-1)\right)(1+x)^{\frac{1}{2} - n}$$

$$\frac{f^{(k)}(0)}{k!} = (-1)^{k-1} \frac{1 \cdot 3 \cdot 5 \cdots (2k-3)}{2 \cdot 4 \cdot 6 \cdots (2k-2)} \frac{1}{2k} \quad (k \geq 2)$$

となるから，

$$\sqrt{1+x} = 1 + \frac{x}{2} - \frac{1}{2}\frac{x^2}{4} + \frac{1 \cdot 3}{2 \cdot 4}\frac{x^3}{6} - \frac{1 \cdot 3 \cdot 5}{2 \cdot 4 \cdot 6}\frac{x^4}{8}(1+\theta x)^{-\frac{7}{2}}$$

したがって，

$$\lim_{x \to 0} \frac{1}{x^3}\left\{\sqrt{1+x} - \left(1 + \frac{x}{2} + ax^2\right)\right\}$$

$$= \lim_{x \to 0}\left\{-\left(\frac{1}{8} + a\right)\frac{1}{x} + \frac{1}{16} + \frac{1 \cdot 3 \cdot 5}{2 \cdot 4 \cdot 6}\frac{x}{8}(1+\theta x)^{-\frac{7}{2}}\right\}$$

有限の極限値が存在する条件は，$a = -1/8$．

このとき，問題の極限値は，$1/16$． □

$\log x \ll x^a \ll e^x \quad (x \to +\infty)$

$x \to +\infty$ のとき，x^2 も x^3 も $\to +\infty$ であるが，x^2 より x^3 の方が，それより x^{10} の方が**速く大きくなる**．ところが，x^{10} も指数関数 e^x にはかなわない．x が小さいうちは，x^{10} が e^x をリードしている．興味ある方は計算してみると分かるが，$x = 35 \sim 36$ あたりで x^{10} は e^x に追い越され，その後，両者の差は驚異的に拡がる．

一般に，$\lim_{x \to +\infty} f(x) = \lim_{x \to +\infty} g(x) = +\infty$ で，かつ，$\lim_{x \to +\infty} \frac{f(x)}{g(x)} = +\infty$ のとき，$f(x)$ は $g(x)$ より**速く無限大に発散**するという．このとき，

$x > M$ のときつねに,$\dfrac{f(x)}{g(x)} > 1$

$x > M$ のときつねに,$f(x) > g(x)$ なる定数 M が存在する.この事実を,
$$g(x) \ll f(x) \quad (x \to +\infty)$$
と記すことがある.このとき,次の大切な性質に注目しておこう:

● $0 < \alpha < \beta$ のとき,
$$\log x \ll x^\alpha \ll x^\beta \ll e^x \quad (x \to +\infty)$$

証明 $\beta + 1 < n$ なる n をとれば,次式から,$x^\beta \ll e^x$ は明らか:
$$e^x = 1 + \frac{x}{1!} + \frac{x^2}{2!} + \cdots + \frac{x^n}{n!} + \cdots > \frac{x^n}{n!} > x^\beta \cdot \frac{x}{n!} \qquad \square$$

############ **演習問題** ############

6.1 次の関数 $f(x)$ の第 n 次導関数 $f^{(n)}(x)$ を求めよ.

(1) $\dfrac{x}{(x-a)(x-b)}$ $(a \neq b)$ (2) $e^x \sin x$

6.2 有限マクローリン展開を剰余項を含めて 4 次の項まで求めよ.

(1) $\sqrt[3]{1+x}$ (2) $\dfrac{1}{1-x}$

6.3 (1) $(1+x^2)y' = 1$ の両辺を n 回微分し,次の等式を導け:
$$(1+x^2)y^{(n+1)} + 2nxy^{(n)} + n(n-1)y^{(n-1)} = 0$$

(2) $y = f(x) = \tan^{-1} x$ のマクローリン展開を求めよ.

6.4 $x \doteqdot 0$ のときの次の近似式を導け.

(1) $\dfrac{1}{\cos x} \doteqdot 1 + \dfrac{x^2}{2} + \dfrac{5}{24}x^4$ (2) $\tan x \doteqdot x + \dfrac{1}{3}x^3 + \dfrac{2}{15}x^5$

(3) $\dfrac{x}{e^x - 1} \doteqdot 1 - \dfrac{x}{2} + \dfrac{1}{12}x^2$ (4) $(1+x)^{\frac{1}{x}} \doteqdot e\left(1 - \dfrac{x}{2} + \dfrac{11}{24}x^2\right)$

6.5 次の極限値を求めよ.

(1) $\displaystyle\lim_{x \to 0} \dfrac{x - \tan x}{x^3}$ (2) $\displaystyle\lim_{x \to 0} \dfrac{e - (1+x)^{\frac{1}{x}}}{x}$

§7 関数の増減・凹凸

――これぞ微分法の α で ω だ――

媒介変数表示関数

たとえば，円 $x^2+y^2=1$ 上の点 (x, y) は，

$$\begin{cases} x = \cos t \\ y = \sin t \end{cases} \quad (0 \leq t < 2\pi)$$

のように表わされる．また，t が，$0 \leq t < 2\pi$ なる範囲を動けば，点 $(\cos t, \sin t)$ は，円 $x^2+y^2=1$ をえがく．

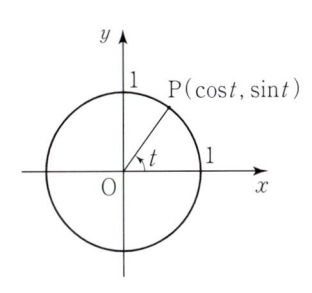

一般に，媒介変数表示された二つの関数

$$x = f(t), \quad y = g(t) \quad (a \leq t \leq b)$$

は，ともに微分可能とする．$x = f(t)$ が単調増加（また減少）な範囲では，逆関数 $t = f^{-1}(x)$ が存在するから，そこで，

$$y = g(t) = g(f^{-1}(x))$$

したがって，

$$\frac{dy}{dx} = g'(f^{-1}(x))(f^{-1})'(x) = \frac{g'(t)}{f'(t)} = \frac{dy/dt}{dx/dt}$$

さらに，

$$\frac{d^2y}{dx^2} = \frac{d}{dt}\left(\frac{g'(t)}{f'(t)}\right)\frac{dt}{dx} = \frac{g''(t)f'(t) - g'(t)f''(t)}{(f'(t))^2} \cdot \frac{1}{f'(t)}$$

これらの結果を整理しておく：

●ポイント ――――――――――――― 媒介表示関数の微分法 ――

$x = f(t)$，$y = g(t)$ $(a \leq t \leq b)$ が，ともに（1回および2回）微分可能で，$f(t)$ が単調増加（または減少）ならば，

(1) $\dfrac{dy}{dx} = \dfrac{g'(t)}{f'(t)} = \dfrac{dy/dt}{dx/dt}$

(2) $\dfrac{d^2y}{dx^2} = \dfrac{f'(t)g''(t) - f''(t)g'(t)}{(f'(t))^3}$

[例] 楕円 $x = 5\cos t$, $y = 3\sin t$ （$0 \leq t \leq 2\pi$） 上の点 $(4, 9/5)$ における接線の方程式を求めよ．

解 $\dfrac{dy}{dx} = \dfrac{dy/dt}{dx/dt} = \dfrac{3\cos t}{-5\sin t} = -\dfrac{3}{5}\dfrac{3}{5}\dfrac{5\cos t}{3\sin t} = -\dfrac{9}{25}\dfrac{x}{y}$

$\therefore \left[\dfrac{dy}{dx}\right]_{\substack{x=4 \\ y=9/5}} = -\dfrac{9}{25}\dfrac{4}{9/5} = -\dfrac{4}{5}$

よって，接線の方程式は，

$$y = -\dfrac{4}{5}(x-4) + \dfrac{9}{5} \quad \therefore \quad 4x + 5y = 25 \qquad \square$$

極大・極小

局所的な最大・最小を，**極大・極小**という．すなわち，

■ a に十分近い x に対して， $x \neq a \implies f(x) < f(a)$ であるとき，関数 $f(x)$ は点 a において**極大**になるといい，$f(a)$ を**極大値**という．	■ a に十分近い x に対して， $x \neq a \implies f(x) > f(a)$ であるとき，関数 $f(x)$ は点 a において**極小**になるといい，$f(a)$ を**極小値**という．

このとき，極大値・極小値を**極値**と総称する．極値は**局所的な性質**なので，極小値が極大値より大きいことも，大いにありうる．

$f(x)$ がある区間で微分可能で，その区間の点 a で極値をとったとすると，$f'(a) > 0$ でも $f'(a) < 0$ でもないから，必然的に $f'(a) = 0$ ：

$$f(x) \text{ は点 } a \text{ で極大か極小} \implies f'(a) = 0$$

しかし，この**逆は成立しない**．反例：$f(x) = x^3$, $a = 0$.

▶注 〝減少から増加に移る点が極小〟という定義もあるが，たとえば，次の例からも分かるように，上の定義の方が広い定義になっている．

$$f(x) = \begin{cases} x^2\left(2 + \sin\dfrac{1}{x}\right) & (x \neq 0) \\ 0 & (x = 0) \end{cases}$$

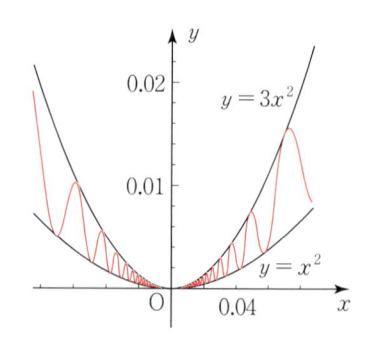

関数の凹凸

曲線 $y = f(x)$ が区間 I で，**どの弦も**その曲線弧より上方にあるとき，関数 $f(x)$ は区間 I で**下に凸**であるという．**上に凸**（下に凹）も同様に定義される．また，$f(x)$ の凹凸の変わる点を，$f(x)$ の**変曲点**とよぶ．

●ポイント ─────────────────── 関数の凹凸 ───

関数 $f(x)$ は，区間 I で 2 回微分可能とする．この区間で，
（1） $f''(x) > 0 \implies f(x)$ は下に凸．接線は曲線弧の下方にある．
（2） $f''(x) < 0 \implies f(x)$ は上に凸．接線は曲線弧の上方にある．

証明 （1）［（2）も同様］
区間 I 内の任意の区間 $[x_1, x_2]$ と，この区間内の任意の点 x を考える．

区間 $[x_1, x]$, $[x, x_2]$ で，$f(x)$ に平均値の定理を用いる．$f''(x) > 0$ より $f'(x)$ は単調増加で，

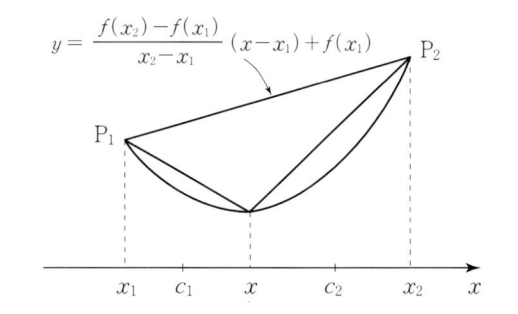

$$x_1 < c_1 < x < c_2 < x_2$$

だから，

$$\frac{f(x) - f(x_1)}{x - x_1} = f'(c_1) < f'(c_2) = \frac{f(x_2) - f(x)}{x_2 - x}$$

$$\therefore \quad f(x) < \frac{f(x_2) - f(x_1)}{x_2 - x_1}(x - x_1) + f(x_1)$$

これは，弦 $P_1 P_2$ が曲線弧より上方にあることを示している．
次に，区間 I 内の任意の点 a と x について，テイラーの定理より，

$$f(x) = f(a) + \frac{f'(a)}{1!}(x-a) + \frac{f''(c)}{2!}(x-a)^2$$

$$\therefore \quad f(x) \geqq f(a) + f'(a)(x-a)$$

これは，点 a における接線が曲線弧の下方にあることを示している．□

▶**注** 変曲点の前後で，接線と曲線の上下が入れかわる．

━━ 例題 7.1 ━━━━━━━━━━━━━━━━━ 関数のグラフ ━━

増減・凹凸を調べて，次の関数のグラフをかけ：
$$y = x^3 + 3x - 3\log x^2$$

【解】 $y = x^3 + 3x - 3\log x^2$

$$y' = 3x^2 + 3 - \frac{6}{x} = \frac{3(x-1)(x^2+x+2)}{x}$$

$$y'' = 6x + \frac{6}{x^2} = \frac{6(x+1)(x^2-x+1)}{x^2}$$

したがって，y の変化は，下表のようになる：

x	$\cdots$	-1	$\cdots$	0		$\cdots$	1	$\cdots$
y'	$+$	$+$	$+$	$+\infty$	$-\infty$	$-$	0	$+$
y''	$-$	0	$+$	$+\infty$	$+\infty$	$+$	$+$	$+$
y	↗	-4	↗	$+\infty$	$+\infty$	↘	4	↗
	上凸	変曲点	下凸	不連続		下凸	極小	下凸

ゆえに，グラフの概形は右下のようになる．
（x 切片の正確な値は求められない）

┌─────────────────────┐
│ **関数のグラフ**   │
│   │
│ 次を調べる：   │
│ ● 極値・凹凸   │
│ ● x 切片・y 切片 │
│ ● 対称軸・漸近線   │
│ ● $x \to \pm\infty$ の様子 │
└─────────────────────┘

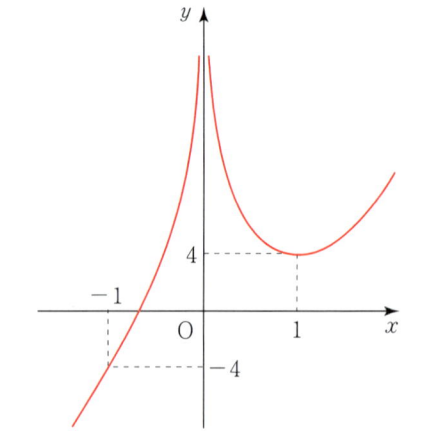

例題 7.2 — 最大・最小

平面を境界とする二つの媒質 I, II がある．媒質 I の点 A を発した光が，媒質 II の点 B へ達するとき，その所要時間が最小になるような経路をとる．

媒質 I, II での光速をそれぞれ，u, v とし，境界面への入射角を α，屈折角を β とするとき，次の関係が成立することを示せ：

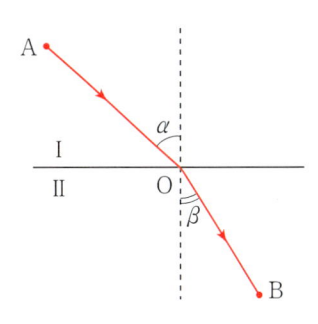

$$\frac{\sin\alpha}{\sin\beta} = \frac{u}{v} \quad \text{（屈折の法則）}$$

【解】 図のように名づける．

光が点 A から P を経て点 B へ達する時間は，

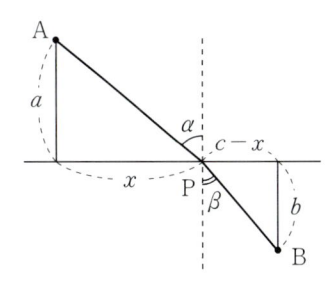

$$f(x) = \frac{\sqrt{a^2+x^2}}{u} + \frac{\sqrt{b^2+(c-x)^2}}{v}$$

ただし，$0 \leq x \leq c$．

$$f'(x) = \frac{x}{u\sqrt{a^2+x^2}} - \frac{c-x}{v\sqrt{b^2+(c-x)^2}}$$

$$= \frac{\sin\alpha}{u} - \frac{\sin\beta}{v}$$

ところが，

　x が増加すると，$\sin\alpha$ も増加する

　x が増加すると，$\sin\beta$ は減少する

したがって，$f'(x)$ は $f'(0)<0$ から単調に増加して，$f'(c)>0$ に達するから，$f'(x)$ は，ある点 x_0 の前後だけで負から正へ符号変化する．$f(x)$ は，この点 x_0 で最小になり，このとき，

x	0	$\cdots$	x_0	$\cdots$	c
$f'(x)$		$-$	0	$+$	
$f(x)$		↘	最小	↗	

$$f'(x_0) = \frac{\sin\alpha}{u} - \frac{\sin\beta}{v} = 0 \qquad \therefore\ \frac{\sin\alpha}{\sin\beta} = \frac{u}{v} \qquad \square$$

演習問題

7.1 次の関係から，$\dfrac{dy}{dx}, \dfrac{d^2y}{dx^2}$ を求めよ．

(1) $\begin{cases} x = \cos t + t\sin t \\ y = \sin t - t\cos t \end{cases}$ (2) $\begin{cases} x = \dfrac{1-t^2}{1+t^2} \\ y = \dfrac{2t}{1+t^2} \end{cases}$

7.2 次の関数の増減を調べて，そのグラフをかけ．

(1) $y = x + \sqrt{2-x^2}$ (2) $y = x\log x \quad (x > 0)$

(3) $y = x^{\frac{1}{x}} \quad (x > 0)$ (4) $y = 1 + 2\cos 2x + 4\sin x$

7.3 (1) $f(x)$ は，点 a を含む区間で定義されていて，$f'(a) = 0$，$f''(x)$ は点 a の近くで連続であるとする．このとき，次を示せ：

$$\begin{cases} f''(a) < 0 \implies f(x) \text{ は点 } a \text{ で極大．} \\ f''(a) > 0 \implies f(x) \text{ は点 } a \text{ で極小．} \\ f''(a) = 0 \implies f(a) \text{ は極値ではない．ただし，} f'''(a) \neq 0 \text{ で，} \\ \qquad f'''(x) \text{ は点 } a \text{ の近くで連続とする．} \end{cases}$$

(2) $f(x) = \sin x(1 + \cos x) \quad (0 \leq x \leq 2\pi)$ の極値を求めよ．

7.4 次の関数の増減凹凸を調べて，そのグラフをかけ．

(1) $y = \dfrac{(x+1)^2}{x^2+1}$ (2) $y = \dfrac{1}{\sqrt{2\pi}} e^{-\frac{1}{2}x^2}$

7.5 表面積が一定の直円錐のうち，体積が最大になるのは，高さと底面の半径の比がいくらのときか．

7.6 楕円 $\dfrac{x^2}{a^2} + \dfrac{y^2}{b^2} = 1$ の接線が両軸から切り取られる線分の長さの最小値を求めよ．$(a > 0, b > 0)$

▶注 接点を $\mathrm{T}(a\cos t, b\sin t)$ とおく．$t = \angle\mathrm{TOP}$ ではない！

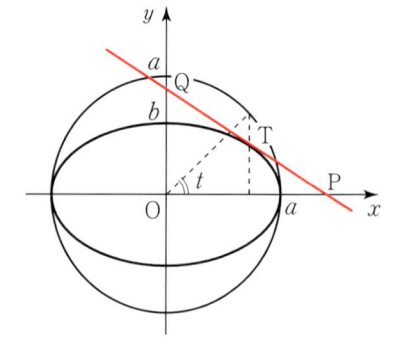

§8 方程式・不等式への応用

――――――――――― 関数の増減・凹凸の活用 ―――――――――――

不等式への応用

関数の増減・凹凸の活用法を，具体例によって述べる．

［例］ $x-\dfrac{x^3}{6}<\sin x<x$ $(x>0)$ を示せ．

解 (i) $\sin x<x$ $(x>0)$ の証明：

$x\geqq\dfrac{\pi}{2}$ のとき，$\sin x\leqq 1<\dfrac{\pi}{2}\leqq x$.

$0<x<\dfrac{\pi}{2}$ のとき，右の図より，

$\qquad \sin x<x$ ［垂線＜弦＜弧］

(ii) $x-\dfrac{x^3}{6}<\sin x$ $(x>0)$ の証明：

$$f(x)=\sin x-\left(x-\dfrac{x^3}{6}\right) \quad (x>0)$$

とおくと，

$$f'(x)=\cos x-\left(1-\dfrac{x^2}{2}\right),\ f''(x)=-\sin x+x>0 \quad (x>0)$$

ゆえに，$x>0$ の範囲で，$f'(x)$ は単調増加，$f'(0)=0$ だから，$x>0$ の範囲で $f'(x)>0$．よって，$f(x)$ は単調増加．$f(0)=0$ だから，$x>0$ の範囲で $f(x)>0$．ゆえに，

$$\sin x>x-\dfrac{x^3}{6} \quad (x>0) \qquad \square$$

［例］ $\dfrac{1}{p}+\dfrac{1}{q}=1$ $(p,q\geqq 1)$ とする．$a\geqq 0,\ b\geqq 0$ のとき，

$$ab\leqq\dfrac{1}{p}a^p+\dfrac{1}{q}b^q$$

を示せ：

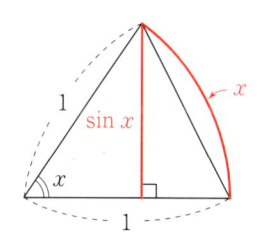

解 $\qquad f(x)=\dfrac{1}{p}a^p+\dfrac{1}{q}x^q-ax \qquad (x\geqq 0)$

とおく．このとき，
$$f'(x) = x^{q-1} - a \quad (x \geq 0)$$
は，$x = a^{\frac{1}{q-1}} = a^{\frac{p}{q}}$ の前後だけで負から正へ符号変化するから，$x = a^{\frac{p}{q}}$ で $f(x)$ は最小になる：
$$f(x) \geq f(a^{\frac{p}{q}}) = \frac{1}{p}a^p + \frac{1}{q}(a^{\frac{p}{q}})^q - a \cdot a^{\frac{p}{q}} = 0$$
とくに，$f(b) \geq 0$ は，証明すべき不等式である． □

[**例**]（1）関数 $f(x)$ が区間 I で上に凸ならば，この区間内の任意の $x_1, x_2, \cdots, x_n$ と，
$$p_1 + p_2 + \cdots + p_n = 1, \quad p_1 > 0, \quad p_2 > 0, \cdots, \quad p_n > 0$$
なる任意の $p_1, p_2, \cdots, p_n$ に対して，次の不等式が成立することを示せ：
$$f(p_1 x_1 + \cdots + p_n x_n) \geq p_1 f(x_1) + \cdots + p_n f(x_n)$$
（2）$a_1 > 0, a_2 > 0, \cdots, a_n > 0$ のとき，次の不等式を示せ：
$$\frac{a_1 + a_2 + \cdots + a_n}{n} \geq \sqrt[n]{a_1 a_2 \cdots a_n}$$

解（1）簡単のため，$n = 3$ の場合を記す．
$$f(p_1 x_1 + p_2 x_2 + p_3 x_3)$$
$$= f\left(p \frac{p_1 x_1 + p_2 x_2}{p} + p_3 x_3\right) \quad [p = p_1 + p_2 \text{ とおいた}]$$
$$\geq p f\left(\frac{p_1 x_1 + p_2 x_2}{p}\right) + p_3 f(x_3) = p f\left(\frac{p_1}{p} x_1 + \frac{p_2}{p} x_2\right) + p_3 f(x_3)$$
$$\geq p \left(\frac{p_1}{p} f(x_1) + \frac{p_2}{p} f(x_2)\right) + p_3 f(x_3) \quad (p + p_3 = 1)$$
$$= p_1 f(x_1) + p_2 f(x_2) + p_3 f(x_3)$$

（2）$f(x) = \log x \ (x > 0)$ より，$f''(x) = -\frac{1}{x^2} < 0$ となり，上に凸だから，$a_1 > 0, a_2 > 0, \cdots, a_n > 0$ に対して，
$$\log \frac{a_1 + a_2 + \cdots + a_n}{n} \geq \frac{\log a_1 + \log a_2 + \cdots + \log a_n}{n}$$
ゆえに，
$$\frac{a_1 + a_2 + \cdots + a_n}{n} \geq \sqrt[n]{a_1 a_2 \cdots a_n} \quad □$$

=== 例題 8.1 ===================================== 不等式への応用 ===

(1) $\theta > 0$ のとき，$\cos\theta > 1 - \dfrac{\theta^2}{2}$ を示せ．

(2) 方程式 $\sin x = \dfrac{2}{3}x$ の正の解を小数第2位まで正しく求めよ．

【解】 (1) $f(\theta) = \cos\theta - \left(1 - \dfrac{\theta^2}{2}\right)$ $(\theta \geq 0)$

とおけば，

$$f'(\theta) = -\sin\theta + \theta > 0 \ (\theta > 0) \ \text{より，} \ f(\theta) \ \text{は単調増加．}$$

さらに，$f(0) = 0$ だから，$\theta > 0 \Rightarrow f(\theta) > 0$ となり証明された．

(2) $x = \pi/2 - \theta$ とおけば，

$$\sin\left(\dfrac{\pi}{2} - \theta\right) = \dfrac{2}{3}\left(\dfrac{\pi}{2} - \theta\right)$$

$$\therefore \ \cos\theta = \dfrac{1}{3}(\pi - 2\theta)$$

これを，$1 - \dfrac{\theta^2}{2} < \cos\theta < 1$ へ代入．

$$1 - \dfrac{\theta^2}{2} < \dfrac{1}{3}(\pi - 2\theta) < 1$$

$$\therefore \ 3\theta^2 - 4\theta + (2\pi - 6) > 0, \quad \theta > (\pi - 3)/2$$

これらを解いて，

$$\dfrac{\pi}{2} - \dfrac{3}{2} < \theta < 0.0750\cdots$$

すなわち，

$$\dfrac{\pi}{2} - \dfrac{3}{2} < \dfrac{\pi}{2} - x < 0.0750\cdots$$

$$\therefore \ 1.495\cdots < x < 1.5$$

ゆえに，求める値は，$x = 1.49$ □

ニュートンの近似法

上の例題のように，方程式の近似解を求める方法として，有名な**ニュートンの**(**逐次**)**近似法**がある．定理と具体例を例題の形で記すことにする．

例題 8.2 ── ニュートンの近似法

(1) 関数 $f(x)$ は，区間 $[a, b]$ で $f'(x) > 0$, $f''(x) > 0$ を満たし，$f(a) < 0$, $f(b) > 0$ とする．いま，

$$a_1 = b, \quad a_2 = a_1 - \frac{f(a_1)}{f'(a_1)}, \quad \cdots, \quad a_{n+1} = a_n - \frac{f(a_n)}{f'(a_n)}, \quad \cdots$$

で定まる数列 $\{a_n\}$ は，方程式 $f(x) = 0$ の $a < x < b$ なるただ一つの解 α に収束することを示せ．

(2) $x^5 - x - 1 = 0$ の $1.0 < x < 1.2$ なる近似解を求めよ．

【解】 (1) 曲線 $y = f(x)$ の点 $(a_1, f(a_1))$ における接線

$$y = f'(a_1)(x - a_1) + f(a_1)$$

と x 軸との交点 $\left(a_1 - \dfrac{f(a_1)}{f'(a_1)}, 0\right)$ は，仮定から $(a_2, 0)$ である．

曲線 $y = f(x)$ は $[a, b]$ で下に凸だから，接線は曲線の下方にあって，$f'(a_1) > 0$ だから接線は右上りで，x 軸と $\alpha < x < a_1$ の部分で交わる．

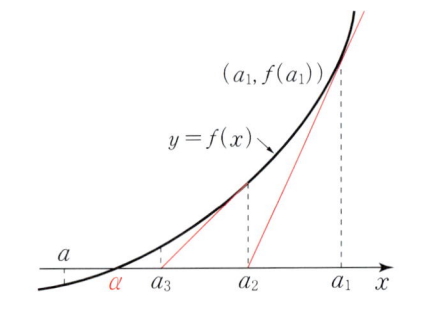

よって，$\alpha < a_2 < a_1$．同様に，$\alpha < a_3 < a_2, \cdots$

ゆえに，

$$b = a_1 > a_2 > \cdots > a_n > \cdots > \alpha$$

したがって，$\{a_n\}$ は収束するから，$\displaystyle\lim_{n\to\infty} a_n = \beta$ とおき，等式

$$a_{n+1} = a_n - \frac{f(a_n)}{f'(a_n)}$$

で，両辺の $n \to \infty$ をとると，

$$\beta = \beta - \frac{f(\beta)}{f'(\beta)} \qquad \therefore \quad f(\beta) = 0$$

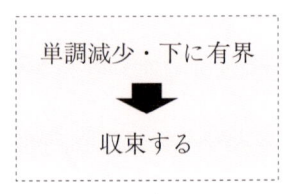

> 単調減少・下に有界
> ⬇
> 収束する

よって，$\{a_n\}$ は，方程式 $f(x) = 0$ のただ一つの解に収束する．

（2） $f(x) = x^5 - x - 1$ とおけば，
$$f(1.0) = -1 < 0, \quad f(1.2) = 0.288\cdots > 0$$
$$f'(x) = 5x^4 - 1 > 0, \quad f''(x) = 20x^3 > 0 \quad (1.0 < x < 1.2)$$
だから，$f(x) = 0$ は，区間 $1.0 < x < 1.2$ にただ一つの実数解をもつ．
$$a_1 = 1.2$$
$$a_2 = a_1 - \frac{f(a_1)}{f'(a_1)} = 1.2 - \frac{1.2^5 - 1.2 - 1}{5 \times 1.2^4 - 1} = 1.1692\cdots$$
$$a_3 = a_2 - \frac{f(a_2)}{f'(a_2)} = 1.1693 - \frac{1.1693^5 - 1.1693 - 1}{5 \times 1.1693^4 - 1} = 1.16731\cdots$$
ゆえに，求める解の近似値は，
$$x \fallingdotseq 1.16731$$
□

|||||||| **演習問題** ||||||||

8.1 次の不等式が成立することを示せ：

（1） $1 - \dfrac{x^2}{2} < \cos x < 1 - \dfrac{x^2}{2} + \dfrac{x^4}{24} \quad (x \neq 0)$

（2） $x - \dfrac{x^2}{2} < \log(1+x) < x - \dfrac{x^2}{2} + \dfrac{x^3}{3} \quad (x > 0)$

（3） $x + \dfrac{x^3}{3} < \tan x \quad \left(0 < x < \dfrac{\pi}{2}\right)$

8.2 $0 < p < 1$ のとき，次の不等式が成立することを示せ：

（1） $a^p + b^p > (a+b)^p \quad (a > 0, b > 0)$

（2） $a_1^p + a_2^p + \cdots + a_n^p > (a_1 + a_2 + \cdots + a_n)^p \quad$（各 $a_i > 0$）

8.3 ニュートンの近似法により，次の方程式の指定された区間にある近似解を求めよ．

（1） $x^3 - 4x + 1 = 0 \quad (1.5 \leq x \leq 2.0)$

（2） $x = \cos x \quad (0 \leq x \leq \pi/4)$

> **ニュートンの近似法**
>
> 第1近似値 a_1 の決め方がポイント

Chapter 2 | 一変数関数の積分法

　朝から雨で，降り方は，強くなったり，弱くなったり，時々刻々変化している．午前9時t分には，1分間$f(t)$の割で雨が降るとき，9時a分から9時b分までの全降水量は，定積分 $\int_a^b f(t)\,dt$ で与えられる．

　級数と積分とは，同一概念．
　　　　ポツポツ加えるのが　…　Σ
　　　　ベッタリ加えるのが　…　$\int$
である．

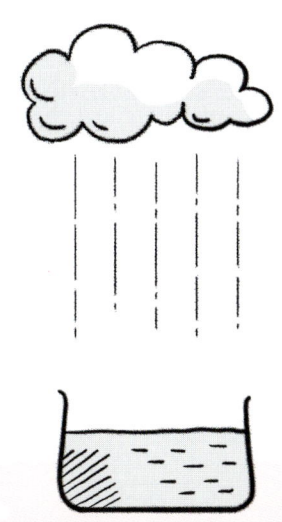

§ 9　定積分 …………… 60
§10　置換積分・部分積分　67
§11　無理関数・三角関数
　　　の積分 …………… 73
§12　定積分の応用 ……… 80
§13　広義積分 …………… 86

§9 定積分

―― 塵(チリ)も積(つ)もれば山となる ――

定積分

曲線 $y=f(x)$, 二直線 $x=a$, $x=b$ および x 軸で囲まれた部分の面積をモデルにして, 区間 $[a,b]$ で**有界**な関数 $f(x)$ の定積分を定義する.

まず, 区間 $[a,b]$ 内に分点
$$a=a_0<a_1<a_2<\cdots<a_n=b$$
をとって, この区間を n 個の小区間
$$[a_0,a_1],[a_1,a_2],\cdots,[a_{n-1},a_n]$$
に分割する. 各小区間 $[a_{k-1},a_k]$ から一つずつ
$$\text{代表点}\ x_k\quad(a_{k-1}\leqq x_k\leqq a_k)$$
をとり, **近似和**を作る:
$$f(x_1)d_1+f(x_2)d_2+\cdots+f(x_n)d_n\quad\text{ただし,}\ d_k=a_k-a_{k-1}$$

このとき, 各区間の幅 d_k が, どれも 0 に近づくように分割をドンドン細かくしていくとき, 分点や代表点の選び方によらず, 上の近似和が一定の値に近づくならば, $f(x)$ は $[a,b]$ で**積分可能**であるといい, この一定値を, 関数 $f(x)$ の a から b までの**定積分**(または単に**積分**)とよび,

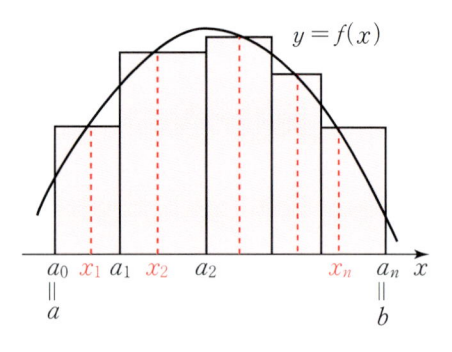

$$\int_a^b f(x)\,dx=\lim_{n\to\infty}\sum_{k=1}^n f(x_k)\,d_k$$

と記す.

▶注 $A\subseteq\boldsymbol{R}$ は**有界**集合 $\iff$ $A\subseteq I\subseteq\boldsymbol{R}$ なる有限区間 I が存在する
$f(x)$ は**有界**関数 $\iff$ $f(x)$ の値域が有界集合

このとき，a をこの定積分の**下端**，b を**上端**，$[a,b]$ を**積分区間**，$f(x)$ を**被積分関数**，dx の x のように d とともに用いられた変数を**積分変数**とよぶ．

▶注 定積分は，積分変数（横軸の名前）によらない：
$$\int_a^b f(x)\,dx = \int_a^b f(t)\,dt = \cdots\cdots$$

定積分の定義から，次の性質は，ほぼ明らかであろう：

——●ポイント——————————————————定積分の性質——

● 線形性：$\displaystyle\int_a^b (f(x)+g(x))\,dx = \int_a^b f(x)\,dx + \int_a^b g(x)\,dx$

$\displaystyle\int_a^b \alpha f(x)\,dx = \alpha \int_a^b f(x)\,dx$ 　　（α：定数）

● 単調性：$f(x) \leqq g(x)\ (a \leqq x \leqq b) \implies \displaystyle\int_a^b f(x)\,dx \leqq \int_a^b g(x)\,dx$

● 加法性：$\displaystyle\int_a^c f(x)\,dx + \int_c^b f(x)\,dx = \int_a^b f(x)\,dx$

▶注 加法性は，c を $[a,b]$ の分点の一つにとれば明らか．

いま，$a < b$ の場合を考えたが，$a \geqq b$ の場合，次のように定義する：
$$\int_a^a f(x)\,dx = 0, \quad \int_a^b f(x)\,dx = -\int_b^a f(x)\,dx$$

このとき，a, b, c の大小に無関係に上の性質は成立する．

有界関数の積分可能性について，次のことが知られている：

● $f(x)$ は $[a,b]$ で連続 $\implies f(x)$ は $[a,b]$ で積分可能

　$f(x)$ は $[a,b]$ で単調 $\implies f(x)$ は $[a,b]$ で積分可能

積分可能のとき，区間の分割は任意でよく，たとえば，等分割では，
$$\int_a^b f(x)\,dx = \lim_{n\to\infty} \sum_{k=1}^n f\!\left(a + \frac{b-a}{n}k\right)\frac{b-a}{n}$$

[例] 定積分の定義にしたがって，$\displaystyle\int_0^1 x^2\,dx$ を求めよ．

　解　x^2 は連続だから積分可能．$[0,1]$ を等分割する．
$$\int_0^1 x^2\,dx = \lim_{n\to\infty}\sum_{k=1}^n \left(\frac{1}{n}k\right)^2 \frac{1}{n} = \lim_{n\to\infty}\frac{1}{n^3}\sum_{k=1}^n k^2$$
$$= \lim_{n\to\infty}\frac{1}{n^3}\frac{n}{6}(n+1)(2n+1) = \lim_{n\to\infty}\frac{1}{6}\left(1+\frac{1}{n}\right)\!\left(2+\frac{1}{n}\right) = \frac{1}{3}$$

例題 9.1 ― 定積分の定義

(1) 定積分の定義により，$\displaystyle\int_a^b e^x\,dx\ \ (a<b)$ を求めよ．

(2) $\displaystyle\lim_{n\to\infty}\sum_{k=1}^{n}\frac{1}{\sqrt{k^2+2nk}}$ を定積分を用いて表わせ．

【解】 (1) 区間 $[a,b]$ を n 等分する．

$$\int_a^b e^x\,dx = \lim_{n\to\infty}\sum_{k=1}^{n} e^{a+kh} h \qquad \left(h=\frac{b-a}{n}\right)$$

$$= \lim_{n\to\infty} e^a \sum_{k=1}^{n}(e^h)^k h$$

$$= \lim_{n\to\infty} e^a \frac{e^h(1-e^{nh})}{1-e^h} h$$

$$= \lim_{h\to +0} e^h \frac{e^a(e^{b-a}-1)}{\frac{e^h-1}{h}}$$

$$= e^b - e^a$$

$nh = b - a$
$n\to\infty \Leftrightarrow h\to +0$

$$\lim_{h\to 0}\frac{e^h-1}{h}=1$$

(2) $\displaystyle\lim_{n\to\infty}\sum_{k=1}^{n}\frac{1}{\sqrt{k^2+2nk}} = \lim_{n\to\infty}\sum_{k=1}^{n}\frac{1}{\sqrt{\left(\frac{k}{n}\right)^2+2\left(\frac{k}{n}\right)}}\cdot\frac{1}{n}$

$$=\int_0^1 \frac{1}{\sqrt{x^2+2x}}\,dx \qquad\square$$

不定積分

関数 $f(t)$ の a から x までの積分を，**上端 x の関数**とみて，

$$G(x)=\int_a^x f(t)\,dt$$

とおく．上端 x が変数でフラフラして定まらないということから，この積分を，関数 $f(t)$ の**不定積分**とよぶ．

いま，$[a,b]$ で，$|f(x)|\le K$（K は一つの上界）とすると，

$$|G(x+h)-G(x)|=\left|\int_x^{x+h}f(t)\,dt\right|\le \int_x^{x+h}|f(t)|\,dt\le K|h|$$

$h\to 0$ のとき，$G(x+h)-G(x)\to 0$ となり，$G(x)$ は連続である．

次に，とくに，$f(t)$ が連続の場合，区間 $[x,x+h]$ における $f(t)$ の最

大値を M, 最小値を m とすると,
$$mh < G(x+h) - G(x) < Mh$$
よって,
$$m < \frac{G(x+h) - G(x)}{h} < M$$
$f(t)$ の連続性より, $h \to 0$ のとき,
$$M \to f(x), \quad m \to f(x)$$
だから,
$$G'(x) = \lim_{h \to 0} \frac{G(x+h) - G(x)}{h} = f(x)$$

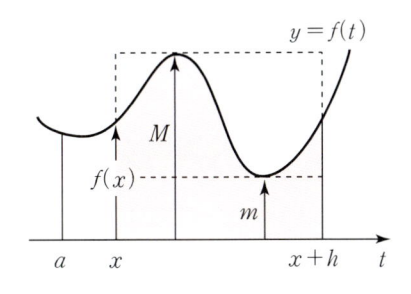

この結果をまとめておく：

●ポイント ─────────────── 不定積分の導関数 ─

関数 $f(t)$ の不定積分 $\int_a^x f(t)\,dt$ は, x の連続関数. とくに, $f(t)$ がある区間で連続ならば, その区間で, 不定積分は微分可能で,
$$\frac{d}{dx}\int_a^x f(t)\,dt = f(x)$$

次で定義する "原始関数" という言葉を用いれば,

連続関数は, 必ず原始関数をもつ

ことが分かった．

原始関数

上で見たように, 連続関数 $f(t)$ の不定積分を微分すると $f(x)$ にもどるのであった．

一般に, 導関数が $f(x)$ になるもとの関数を $f(x)$ の**原始関数**という：
$$F(x) \text{ は } f(x) \text{ の原始関数} \iff F'(x) = f(x)$$
たとえば,
$$(x^3)' = 3x^2, \quad (x^3 - 1)' = 3x^2, \quad (x^3 + 100)' = 3x^2$$
だから, x^3, $x^3 - 1$, $x^3 + 100$ は, すべて $3x^2$ の原始関数である．

ところで,

ある区間で，$F'(x) = 0 \Rightarrow F(x) = C$（定数関数）

だからその区間で，$3x^2$ の原始関数は，すべて $x^3 + C$ と表わされる．この C を **積分定数** ということがある．

▶ **注** 〝連続関数の不定積分は，原始関数（の一つ）〟が分かったので，$f(x)$ の原始関数を，$\int f(x)\,dx \left(\int_a^x f(t)\,dt \text{ の省略形}\right)$ と記すことがある．このように，連続関数については，不定積分と原始関数は同義語であるが，一般には，不定積分は必ずしも原始関数とはかぎらない．たとえば，

$$f(t) = \begin{cases} t & (0 \leq t < 1) \\ 0 & (t = 1) \end{cases}$$

を考えると，$0 \leq x \leq 1$ で，つねに，

$$G(x) = \int_0^x f(t)\,dt = \frac{1}{2}x^2$$

これを微分してみると，

$$G'(x) = x \quad (0 \leq x \leq 1)$$

となり，$f(t)$ とは異なる関数である．

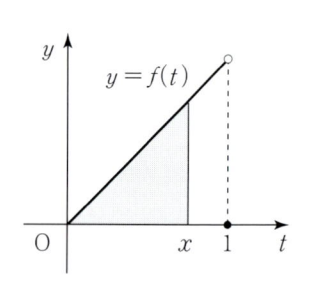

例 $\displaystyle \int x^\alpha\,dx = \begin{cases} \dfrac{1}{\alpha+1}x^{\alpha+1} + C & (\alpha \neq -1) \\ \log|x| + C & (\alpha = -1) \end{cases}$

▶ **注** 原始関数は，切れ目のない一つの区間で考えるのが普通．区間でないと，右の定理は成立しない．

$$\int \frac{1}{x}\,dx = \log|x| + C$$

という公式は，次の二つの等式を一つにまとめた簡略形である：

$$\int \frac{1}{x}\,dx = \log x + C_1 \quad (x > 0)$$

$$\int \frac{1}{x}\,dx = \log(-x) + C_2 \quad (x < 0)$$

> **原始関数の一意性**
> ある**区間**で，$F(x)$ が $f(x)$ の原始関数ならば，原始関数はすべて $F(x) + C$ の形．

● **原始関数の線形性**

$$\int (f(x) + g(x))\,dx = \int f(x)\,dx + \int g(x)\,dx$$

$$\int \alpha f(x)\,dx = \alpha \int f(x)\,dx \quad (\alpha : \text{定数})$$

例 $\displaystyle\int x^3\left(x-\frac{1}{x^2}\right)^2 dx = \int\left(x^5-2x^2+\frac{1}{x}\right)dx$

$\displaystyle\qquad\qquad\qquad = \frac{1}{6}x^6-\frac{2}{3}x^3+\log|x|+C$

予告 今後，積分定数 C は，原則として省略することにする．

例 $\displaystyle\int\frac{2x-\sqrt[3]{x}}{\sqrt{x}}dx = \int(2x^{\frac{1}{2}}-x^{-\frac{1}{6}})dx$

$\displaystyle\qquad\qquad = \frac{2}{\frac{1}{2}+1}x^{\frac{1}{2}+1}-\frac{1}{-\frac{1}{6}+1}x^{-\frac{1}{6}+1} = \frac{4}{3}x^{\frac{3}{2}}-\frac{6}{5}x^{\frac{5}{6}}$

微積分学の基本定理

定積分を定義から直接計算することは，不可能に近い．そこで，——．
$F(x)$ を連続関数 $f(x)$ の任意の原始関数とするとき，

$$F(x) = \int_a^x f(t)\,dt + C$$

いま，この等式で，$x=a$ および $x=b$ とおけば，

$$F(a) = \int_a^a f(t)\,dt + C = C, \quad F(b) = \int_a^b f(t)\,dt + C$$

$\displaystyle\therefore\ \int_a^b f(t)\,dt = F(b)-F(a) \quad \left(=\Big[F(x)\Big]_a^b \text{と記す}\right)$

●ポイント ———————————— 微積分学の基本定理 ——

a, b を含む区間で，$F(x)$ が連続関数 $f(x)$ の原始関数ならば，

$$\int_a^b f(x)\,dx = F(b)-F(a)$$

例 $\displaystyle\int_{\frac{\pi}{4}}^{\frac{\pi}{2}}\cos x\,dx = \Big[\sin x\Big]_{\frac{\pi}{4}}^{\frac{\pi}{2}} = \sin\frac{\pi}{2}-\sin\frac{\pi}{4} = 1-\frac{\sqrt{2}}{2}$

例 $\displaystyle\int_1^{\sqrt{3}}\frac{1}{1+x^2}dx = \Big[\tan^{-1}x\Big]_1^{\sqrt{3}} = \tan^{-1}\sqrt{3}-\tan^{-1}1 = \frac{1}{12}\pi$

例 $\displaystyle\int_1^2\left(\sqrt{x}-\frac{1}{\sqrt{x}}\right)dx = \Big[\frac{2}{3}x^{\frac{3}{2}}-2x^{\frac{1}{2}}\Big]_1^2$

$\displaystyle\qquad\qquad = \frac{2}{3}\left(2^{\frac{3}{2}}-1\right)-2\left(2^{\frac{1}{2}}-1\right) = -\frac{2}{3}\sqrt{2}+\frac{4}{3}$

━━━ 例題 9.2 ━━━━━━━━━━━━━━━━━━━━━━━━━━━━ x^a の定積分 ━━━

次の定積分を計算せよ．

(1) $\displaystyle\int_1^2 (3x-2)^4 \, dx$ (2) $\displaystyle\int_0^1 \frac{1}{(x+1)(x+2)} \, dx$

【解】(1) $\left(\dfrac{1}{a}\dfrac{1}{n+1}(ax+b)^{n+1}\right)' = (ax+b)^n$ に着目し，

$$\int_1^2 (3x-2)^4 \, dx = \left[\frac{1}{3}\frac{1}{5}(3x-2)^5\right]_1^2 = \frac{1}{15}(4^5 - 1)$$

(2) $\displaystyle\int_0^1 \frac{1}{(x+1)(x+2)} \, dx = \int_0^1 \left(\frac{1}{x+1} - \frac{1}{x+2}\right) dx$

$$= \Big[\log|x+1| - \log|x+2|\Big]_0^1$$

$$= 2\log 2 - \log 3 \qquad \square$$

▶注 微積分の計算は，線形性をもつから，
 積・ベキ・商 ⇒ 和・差 へ変形

‖‖‖‖‖‖‖‖‖ 演習問題 ‖‖‖

9.1 定積分を用いて，次の極限値を求めよ．

(1) $\displaystyle\lim_{n\to\infty}\left(\frac{1}{n+3} + \frac{1}{n+6} + \cdots + \frac{1}{n+3n}\right)$

(2) $\displaystyle\lim_{n\to\infty}\frac{1}{\sqrt{n}}\left(\frac{1}{\sqrt{n+1}} + \frac{1}{\sqrt{n+2}} + \cdots + \frac{1}{\sqrt{n+n}}\right)$

9.2 次の定積分を計算せよ．

(1) $\displaystyle\int_1^2 \frac{(1+\sqrt{x})^2}{x\sqrt{x}} \, dx$ (2) $\displaystyle\int_{\pi/6}^{\pi/3} \sin 2x \, dx$

(3) $\displaystyle\int_1^2 e^{3x-2} \, dx$ (4) $\displaystyle\int_{\pi/4}^{\pi/2} \cos^2 x \, dx$

9.3 $\displaystyle\int \frac{f'(x)}{f(x)} \, dx = \log|f(x)|$ を用いて，次の関数の原始関数を求めよ．

(1) $\dfrac{x-1}{x^2-2x+3}$ (2) $\tan x$ (3) $\dfrac{1}{x \log x}$

§10 置換積分・部分積分
―――― 置換積分は発見・部分積分は試行錯誤 ――――

基本公式の適用

右の公式は，右辺の導関数を考えれば，一見して明らかであろう：

例 $\displaystyle\int \frac{1}{9x^2+16}dx$

$= \dfrac{1}{9}\displaystyle\int \dfrac{1}{x^2+(4/3)^2}dx$

$= \dfrac{1}{9}\cdot\dfrac{1}{4/3}\tan^{-1}\dfrac{x}{4/3}$

$= \dfrac{1}{12}\tan^{-1}\dfrac{3}{4}x$

$$\int \frac{1}{x^2-a^2}dx = \frac{1}{2a}\log\left|\frac{x-a}{x+a}\right|$$

$$\int \frac{1}{x^2+a^2}dx = \frac{1}{a}\tan^{-1}\frac{x}{a}$$

$$\int \frac{1}{\sqrt{a^2-x^2}}dx = \sin^{-1}\frac{x}{a}$$

すべて，$a>0$ とする．

公式は，a の付いた形で記憶しよう！

例 $\displaystyle\int \frac{1}{9x^2-16}dx = \dfrac{1}{9}\displaystyle\int \dfrac{1}{x^2-(4/3)^2}dx$

$= \dfrac{1}{9}\dfrac{1}{2\cdot(4/3)}\log\left|\dfrac{x-4/3}{x+4/3}\right| = \dfrac{1}{24}\log\left|\dfrac{3x-4}{3x+4}\right|$

例 $\displaystyle\int \frac{1}{\sqrt{16-9x^2}}dx = \dfrac{1}{3}\displaystyle\int \dfrac{1}{\sqrt{(4/3)^2-x^2}}dx = \dfrac{1}{3}\sin^{-1}\dfrac{3}{4}x$

置換積分

適当な変数変換によって，原始関数を見つけやすい形に導く手法である．

―――― ●ポイント ―――――――――――――――― 置換積分 ――

$x=g(t)$ のとき，$f(x)$, $g'(t)$ が連続ならば，

(1) $\displaystyle\int f(x)dx = \int f(g(t))g'(t)dt$

(2) $\displaystyle\int_a^b f(x)dx = \int_\alpha^\beta f(g(t))g'(t)dt$, $\quad\begin{array}{c|c}t & \alpha \to \beta \\ \hline x & a \to b\end{array}$

▶注　枠内の表は，t が α から β まで**単調に**変化するとき，x は a から b まで

連続的に一対一に変化することを意味する．

証明 $F(x)$ を $f(x)$ の不定積分（原始関数）とするとき，次から明らか：

（1） $\dfrac{d}{dt}F(x) = \dfrac{d}{dx}F(x)\dfrac{dx}{dt} = f(x)\dfrac{dx}{dt} = f(g(t))g'(t)$

（2） $\displaystyle\int_\alpha^\beta f(g(t))g'(t)\,dt = \Big[F(g(t))\Big]_\alpha^\beta = F(g(\beta)) - F(g(\alpha))$
$\hspace{8cm} = F(b) - F(a) \qquad \square$

[**例**] 次の関数の原始関数を求めよ．

（1） $\sqrt{a^2 - x^2}$ $\quad (a > 0)$ （2） $\dfrac{(1 + \log x)^2}{x}$

解 （1） $x = a\sin t \left(-\dfrac{\pi}{2} \leqq t \leqq \dfrac{\pi}{2}\right)$ とおけば，

$\sqrt{a^2 - x^2} = \sqrt{a^2 - a^2\sin^2 t}$ ← 忘れるな！
$\hspace{2.5cm} = a\sqrt{\cos^2 t} = a\cos t \quad [\because \cos t \geqq 0]$

$\therefore \displaystyle\int \sqrt{a^2 - x^2}\,dx = \int \sqrt{a^2 - x^2}\,\dfrac{dx}{dt}\,dt$

$\hspace{3cm} = \displaystyle\int a\cos t \cdot a\cos t\,dt$

$\hspace{3cm} = a^2 \displaystyle\int \cos^2 t\,dt = a^2 \int \dfrac{1 + \cos 2t}{2}\,dt$

$\hspace{3cm} = \dfrac{a^2}{2}\left(t + \dfrac{1}{2}\sin 2t\right) = \dfrac{1}{2}(a^2 t + a\sin t \cdot a\cos t)$

$\hspace{3cm} = \dfrac{1}{2}\left(a^2 \sin^{-1}\dfrac{x}{a} + x\sqrt{a^2 - x^2}\right)$

（2） $1 + \log x = t$ とおけば，

$\dfrac{dt}{dx} = \dfrac{1}{x} \qquad \therefore \quad dx = x\,dt$

$\therefore \displaystyle\int \dfrac{(1 + \log x)^2}{x}\,dx = \int \dfrac{t^2}{x}\cdot x\,dt$

$\hspace{3.5cm} = \displaystyle\int t^2\,dt = \dfrac{1}{3}t^3$

$\hspace{3.5cm} = \dfrac{1}{3}(1 + \log x)^3$

> **置換積分・二つの型**
> ● $x = g(t)$ とおく
> ● $h(x) = t$ とおく

▶**注** 慣れたら，次のように計算するとよい：

$$\int \frac{(1+\log x)^2}{x}\,dx = \int (1+\log x)^2 (1+\log x)'\,dx = \frac{1}{3}(1+\log x)^3$$

［例］ $\int_0^{\frac{\pi}{3}} \sin^5 x\,dx$ を求めよ．

解 $\cos x = t$ とおけば，$\dfrac{dt}{dx} = -\sin x$

$$\int_0^{\frac{\pi}{3}} \sin^5 x\,dx = \int_0^{\frac{\pi}{3}} \sin^4 x \sin x\,dx$$

$$= \int_0^{\frac{\pi}{3}} (1-\cos^2 x)^2 \sin x\,dx$$

$$= \int_1^{\frac{1}{2}} (1-t^2)^2 (-dt)$$

$$= \int_{\frac{1}{2}}^{1} (1-2t^2+t^4)\,dt = \frac{53}{480} \qquad \square$$

x	$0 \to \pi/3$
t	$1 \to 1/2$

部分積分

部分積分法は，**積の微分法**を積分の立場から見たものである．

●ポイント ──────────── 部分積分 ──

$f'(x)$, $g'(x)$ が連続ならば，

(1) $\displaystyle\int f'(x)g(x)\,dx = f(x)g(x) - \int f(x)g'(x)\,dx$

(2) $\displaystyle\int_a^b f'(x)g(x)\,dx = \Bigl[f(x)g(x)\Bigr]_a^b - \int_a^b f(x)g'(x)\,dx$

証明 積の微分法により，

$$(f(x)g(x))' = f'(x)g(x) + f(x)g'(x)$$

$$\therefore \quad f'(x)g(x) = (f(x)g(x))' - f(x)g'(x)$$

(1) この式の両辺の原始関数を考えればよい．

(2) この式の両辺の a から b までの定積分を考えればよい． $\square$

例 $\displaystyle\int \underbrace{x^2}_{f'}\underbrace{\log x}_{g}\,dx = \underbrace{\frac{1}{3}x^3}_{f}\underbrace{\log x}_{g} - \int \underbrace{\frac{1}{3}x^3}_{f}\cdot\underbrace{\frac{1}{x}}_{g'}\,dx = \frac{1}{3}x^3 \log x - \frac{1}{3}\int x^2\,dx$

$$= \frac{1}{3}x^3 \log x - \frac{1}{3}\frac{1}{3}x^3 = \frac{1}{9}x^3(3\log x - 1)$$

例 $\int x \cos x \, dx = x \sin x - \int 1 \cdot \sin x \, dx = x \sin x + \cos x$

例 $\int x e^{2x} \, dx = \frac{1}{2} x e^{2x} - \int \frac{1}{2} e^{2x} \, dx$

$$= \frac{1}{2} x e^{2x} - \frac{1}{4} e^{2x} = \frac{1}{4} e^{2x}(2x-1)$$

例 $\int \log x \, dx = \int 1 \cdot \log x \, dx = x \log x - \int x \cdot \frac{1}{x} \, dx$

↑ 1を補う

$$= x \log x - \int 1 \, dx = x \log x - x$$

例 $\int \sin^{-1} x \, dx = \int 1 \cdot \sin^{-1} x \, dx = x \sin^{-1} x - \int x \frac{1}{\sqrt{1-x^2}} \, dx$

$$= x \sin^{-1} x + \int \frac{(1-x^2)'}{2\sqrt{1-x^2}} \, dx = x \sin^{-1} x + \sqrt{1-x^2}$$

例 $I = \int e^{ax} \cos bx \, dx, \quad J = \int e^{ax} \sin bx \, dx \quad (a > 0) \quad$ とおく．

$$I = \int e^{ax} \cos bx \, dx = \frac{e^{ax}}{a} \cos bx - \int \frac{e^{ax}}{a}(-b \sin bx) \, dx$$

$$= \frac{e^{ax}}{a} \cos bx + \frac{b}{a} \int e^{ax} \sin bx \, dx$$

これから，次の①を得られ，同様に，次の②が得られる：

$$I = \frac{e^{ax}}{a} \cos bx + \frac{b}{a} J \quad \cdots \text{①} \quad J = \frac{e^{ax}}{a} \sin bx - \frac{b}{a} I \quad \cdots \text{②}$$

これらを，I, J について解けば，

$$I = \int e^{ax} \cos bx \, dx = \frac{e^{ax}}{a^2 + b^2}(a \cos bx + b \sin bx)$$

$$J = \int e^{ax} \sin bx \, dx = \frac{e^{ax}}{a^2 + b^2}(a \sin bx - b \cos bx)$$

例 $\int_1^e x \log x \, dx = \left[\frac{1}{2} x^2 \log x\right]_1^e - \int_1^e \frac{1}{2} x^2 \cdot \frac{1}{x} \, dx$

$$= \frac{e^2}{2} - \frac{1}{2} \int_1^e x \, dx = \frac{1}{4}(e^2 + 1)$$

━━━ 例題 10.1 ━━━━━━━━━━━━━━━━━━━ 置換積分・部分積分 ━━━

（1） $\sqrt{a^2+x^2} = t - x$ とおき，次の不定積分を求めよ：
$$\int \frac{1}{\sqrt{a^2+x^2}}\, dx \quad (a>0)$$

（2） 部分積分法によって，次の不定積分を求めよ．
$$\int \sqrt{a^2+x^2}\, dx \quad (a>0)$$

【解】（1） $\sqrt{a^2+x^2} = t - x$ の両辺を2乗した式から，
$$x = \frac{1}{2}\left(t - \frac{a^2}{t}\right), \quad \frac{1}{\sqrt{a^2+x^2}} = \frac{2t}{t^2+a^2}, \quad dx = \frac{t^2+a^2}{2t^2}\, dt$$

ゆえに，
$$\int \frac{1}{\sqrt{a^2+x^2}}\, dx = \int \frac{2t}{t^2+a^2} \cdot \frac{t^2+a^2}{2t^2}\, dt$$
$$= \int \frac{1}{t}\, dt = \log|t| = \log(x + \sqrt{a^2+x^2})$$

（2） $I = \displaystyle\int 1 \cdot \sqrt{a^2+x^2}\, dx$

$$= x\sqrt{a^2+x^2} - \int x \cdot \frac{x}{\sqrt{a^2+x^2}}\, dx$$

$$= x\sqrt{a^2+x^2} - \int \frac{-a^2+(a^2+x^2)}{\sqrt{a^2+x^2}}\, dx$$

$$= x\sqrt{a^2+x^2} + a^2 \int \frac{1}{\sqrt{a^2+x^2}}\, dx - \int \sqrt{a^2+x^2}\, dx$$

したがって，
$$I = x\sqrt{a^2+x^2} + a^2 \log(x + \sqrt{a^2+x^2}) - I$$

ゆえに，
$$I = \int \sqrt{a^2+x^2}\, dx = \frac{1}{2}\left(x\sqrt{a^2+x^2} + a^2 \log(x + \sqrt{a^2+x^2})\right) \quad \square$$

▶注 （1），（2）は，次のようにおいても解決するが，計算は少々面倒になる：

I． $\sqrt{a^2+x^2} = a + xt$

II． $x = a\tan t \quad \left(-\dfrac{\pi}{2} < t < \dfrac{\pi}{2}\right)$

III. $x = a\sinh t = \dfrac{a}{2}(e^t - e^{-t})$

演習問題

10.1 次の関数の原始関数を求めよ．

(1) $x^2\sqrt{1+x^3}$ 　　　　(2) $\sin^3 x \cos x$

(3) xe^{-x^2} 　　　　(4) $x\sin(x^2+1)$

(5) $\dfrac{1}{x}(\log x)^2$ 　　　　(6) $\dfrac{e^x}{1+e^{2x}}$

(7) $\dfrac{2x}{\sqrt{1+x^4}}$ 　$(x^2 = t)$　　(8) $\sqrt{e^x-1}$ 　$(\sqrt{e^x-1}=t)$

(9) $\dfrac{3x^2}{\sqrt{1+x^6}}$ 　$(x^3 = t)$　　(10) $\dfrac{1}{(1+x^2)^{\frac{3}{2}}}$ 　$\begin{pmatrix} x=\tan t \\ |t|<\pi/2 \end{pmatrix}$

10.2 次の関数の原始関数を求めよ．

(1) $x^2 \cos x$ 　　　　(2) $x(\log x)^2$

(3) $6x^2 \tan^{-1} x$ 　　　　(4) $e^x\left(\dfrac{1}{x}+\log x\right)$

10.3 (1) 多項式関数 $P(x)$ に対して，次の等式を示せ：
$$\int P(x) e^x \, dx = (P(x) - P'(x) + P''(x) - \cdots)e^x$$

(2) $\displaystyle\int (x^2 - 5x + 6)e^x \, dx$ 　を求めよ．

▶注 （1）は実用公式．憶えておくと便利．

10.4 次の定積分を計算せよ．

(1) $\displaystyle\int_0^{\frac{\pi}{2}} \dfrac{1}{2}\cos\sqrt{x}\, dx$ 　　(2) $\displaystyle\int_0^{\frac{\pi}{4}} \dfrac{x}{\cos^2 x}\, dx$ 　$(\tan x = t)$

10.5 次の関数を $f(x)$ とおくとき，導関数 $f'(x)$ を求めよ．ただし，$g(t)$ は連続関数とする．

(1) $\displaystyle\int_0^x (x-t)g(t)\, dt$ 　　(2) $\displaystyle\int_0^{x^2} g(t)\, dt$

§11 無理関数・三角関数の積分
―――――――― 式のキャラクターを活かせ ――――――――

有理関数の積分

一般に，有理関数(分数関数)は，多項式関数と，次の形のいくつかの有理関数の和として表わされる：

$$\frac{a}{(x-p)^n}, \quad \frac{ax+b}{\{(x-p)^2+q^2\}^n} \quad (q>0) \quad (*)$$

有理関数をこのような和で表わすことを，**部分分数に分解する**という．

[例] $\dfrac{x+2}{x(x^2+1)^2}$ を部分分数に分解せよ．

解
$$\frac{x+2}{x(x^2+1)^2} = \frac{a}{x} + \frac{bx+c}{x^2+1} + \frac{dx+e}{(x^2+1)^2}$$

とおく．右辺を通分し，両辺の分子を比較すると，

$$x+2 = (a+b)x^4 + cx^3 + (2a+b+d)x^2 + (c+e)x + a$$

両辺の各項の係数を比較すると，

$$a+b=0, \quad c=0, \quad 2a+b+d=0, \quad c+e=1, \quad a=2$$
$$\therefore \quad a=2, \quad b=-2, \quad c=0, \quad d=-2, \quad e=1$$

ゆえに，

$$\frac{x+2}{x(x^2+1)^2} = \frac{2}{x} - \frac{2x}{x^2+1} - \frac{2x-1}{(x^2+1)^2} \quad \square$$

ところで，上の(*)の2番目の有理関数は，

$$\frac{ax+b}{\{(x-p)^2+q^2\}^n} = \frac{a(x-p)}{\{(x-p)^2+q^2\}^n} + \frac{ap+b}{\{(x-p)^2+q^2\}^n}$$

となり，この右辺第1項の積分は簡単：

$$\int \frac{a(x-p)}{\{(x-p)^2+q^2\}^n} dx = \frac{-a}{2(n-1)\{(x-p)^2+q^2\}^{n-1}}$$

したがって，けっきょく，次の積分が問題になる：

$$I_n = \int \frac{1}{(x^2+a^2)^n} dx$$

━━━ 例題 11.1 ━━━━━━━━━━━━━━━━━━━━━━━━━ 漸化式 ━━━

（1） $I_n = \int \dfrac{1}{(x^2+a^2)^n} dx$ （$a>0$） のとき，次の式を示せ：

$$I_{n+1} = \dfrac{1}{2na^2}\left\{\dfrac{x}{(x^2+a^2)^n} + (2n-1)I_n\right\} \quad (n=1,2,\cdots)$$

（2） $I_2 = \int \dfrac{1}{(x^2+a^2)^2} dx$ を求めよ．

【解】（1） 部分積分によって，

$$\begin{aligned}
I_n &= \int \dfrac{1}{(x^2+a^2)^n} dx \\
&= x\cdot \dfrac{1}{(x^2+a^2)^n} - \int x\cdot \dfrac{(-n)\cdot 2x}{(x^2+a^2)^{n+1}} dx \\
&= \dfrac{x}{(x^2+a^2)^n} + 2n\int \dfrac{(x^2+a^2)-a^2}{(x^2+a^2)^{n+1}} dx \\
&= \dfrac{x}{(x^2+a^2)^n} + 2n\int \dfrac{1}{(x^2+a^2)^n} dx - 2na^2 \int \dfrac{1}{(x^2+a^2)^{n+1}} dx
\end{aligned}$$

漸化式 ➡ 部分積分

したがって，

$$I_n = \dfrac{x}{(x^2+a^2)^n} + 2nI_n - 2na^2 I_{n+1}$$

これを，I_{n+1} について解けばよい．

（2） $I_2 = \dfrac{1}{2a^2}\left(\dfrac{x}{x^2+a^2} + I_1\right) = \dfrac{1}{2a^2}\left(\dfrac{x}{x^2+a^2} + \int \dfrac{1}{x^2+a^2} dx\right)$

$\qquad\qquad\qquad = \dfrac{1}{2a^2}\left(\dfrac{x}{x^2+a^2} + \dfrac{1}{a}\tan^{-1}\dfrac{x}{a}\right)$ □

先ほど（前ページ）の有理関数を積分してみよう．

例 $\int \dfrac{x+2}{x(x^2+1)^2} dx = \int \left(\dfrac{2}{x} - \dfrac{2x}{x^2+1} - \dfrac{2x-1}{(x^2+1)^2}\right) dx$

$\quad = \int \dfrac{2}{x} dx - \int \dfrac{2x}{x^2+1} dx - \int \dfrac{2x}{(x^2+1)^2} dx + \int \dfrac{1}{(x^2+1)^2} dx$

$\quad = 2\log|x| - \log(x^2+1) + \dfrac{1}{x^2+1} + \dfrac{1}{2}\left(\dfrac{x}{x^2+1} + \tan^{-1}x\right)$

$\quad = \log\left(\dfrac{x^2}{x^2+1}\right) + \dfrac{1}{2}\dfrac{x+2}{x^2+1} + \dfrac{1}{2}\tan^{-1}x$

三角関数の積分

たとえば，
$$\frac{1-\sin x}{1+\cos x}, \quad \frac{2}{4\cos^2 x + \sin^2 x}$$
のような $\cos x$, $\sin x$ の有理関数（分数関数）の積分を考える．

一般には，$\tan\dfrac{x}{2} = t$ とおけば，t の有理関数の積分に帰着される．

とくに，$\cos^2 x$, $\sin^2 x$, $\tan x$ の有理関数の積分は，$\tan x = t$ とおけば，t の有理関数の積分に帰着される．

これらの理由と具体例を述べよう．
$$\cos 2\theta = \frac{\cos^2\theta - \sin^2\theta}{\cos^2\theta + \sin^2\theta} = \frac{1-\tan^2\theta}{1+\tan^2\theta}$$
$$\sin 2\theta = \frac{2\sin\theta\cos\theta}{\cos^2\theta + \sin^2\theta} = \frac{2\tan\theta}{1+\tan^2\theta}$$
に注意すれば，次を得る：

$\tan\dfrac{x}{2} = t$ とおけば，
$$\cos x = \frac{1-t^2}{1+t^2}, \quad \sin x = \frac{2t}{1+t^2}, \quad dx = \frac{2}{1+t^2}dt$$

例 $\tan\dfrac{x}{2} = t$ とおけば，
$$\int \frac{1-\sin x}{1+\cos x} dx = \int \frac{1-\dfrac{2t}{1+t^2}}{1+\dfrac{1-t^2}{1+t^2}} \cdot \frac{2}{1+t^2} dt = \int \left(1 - \frac{2t}{1+t^2}\right) dt$$
$$= t - \log(1+t^2) = \tan\frac{x}{2} - \log\left(1+\tan^2\frac{x}{2}\right)$$

例 $\tan x = t$ とおけば，
$$\cos^2 x = \frac{1}{1+t^2}, \quad \sin^2 x = \frac{t^2}{1+t^2}, \quad dx = \frac{1}{1+t^2}dt$$
となるから，たとえば，

$$\int \frac{2}{4\cos^2 x + \sin^2 x}\,dx = \int \frac{2}{\dfrac{4}{1+t^2} + \dfrac{t^2}{1+t^2}} \cdot \frac{1}{1+t^2}\,dt$$
$$= 2\int \frac{1}{t^2+4}\,dt = 2\cdot\frac{1}{2}\tan^{-1}\frac{t}{2}$$
$$= \tan^{-1}\left(\frac{1}{2}\tan x\right)$$

[例] n が正の整数のとき，次の等式が成立することを示せ：

$$\int_0^{\frac{\pi}{2}} \cos^n x\,dx = \int_0^{\frac{\pi}{2}} \sin^n x\,dx = \begin{cases} \dfrac{n-1}{n}\dfrac{n-3}{n-2}\cdots\dfrac{3}{4}\dfrac{1}{2}\dfrac{\pi}{2} & (n:\text{偶数}) \\ \dfrac{n-1}{n}\dfrac{n-3}{n-2}\cdots\dfrac{4}{5}\dfrac{2}{3} & (n:\text{奇数}) \end{cases}$$

解 $x = \pi/2 - t$ とおけば，

$$I_n = \int_0^{\frac{\pi}{2}} \cos^n x\,dx = \int_{\frac{\pi}{2}}^0 \cos^n\left(\frac{\pi}{2} - t\right)(-dt) = \int_0^{\frac{\pi}{2}} \sin^n t\,dt$$

さて，部分積分により，漸化式を導く．

$$I_n = \int_0^{\frac{\pi}{2}} \cos^{n-1} x \cos x\,dx = \int_0^{\frac{\pi}{2}} \cos^{n-1} x (\sin x)'\,dx$$
$$= \left[\cos^{n-1} x \sin x\right]_0^{\frac{\pi}{2}} - (n-1)\int_0^{\frac{\pi}{2}} \cos^{n-2} x (-\sin x)\sin x\,dx$$
$$= 0 + (n-1)\int_0^{\frac{\pi}{2}} \cos^{n-2} x (1 - \cos^2 x)\,dx$$
$$= (n-1)\left(\int_0^{\frac{\pi}{2}} \cos^{n-2} x\,dx - \int_0^{\frac{\pi}{2}} \cos^n x\,dx\right) = (n-1)(I_{n-2} - I_n)$$

$\therefore\quad I_n = (n-1)(I_{n-2} - I_n) \qquad \therefore\quad I_n = \dfrac{n-1}{n} I_{n-2} \quad (n = 2, 3, \cdots)$

（ⅰ） n が偶数のとき：

$$I_n = \frac{n-1}{n} I_{n-2} = \frac{n-1}{n}\frac{n-3}{n-2} I_{n-4} = \cdots = \frac{n-1}{n}\frac{n-3}{n-2}\cdots\frac{3}{4}\frac{1}{2} I_0$$

（ⅱ） n が奇数のとき：

$$I_n = \frac{n-1}{n} I_{n-2} = \frac{n-1}{n}\frac{n-3}{n-2} I_{n-4} = \cdots = \frac{n-1}{n}\frac{n-3}{n-2}\cdots\frac{4}{5}\frac{2}{3} I_1$$

$I_1 = \int_0^{\frac{\pi}{2}} \cos x\,dx = 1,\ \ I_0 = \int_0^{\frac{\pi}{2}} dx = \dfrac{\pi}{2}$ だから，等式は成立する． □

無理関数の積分

置換積分によって，有理関数の積分に帰着できるもののうち**頻出形**を記しておく．この表で，$R(x, y)$ は x, y の有理関数を表わす．

被積分関数	置　換　法
$R(x, \sqrt[n]{ax+b})$	$\sqrt[n]{ax+b} = t$
$R\left(x, \sqrt[n]{\dfrac{ax+b}{cx+d}}\right)$	$\sqrt[n]{\dfrac{ax+b}{cx+d}} = t$
$R(x, \sqrt{x^2+ax+b})$	$\sqrt{x^2+ax+b} = t - x$
$R(x, \sqrt{(x-\alpha)(\beta-x)})$	$\sqrt{\dfrac{x-\alpha}{\beta-x}} = t$
$R(x, \sqrt{a^2+x^2})$	$x = a\tan t \quad (-\pi/2 < t < \pi/2)$
$R(x, \sqrt{a^2-x^2})$	$x = a\sin t \quad (-\pi/2 \leqq t \leqq \pi/2)$
$R(x, \sqrt{x^2-a^2})$	$x = a\sec t \quad (0 \leqq t \leqq \pi, t \neq \pi/2)$

▶注　表で，下から，1〜3番目は，$a > 0$ とする．

例　$\dfrac{1}{\sqrt{x} + \sqrt[3]{x}}$ は，$\sqrt[6]{x}$ の有理式だから，$\sqrt[6]{x} = t$ とおけば，

$$\sqrt{x} = t^3, \quad \sqrt[3]{x} = t^2, \quad x = t^6$$

$$\int \frac{1}{\sqrt{x} + \sqrt[3]{x}} dx = \int \frac{1}{t^3 + t^2} \cdot 6t^5 \, dt = 6 \int \frac{t^3}{t+1} dt$$

$$= 6 \int \left(t^2 - t + 1 - \frac{1}{t+1}\right) dt$$

$$= 2t^3 - 3t^2 + 6t - 6\log|t+1|$$

$$= 2\sqrt{x} - 3\sqrt[3]{x} + 6\sqrt[6]{x} - 6\log(\sqrt[6]{x} + 1)$$

例　$\displaystyle\int \frac{dx}{(x+1)\sqrt{x-3}}$ では，$\sqrt{x-3} = t$ とおけば，$x = t^2 + 3$．

$$\int \frac{1}{(x+1)\sqrt{x-3}} dx = \int \frac{1}{(t^2+4)t} \cdot 2t \, dt$$

$$= 2\int \frac{1}{t^2+4} dt = \tan^{-1}\frac{t}{2} = \tan^{-1}\frac{\sqrt{x-3}}{2}$$

例題 11.2 — 三角関数・無理関数の積分

次の関数の原始関数を求めよ．

(1) $\dfrac{\sin x}{1+\sin x}$ 　　(2) $\dfrac{2}{1+\tan x}$ 　　(3) $\dfrac{1}{\sqrt{(x-2)(1-x)}}$

【解】 (1) $\tan\dfrac{x}{2}=t$ とおけば，

$$\int \frac{\sin x}{1+\sin x}\,dx = \int \frac{\dfrac{2t}{1+t^2}}{1+\dfrac{2t}{1+t^2}} \cdot \frac{2}{1+t^2}\,dt$$

$$= \int \frac{4t}{(1+t^2)(1+t)^2}\,dt = 2\int\left(\frac{1}{1+t^2} - \frac{1}{(1+t)^2}\right)dt$$

$$= 2\tan^{-1} t + \frac{2}{1+t} = x + \frac{2}{1+\tan\dfrac{x}{2}}$$

(2) $\tan x = t$ とおけば，

$$\int \frac{2}{1+\tan x}\,dx = \int \frac{2}{1+t}\cdot\frac{1}{1+t^2}\,dt$$

$$= \int\left(\frac{1}{1+t} - \frac{t}{1+t^2} + \frac{1}{1+t^2}\right)dt$$

$$= \log|1+t| - \frac{1}{2}\log(1+t^2) + \tan^{-1} t$$

$$= \log\frac{|1+t|}{\sqrt{1+t^2}} + \tan^{-1} t$$

$$= \log\left|\frac{1+\tan x}{\sec x}\right| + x$$

$$= \log|\cos x + \sin x| + x$$

(3) $\sqrt{\dfrac{x-2}{1-x}} = t$ とおけば，$x = 1 + \dfrac{1}{t^2+1}$ となるから，

$$\int \frac{1}{\sqrt{(x-2)(1-x)}}\,dx = \int \frac{1}{(1-x)\sqrt{\dfrac{x-2}{1-x}}}\,dx$$

$$= \int(-t^2-1)\frac{1}{t}\cdot\frac{-2t}{(t^2+1)^2}\,dt$$

$$= 2 \int \frac{1}{t^2+1} dt$$
$$= 2 \tan^{-1} t = 2 \tan^{-1} \sqrt{\frac{x-2}{1-x}} \qquad \square$$

演習問題

11.1 次の有理関数の原始関数を求めよ.

(1) $\dfrac{x+1}{x^2+x-6}$ (2) $\dfrac{x^3}{x^2-3x+2}$

(3) $\dfrac{x-2}{(x-3)(x-4)^3}$ (4) $\dfrac{4}{(x+1)(x^2+1)^2}$

11.2 $I(m,n) = \displaystyle\int_a^b (x-a)^m (b-x)^n dx$ とおく.

(1) $I(m,n) = \dfrac{n}{m+1} I(m+1, n-1)$ を示せ.

(2) $I(m,n) = \dfrac{m!\, n!}{(m+n+1)!} (b-a)^{m+n+1}$ を示せ.

11.3 次の関数の原始関数を求めよ.

(1) $\dfrac{1}{4+5\sin x}$ (2) $\dfrac{1}{5+4\sin x}$

(3) $\dfrac{1+\sin x}{\sin x (1+\cos x)}$ (4) $\dfrac{1}{\sin x}$

(5) $\dfrac{\sin^2 x}{4+\cos^2 x}$ (6) $\tan^3 x$

(7) $\dfrac{1}{x\sqrt{1-x}}$ (8) $\dfrac{3\sqrt[4]{x}}{1+\sqrt{x}}$

(9) $\sqrt{\dfrac{1-x}{1+x}}$ (10) $\dfrac{1}{x\sqrt{x^2-x+1}}$

(11) $\dfrac{1}{\sqrt{(1-x^2)^3}}$ ($x = \sin t$)

(12) $\dfrac{1}{x^2\sqrt{1-4x^2}}$ $\left(\dfrac{1}{x^2} = t\right)$

(13) $\dfrac{\log(1+x)}{2\sqrt{1+x}}$ ($\log(1+x) = t$)

§12　定積分の応用

━━━━━━━━━━━━━━━━━長さ・面積・不等式への応用━━━

曲線の長さ・1

媒介変数表示された滑らかな曲線

$$C : \begin{cases} x = f(t) \\ y = g(t) \end{cases} \quad (a \leq t \leq b)$$

の長さ（弧長）を考えよう．

区間 $[a, b]$ の分割

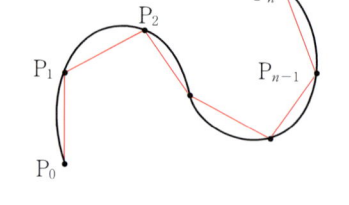

$$a = a_0 < a_1 < a_2 < \cdots < a_n = b$$

に対応して，曲線上の点 $A = P_0, P_1, P_2, \cdots, P_n = B$ が決まる．ただし，$P_k(f(a_k), g(a_k))$．このとき，各 $\overline{P_{k-1}P_k} \to 0$ になるように分割を細かくしたとき，弦の和の極限値

$$\lim_{n \to \infty} \sum_{k=1}^{n} \overline{P_{k-1}P_k}$$

が存在すれば，その値を，曲線 C の**長さ**とよぶ．長さの計算公式を示す．

▶注　曲線が**滑らか** $\iff$ $f'(t)$, $g'(t)$ がともに連続．

●ポイント ─────────────────── 曲線の長さ ─

（1）　滑らかな曲線 $x = f(t)$, $y = g(t)$ $(a \leq t \leq b)$ の長さ：

$$l = \int_a^b \sqrt{\left(\frac{dx}{dt}\right)^2 + \left(\frac{dy}{dt}\right)^2} \, dt$$

（2）　とくに，曲線が，$y = f(x)$ $(a \leq x \leq b)$ で与えられれば，

$$l = \int_a^b \sqrt{1 + \left(\frac{dy}{dx}\right)^2} \, dx$$

証明　上の記号を用いる．区間 $[a_{k-1}, a_k]$ で，関数 $f(t)$ および $g(t)$ に，**平均値の定理**を用いると，

$$P_{k-1}P_k{}^2 = (f(a_k) - f(a_{k-1}))^2 + (g(a_k) - g(a_{k-1}))^2$$
$$= (f'(t_k) d_k)^2 + (g'(t_k') d_k)^2$$
$$a_{k-1} < t_k < a_k, \quad a_{k-1} < t_k' < a_k, \quad d_k = a_k - a_{k-1}$$

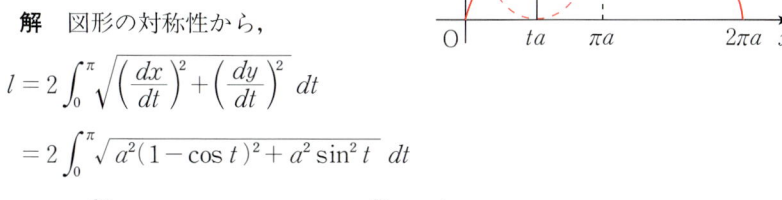

なる t_k と $t_k{'}$ が存在する．このとき，
$$l = \lim_{n\to\infty}\sum_{k=1}^{n}\overline{\mathrm{P}_{k-1}\mathrm{P}_k} = \lim_{n\to\infty}\sum_{k=1}^{n}\sqrt{f'(t_k)^2 + g'(t_k{'})^2}\, d_k$$
ところで，分割を細かくしていけば，$f'(t)$, $g'(t)$ の連続性により，
$$t_k{'} \fallingdotseq t_k,\quad g'(t_k{'}) \fallingdotseq g'(t_k)$$
となるから，この極限値は，
$$= \int_a^b \sqrt{f'(t)^2 + g'(t)^2}\, dt \qquad \square$$

［例］ サイクロイドの一弧
$$\begin{cases} x = a(t - \sin t) \\ y = a(1 - \cos t) \end{cases} (0 \leqq t \leqq 2\pi)$$
の長さ l を求めよ．$(a > 0)$

解 図形の対称性から，
$$l = 2\int_0^\pi \sqrt{\left(\frac{dx}{dt}\right)^2 + \left(\frac{dy}{dt}\right)^2}\, dt$$
$$= 2\int_0^\pi \sqrt{a^2(1-\cos t)^2 + a^2\sin^2 t}\, dt$$
$$= 2a\int_0^\pi \sqrt{2(1-\cos t)}\, dt = 4a\int_0^\pi \sin\frac{t}{2}\, dt = 8a \qquad \square$$

面　積

曲線 $y = f(x) (\geqq 0)$，x 軸，2 直線 $x = a, x = b (a < b)$ によって囲まれる部分の面積 S は，
$$S = \int_a^b f(x)\, dx$$

例 上のサイクロイドの一弧と x 軸とで囲まれた部分の面積 S は，
$$S = 2\int_0^{\pi a} y\, dx = 2\int_0^\pi y\frac{dx}{dt}\, dt$$
$$= 2\int_0^\pi a(1-\cos t)\cdot a(1-\cos t)\, dt$$
$$= 2a^2 \int_0^\pi (1-\cos t)^2\, dt$$
$$= 8a^2 \int_0^\pi \sin^4\frac{t}{2}\, dt = 16a^2 \int_0^{\frac{\pi}{2}} \sin^4\theta\, d\theta = 16a^2 \cdot \frac{3}{4}\cdot\frac{1}{2}\cdot\frac{\pi}{2} = 3\pi a^2$$

x	$0 \to \pi a$
t	$0 \to \pi$

例題 12.1 ━━━━━━━━━━━━━━ 弧長・面積

アステロイド（星芒形）$x^{\frac{2}{3}} + y^{\frac{2}{3}} = a^{\frac{2}{3}}$ $(a>0)$ の囲む面積 S と曲線の全長 l を求めよ．

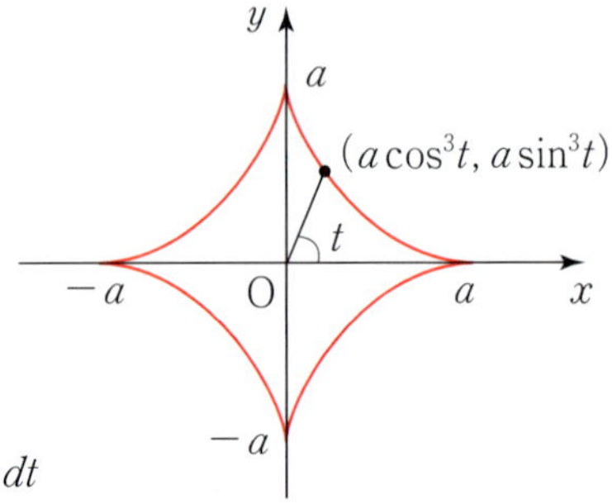

【解】 曲線を次のように表わす：
$$\begin{cases} x = a\cos^3 t \\ y = a\sin^3 t \end{cases} \quad (0 \leq t \leq 2\pi)$$

図形の対称性より，
$$S = 4\int_0^a y\,dx = 4\int_{\frac{\pi}{2}}^0 y\frac{dx}{dt}\,dt$$
$$= 4\int_{\frac{\pi}{2}}^0 a\sin^3 t(-3a\cos^2 t \sin t)\,dt$$
$$= 12a^2 \int_0^{\frac{\pi}{2}} \sin^4 t \cos^2 t\,dt = 12a^2 \int_0^{\frac{\pi}{2}} (\sin^4 t - \sin^6 t)\,dt$$
$$= 12a^2 \left(\frac{3}{4}\frac{1}{2}\frac{\pi}{2} - \frac{5}{6}\frac{3}{4}\frac{1}{2}\frac{\pi}{2} \right) = \frac{3}{8}\pi a^2$$

また，曲線の全長は，
$$l = 4\int_0^{\frac{\pi}{2}} \sqrt{\left(\frac{dx}{dt}\right)^2 + \left(\frac{dy}{dt}\right)^2}\,dt$$
$$= 4\int_0^{\frac{\pi}{2}} \sqrt{(-3a\cos^2 t \sin t)^2 + (3a\sin^2 t \cos t)^2}\,dt$$
$$= 4\int_0^{\frac{\pi}{2}} 3a\sin t \cos t\,dt = 12a\left[\frac{1}{2}\sin^2 t\right]_0^{\frac{\pi}{2}} = 6a \qquad \square$$

曲線の長さ・2

媒介変数表示された滑らかな空間曲線
$$C: \begin{cases} x = f(t) \\ y = g(t) \quad (a \leq t \leq b) \\ z = h(t) \end{cases}$$ 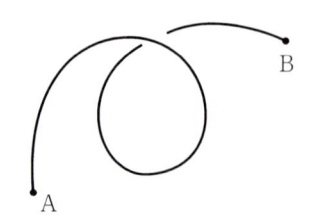
の長さ（弧長）も，平面曲線の場合と同様に，次で与えられる：

$$l = \int_a^b \sqrt{\left(\frac{dx}{dt}\right)^2 + \left(\frac{dy}{dt}\right)^2 + \left(\frac{dz}{dt}\right)^2}\, dt$$

例 螺線(らせん) $\begin{cases} x = a\cos t \\ y = a\sin t \\ z = bt \end{cases}$ $(a>0,\ b>0)$

の $0 \leqq t \leqq a$ なる部分の長さは,

$$l = \int_0^a \sqrt{(-a\sin t)^2 + (a\cos t)^2 + b^2}\, dt$$
$$= a\sqrt{a^2 + b^2}$$

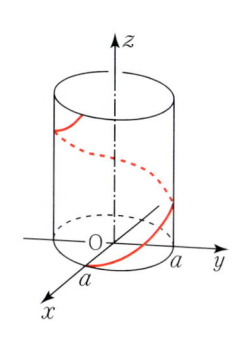

定積分の不等式

被積分関数 $f(x)$ を "易(やさ)しい関数" でハサミウチしたり,有名不等式を利用したりして,値の求められない定積分の値の範囲を求めることがある.

例 $0 < x < \dfrac{\pi}{2}$ のとき,$1 - \dfrac{x^2}{6} < \dfrac{\sin x}{x} < 1$ だから,

$$\int_0^{\frac{\pi}{2}} \left(1 - \frac{x^2}{6}\right) dx < \int_0^{\frac{\pi}{2}} \frac{\sin x}{x}\, dx < \int_0^{\frac{\pi}{2}} dx$$

$$\therefore \quad \frac{\pi}{2} - \frac{\pi^3}{144} < \int_0^{\frac{\pi}{2}} \frac{\sin x}{x}\, dx < \frac{\pi}{2}$$

例 $[a, b]$ で連続な $f(x)$,$g(x)$ について,

$$\int_a^b (tf(x) - g(x))^2\, dx \geqq 0$$

$$\therefore \left(\int_a^b f(x)^2\, dx\right) t^2 - 2\left(\int_a^b f(x)g(x)\, dx\right) t + \left(\int_a^b g(x)^2\, dx\right) \geqq 0$$

この不等式は,すべての実数 t に対して成立するので,左辺の t の2次式の判別式 $\leqq 0$ より,次の**シュワルツの不等式**を得る:

$$\left(\int_a^b f(x)g(x)\, dx\right)^2 \leqq \int_a^b f(x)^2\, dx \cdot \int_a^b g(x)^2\, dx$$

たとえば,$f(x) = \sqrt{1-x^2}$,$g(x) = \sqrt{1+x^2}$,$a = 0$,$b = 1$ の場合は,

$$\int_0^1 \sqrt{1-x^4}\, dx \leqq \frac{2}{3}\sqrt{2}$$

例題 12.2 ― $1 + \dfrac{1}{2} + \dfrac{1}{3} + \cdots + \dfrac{1}{n}$ の評価

(1) $\log(n+1) < 1 + \dfrac{1}{2} + \dfrac{1}{3} + \cdots + \dfrac{1}{n} < 1 + \log n$　を示せ.

(2) $\displaystyle\lim_{n\to\infty} \dfrac{1 + \dfrac{1}{2} + \dfrac{1}{3} + \cdots + \dfrac{1}{n}}{\log n} = 1$　を示せ.

【解】(1)

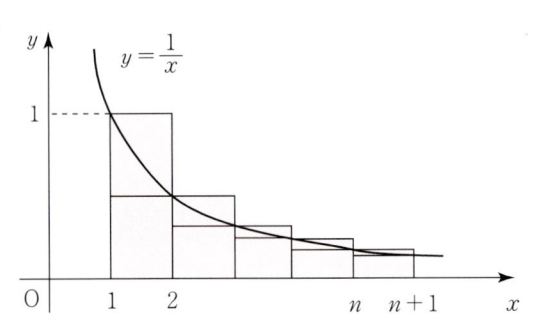

図より,
$$\frac{1}{2} + \frac{1}{3} + \cdots + \frac{1}{n} < \int_1^n \frac{1}{x}\,dx = \log n$$
$$1 + \frac{1}{2} + \frac{1}{3} + \cdots + \frac{1}{n} > \int_1^{n+1} \frac{1}{x}\,dx = \log(n+1)$$

これらから，問題の不等式が得られる.

(2) (1)の不等式より,
$$\frac{\log(n+1)}{\log n} < \frac{1 + \dfrac{1}{2} + \dfrac{1}{3} + \cdots + \dfrac{1}{n}}{\log n} < 1 + \frac{1}{\log n}$$

この各辺の $\displaystyle\lim_{n\to\infty}$ をとればよい. □

▶注　ロピタルの定理より, $\displaystyle\lim_{x\to\infty}\frac{\log(x+1)}{\log x} = \lim_{x\to\infty}\frac{1/(x+1)}{1/x} = 1$

本問(1)の左側の不等式から，次の大切な事実が見えている：
$$1 + \frac{1}{2} + \frac{1}{3} + \cdots + \frac{1}{n} + \cdots\cdots = +\infty$$

ご覧のように，この級数は発散するが，ゆっくり発散する級数として有名.（2）は，そのスロー発散の程度が，$\log n \to +\infty$ と同程度であることを示している.

演習問題

12.1 次の曲線の長さ l を求めよ．

(1) 曲線 $x = t^2$, $y = t^3$ ($0 \leqq t \leqq 2$) の全長．

(2) カテナリー(懸垂線) $y = a\cosh\dfrac{x}{a} = \dfrac{a}{2}(e^{\frac{x}{a}} + e^{-\frac{x}{a}})$ ($a > 0$) 上の点 $A(0, a)$ から $B(p, a\cosh(p/a))$ までの長さ．

(3) 放物線 $y^2 = 4x$ 上の点 $O(0,0)$ から $A(a^2, 2a)$ までの長さ．

(4) 球面 $x^2 + y^2 + z^2 = a^2$ と柱面 $\dfrac{x^2}{a^2} + \dfrac{y^2}{b^2} = 1$ ($a > b > 0$) の交線の全長．

12.2 楕円 $\dfrac{x^2}{a^2} + \dfrac{y^2}{b^2} = 1$ ($a > b > 0$) の周の長さは，次の定積分で表わされることを示せ：
$$4a \int_0^{\frac{\pi}{2}} \sqrt{1 - e^2 \sin^2 t}\, dt \quad \left(e^2 = \frac{a^2 - b^2}{a^2}\right)$$

12.3 次の図形の面積を求めよ．

(1) 二曲線 $y = x^2$, $x^2 + y^2 = 4\sqrt{3}\, x$ の囲む部分の面積．

(2) 楕円 $ax^2 + 2hxy + by^2 = 1$ ($ab > h^2$, $a, b > 0$) の面積．

12.4 双曲線 $x^2 - y^2 = 1$ 上の点 $P(\cosh p, \sinh p)$ と $O(0, 0)$, $A(1, 0)$ に対して，線分 OA，OP および双曲線弧 AP で囲まれた部分の面積 S を求めよ．

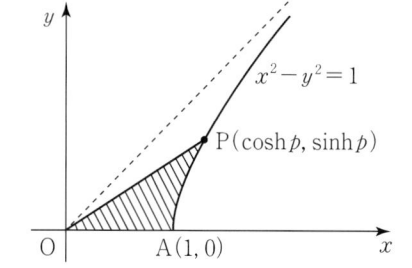

12.5 次の不等式を示せ．

(1) $\dfrac{1}{4}\pi < \displaystyle\int_0^1 \sqrt{1 - x^4}\, dx$

(2) $\dfrac{1}{2}\pi < \displaystyle\int_0^{\frac{\pi}{2}} \dfrac{1}{\sqrt{1 - \dfrac{1}{2}\sin^2 x}}\, dx < \dfrac{\sqrt{2}}{2}\pi$

(3) $\dfrac{2}{3}n\sqrt{n} < \sqrt{1} + \sqrt{2} + \sqrt{3} + \cdots + \sqrt{n} < \dfrac{2}{3}(n+1)\sqrt{n+1}$

§13 広義積分

——— ふつうの積分の極限 ———

不連続関数・非有界関数・無限区間の積分

いままで，有限閉区間で有界な関数の積分を考えた．有界関数とは，値域を含む有界区間が存在する関数のことであった．

ここでは，特異点（その近くで関数が非有界となる点）が有限個の関数の積分，無限区間の積分を考える．基本の場合として，

──── ●ポイント ──────────────── 広義積分 ────

● $[a, b)$ 内の任意の閉区間で $f(x)$ が連続のとき，
$$\int_a^b f(x)\,dx = \lim_{\beta \to b-0} \int_a^\beta f(x)\,dx$$

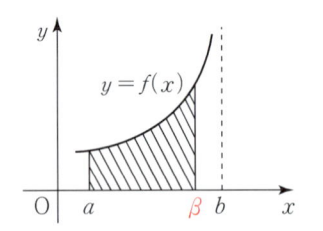

● 任意の $[a, \beta] \subseteq [a, +\infty)$ で $f(x)$ が連続のとき，
$$\int_a^{+\infty} f(x)\,dx = \lim_{\beta \to +\infty} \int_a^\beta f(x)\,dx$$

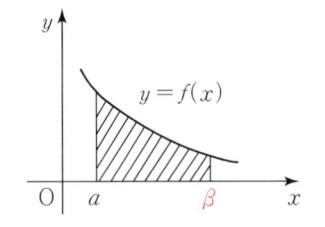

▶注　右辺の lim が存在すれば，その値で左辺を定義する．

次も，同様に定義される：
$$\int_a^b f(x)\,dx = \lim_{\substack{\alpha \to a+0 \\ \beta \to b-0}} \int_\alpha^\beta f(x)\,dx \quad (a, b：特異点)$$

また，$[a, b]$ 内の特異点を，$a < c_1 < c_2 < \cdots < c_n < b$ とするとき，
$$\int_a^b f(x)\,dx = \int_a^{c_1} f(x)\,dx + \int_{c_1}^{c_2} f(x)\,dx + \cdots + \int_{c_n}^b f(x)\,dx$$

無限区間の場合も同様である．

以上で定義した積分が存在するとき，関数 $f(x)$ は（**広義**）**積分可能**・積分は **収束**（否定は **発散**）**する**という．

次の例の（1），（2）は，いずれも，$x=1$ が被積分関数の特異点である．

例 （1） $\displaystyle\int_1^3 \frac{1}{\sqrt{x-1}}\,dx$

$\displaystyle = \lim_{\alpha\to 1+0}\int_\alpha^3 \frac{1}{\sqrt{x-1}}\,dx$

$\displaystyle = \lim_{\alpha\to 1+0}(2\sqrt{2}-2\sqrt{\alpha-1})$

$= 2\sqrt{2}$

$$\lim_{x\to +0} x^p = \begin{cases} 0 & (p>0) \\ 1 & (p=0) \\ +\infty & (p<0) \end{cases}$$

（2） $\displaystyle\int_0^2 \frac{1}{\sqrt[3]{(x-1)^2}}\,dx = \int_0^1 \frac{1}{\sqrt[3]{(x-1)^2}}\,dx + \int_1^2 \frac{1}{\sqrt[3]{(x-1)^2}}\,dx$

$\displaystyle = \lim_{\beta\to 1-0}\int_0^\beta \frac{1}{\sqrt[3]{(x-1)^2}}\,dx + \lim_{\alpha\to 1+0}\int_\alpha^2 \frac{1}{\sqrt[3]{(x-1)^2}}\,dx$

$\displaystyle = \lim_{\beta\to 1-0} 3(\sqrt[3]{\beta-1}-(-1)) + \lim_{\alpha\to 1+0} 3(1-\sqrt[3]{\alpha-1})$

$= 3+3 = 6$

▶ **注** 本問の場合，原始関数 $3\sqrt[3]{x-1}$ は区間 $[0,2]$ で連続だから，次のように計算することができる：

$$\int_0^2 \frac{1}{\sqrt[3]{(x-1)^2}}\,dx = \left[3\sqrt[3]{x-1}\right]_0^2 = 3\sqrt[3]{2-1}-3\sqrt[3]{0-1} = 6$$

この事実は，次のように一般化される：

─── ●ポイント ─────────── 微積分学の基本定理 ───

$F(x)$ は $[a,b]$ で連続で，有限個以外の点で，$F'(x)=f(x)$ ならば，広義積分でも，
$$\int_a^b f(x)\,dx = F(b)-F(a)$$

関数 $-\dfrac{1}{x}$ は点 0 で不連続だから，次のような計算は間違い：

$$\int_{-1}^1 \frac{1}{x^2}\,dx = \left[-\frac{1}{x}\right]_{-1}^1 = (-1)-1 = -2$$

例 $\displaystyle\int_0^1 \log x\,dx = \lim_{\alpha\to +0}\left[x\log x - x\right]_\alpha^1 = -1 - \lim_{\alpha\to +0}(\alpha\log\alpha-\alpha) = -1$

例 $\displaystyle\int_1^{+\infty} \frac{1}{x^2}\,dx = \lim_{\beta\to +\infty}\int_1^\beta \frac{1}{x^2}\,dx = \lim_{\beta\to +\infty}\left[-\frac{1}{x}\right]_1^\beta = \lim_{\beta\to +\infty}\left(1-\frac{1}{\beta}\right) = 1$

以上の例と同様にして，次の大切な事実が得られる：$0 < a < b$．

	$0 < s < 1$	$s = 1$	$s > 1$
$\int_a^b \dfrac{1}{(x-a)^s}\,dx$	$\dfrac{(b-a)^{1-s}}{1-s}$	発　散	発　散
$\int_a^{+\infty} \dfrac{1}{x^s}\,dx$	発　散	発　散	$\dfrac{1}{(s-1)a^{s-1}}$

広義積分の収束・発散判定

広義積分は，その正確な値は求められなくても，収束かどうかを知りたいことも多々ある．次の基本的な判定定理が知られている：

―― ●ポイント ――――――――――――――――――― 優関数定理 ――

区間 $[a, b)$ で，$f(x), g(x)$ は連続で，$0 \leq f(x) \leq g(x)$ を満たすとき，次が成立する．$b = +\infty$ のときも成立する．

(1) $\displaystyle\int_a^b g(x)\,dx$：収束 $\implies \displaystyle\int_a^b f(x)\,dx$：収束

(2) $\displaystyle\int_a^b f(x)\,dx$：発散 $\implies \displaystyle\int_a^b g(x)\,dx$：発散

▶注　$f(x): A \to \boldsymbol{R}$，$g(x): A \to \boldsymbol{R}$ が，定義域 A で，つねに，$|f(x)| \leq g(x)$ を満たすとき，$g(x)$ を A における $f(x)$ の**優関数**という．

被積分関数をやさしい関数で評価しようという意図である．

例　$0 < x \leq \dfrac{\pi}{2} \Rightarrow \dfrac{2}{\pi}x \leq \sin x \quad \therefore \quad \dfrac{1}{\sqrt{\sin x}} \leq \sqrt{\dfrac{\pi}{2}}\dfrac{1}{\sqrt{x}}$

$\displaystyle\int_0^{\frac{\pi}{2}} \sqrt{\dfrac{\pi}{2}}\dfrac{1}{\sqrt{x}}\,dx$ は収束するから，$\displaystyle\int_0^{\frac{\pi}{2}} \dfrac{1}{\sqrt{\sin x}}\,dx$ も収束する．

例　$x > 1 \Rightarrow \dfrac{1}{\sqrt[3]{2}\,x^{\frac{2}{3}}} < \dfrac{x}{\sqrt[3]{1+x^5}}$

$\displaystyle\int_1^{+\infty} \dfrac{1}{\sqrt[3]{2}\,x^{\frac{2}{3}}}\,dx$ は発散するから，次は，どちらも発散する：

$$\int_1^{+\infty} \dfrac{x}{\sqrt[3]{1+x^5}}\,dx, \quad \int_0^{+\infty} \dfrac{x}{\sqrt[3]{1+x^5}}\,dx$$

━━━ 例題 13.1 ━━━━━━━━━━━━━━━━━━━━━━━━━━━ ガンマ関数 ━━━

（1） $\Gamma(s) = \int_0^{+\infty} e^{-x} x^{s-1} dx \ (s > 0)$ は，収束することを示せ．

（2） 次の等式が成立することを示せ：
$$\Gamma(s+1) = s\Gamma(s), \quad \Gamma(n+1) = n! \quad (n = 0, 1, 2, \cdots)$$

下の解答で，次の大切な事実を用いる：

どんな多項式関数も，いつかは指数関数 e^x に追い越される

【解】（1） $s + 1 \leqq n$ なる自然数 n をとれば，十分大きな x について，
$$x^{s+1} \leqq x^n < e^x$$
となる．すなわち，次のような定数 c が（各 s ごとに）存在する：
$$x > c \implies x^{s+1} < e^x$$
この c を境に，$\Gamma(s)$ を二つの定積分に分けて考える：
$$\Gamma(s) = \int_0^c e^{-x} x^{s-1} dx + \int_c^{+\infty} e^{-x} x^{s-1} dx = I_1 + I_2$$

（i） I_1 の収束性：
$$e^{-x} x^{s-1} \leqq x^{s-1} \quad (\because \quad x \geqq 0 \text{ のとき } e^{-x} \leqq 1)$$
$\int_0^c x^{s-1} dx = \int \dfrac{1}{x^{1-s}} dx$ は収束するから，I_1 も収束する．

（ii） I_2 の収束性：
$$x > c \implies x^{s+1} < e^x$$
$$\therefore \quad x > c \implies e^{-x} x^{s-1} < x^{-2}$$
$\int_c^{+\infty} x^{-2} dx = \int_c^{+\infty} \dfrac{1}{x^2} dx$ は収束するから，I_2 も収束する．

（2） $\Gamma(s+1) = \int_0^{+\infty} e^{-x} x^s dx$

$\qquad\qquad = \left[-e^{-x} x^s \right]_0^{+\infty} + s \int_0^{+\infty} e^{-x} x^{s-1} dx \qquad$（部分積分）

$\qquad\qquad = s\Gamma(s)$

$\Gamma(1) = \int_0^{+\infty} e^{-x} dx = \left[-e^{-x} \right]_0^{+\infty} = 1$

$$\boxed{\lim_{x \to +\infty} \frac{x^s}{e^x} = 0}$$

だから，

$$\Gamma(n+1) = n\Gamma(n) = n(n-1)\Gamma(n-1) = \cdots$$
$$\cdots = n(n-1)\cdots 2\cdot 1\cdot \Gamma(1) = n!\ \square$$

▶注 1 s の関数 $\Gamma(s)$ は，**ガンマ関数**とよばれ，階乗 $n!$ の正の実数への拡張と考えられる．（将来は，複素数にまで拡張される）

2 $x > 0$ のとき，各自然数 n について，
$$e^x = 1 + \frac{x}{1!} + \frac{x^2}{2!} + \cdots > \frac{x^{n+1}}{(n+1)!}$$
よって，
$$\frac{e^x}{x^n} > \frac{x}{(n+1)!} \to +\infty \quad (x \to +\infty)$$
したがって，十分大きい x については，
$$1 < \frac{e^x}{x^n} \quad \therefore \quad x^n < e^x$$

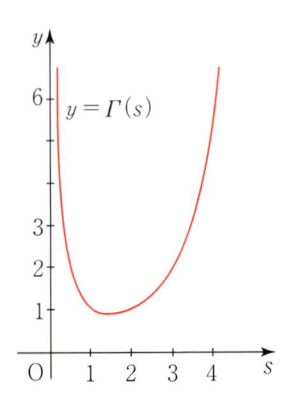

|||||||||||| 演習問題 ||||||||||||||||||||||||||||||||||||||||||||||||||||||||||||||||||||||

13.1 次の広義積分の値を求めよ．

(1) $\displaystyle\int_0^1 x\log x\, dx$

(2) $\displaystyle\int_a^b \frac{1}{\sqrt{(x-a)(b-x)}}\, dx$

(3) $\displaystyle\int_0^{+\infty} xe^{-x^2}\, dx$

(4) $\displaystyle\int_0^{+\infty} \frac{\log(1+x^2)}{x^2}\, dx$

13.2 $\displaystyle\int_0^{+\infty} \frac{\sin x}{x}\, dx = \frac{\pi}{2}$ を既知として，$\displaystyle\int_0^{+\infty} \frac{\sin^2 x}{x^2}\, dx$ を求めよ．

13.3 次の広義積分の収束・発散を判定せよ．

(1) $\displaystyle\int_0^{\frac{\pi}{2}} \frac{1}{\sqrt{\tan x}}\, dx$

(2) $\displaystyle\int_0^1 x^{-\frac{3}{2}}(1-x)^{-2}\, dx$

(3) $\displaystyle\int_1^{+\infty} \frac{\log x}{x^2} dx$

(4) $\displaystyle\int_0^{+\infty} e^{-x} x^{-1} dx$

13.4 (1) $\Gamma(s) = \displaystyle\int_0^{+\infty} e^{-x} x^{s-1} dx \ (s > 0)$ に，置換積分を行って，次の等式を導け．

(i) $\Gamma(s) = \dfrac{1}{s} \displaystyle\int_0^{+\infty} e^{-x^{\frac{1}{s}}} dx \qquad (x^s = t)$

(ii) $\Gamma(s) = 2 \displaystyle\int_0^{+\infty} x^{2s-1} e^{-x^2} dx \qquad (x = t^2)$

(iii) $\Gamma(s) = \displaystyle\int_0^1 \left(\log \dfrac{1}{x}\right)^{s-1} dx \qquad (e^{-x} = t)$

(2) $\displaystyle\int_0^{+\infty} e^{-x^2} dx = \dfrac{\sqrt{\pi}}{2}$ を既知として，次の等式を示せ：

$$\Gamma\left(n + \dfrac{1}{2}\right) = \dfrac{1}{2} \cdot \dfrac{3}{2} \cdot \dfrac{5}{2} \cdots \dfrac{2n-1}{2} \sqrt{\pi}$$

13.5 $B(p, q) = \displaystyle\int_0^1 x^{p-1}(1-x)^{q-1} dx \ (p > 0, q > 0)$ とおく．

(1) $B(p, q)$ は収束することを示せ．

(2) $B(p, q) = 2 \displaystyle\int_0^{\frac{\pi}{2}} (\cos x)^{2p-1} (\sin x)^{2q-1} dx$ を示せ．

(3) $\displaystyle\int_0^{\frac{\pi}{2}} \cos^5 x \sin^7 x \, dx$ の値を求めよ．

▶注 $p, q > 0$ の関数 $B(p, q)$ を，**ベータ関数**とよぶ．この B は，誰の目にも $\underset{\text{ビー}}{B}$ に見えるが，本当は $\underset{\text{ベータ}}{\beta}$ の大文字である．

13.6 (1) $\displaystyle\int_0^{+\infty} \frac{\sin x}{x} dx = \int_0^{\frac{\pi}{2}} \frac{\sin x}{x} dx + \int_{\frac{\pi}{2}}^{+\infty} \frac{\sin x}{x} dx$

は収束することを示せ．（第2項に部分積分を用いよ）

(2) $\displaystyle\int_{n\pi}^{(n+1)\pi} \frac{|\sin x|}{x} dx > \frac{2}{(n+1)\pi}$ を示せ．

(3) $\displaystyle\int_0^{+\infty} \frac{|\sin x|}{x} dx$ は発散することを示せ．

Chapter 3

多変数関数の微分法

　一点の近くで，曲線を接線で代用しよう．曲面を接平面で近似しよう——これが，微分法の基本的なアイディアである．
　丸い地球も住むときゃ平ら．丸い地球儀も虫めがねで見れば，平面と区別はつかない．さらに徹底して，**倍率無限大の虫めがね**で見たものが接平面であり，微分係数の概念である．

§14	多変数関数 …………	94
§15	微分係数 ……………	100
§16	合成関数の微分法	106
§17	高次微分係数 ……	111
§18	極値問題 ……………	118
§19	陰関数定理 …………	124
§20	条件つき極値 ……	130

§14 多変数関数
ベクトル変数のベクトル値関数

多変数関数

二変数関数 $f(x_1, x_2)$ を，

　　　　点 (x_1, x_2) が決まる $\implies$ 関数値 $f(x_1, x_2)$ が決まる

あるいは，点 $\mathrm{P}(x_1, x_2)$ とベクトル $\overrightarrow{\mathrm{OP}} = \begin{bmatrix} x_1 \\ x_2 \end{bmatrix}$ とを同一視して，

　　ベクトル $\begin{bmatrix} x_1 \\ x_2 \end{bmatrix}$ が決まる $\implies$ 関数値 $f\left(\begin{bmatrix} x_1 \\ x_2 \end{bmatrix}\right)$ が決まる

と考えることにする．

ところで，ふつう数学では，頻繁に合成関数を考えるので，定義域と終域を対等に，ベクトル変数のベクトル値関数

$$f : \boldsymbol{R}^n \longrightarrow \boldsymbol{R}^m$$

を考えることにする．ここに，$\boldsymbol{R}^n$ は n 次元（縦数）ベクトル空間であり，実数の全体 $\boldsymbol{R}$ は，一次元ベクトル空間 $\boldsymbol{R}^1$ と同一視するものとする．

以下，簡単のため主として，$f : \boldsymbol{R}^2 \to \boldsymbol{R}^2$ について述べることにする．

$\boldsymbol{R}^2$ の**ベクトル**（または**点**）

$$\boldsymbol{x} = \begin{bmatrix} x_1 \\ x_2 \end{bmatrix}, \quad \boldsymbol{y} = \begin{bmatrix} y_1 \\ y_2 \end{bmatrix}$$

に対して，ベクトル $\boldsymbol{x}$ の長さ $\|\boldsymbol{x}\|$ および，二点 $\boldsymbol{x}, \boldsymbol{y}$ の距離 $\|\boldsymbol{x} - \boldsymbol{y}\|$ は，次のようである：

$$\|\boldsymbol{x}\| = \sqrt{x_1^2 + x_2^2}$$
$$\|\boldsymbol{x} - \boldsymbol{y}\| = \sqrt{(x_1 - y_1)^2 + (x_2 - y_2)^2}$$

> 便宜上，しばしば，
> $$\begin{bmatrix} x_1 \\ x_2 \end{bmatrix} \text{を} (x_1, x_2) \text{と,}$$
> $$f\left(\begin{bmatrix} x_1 \\ x_2 \end{bmatrix}\right) \text{を} f(x_1, x_2) \text{と}$$
> 記すことがある．

$\boldsymbol{R}^2$ の区間と領域

さて，この Chapter 3 では，主として，$\boldsymbol{R}^2$ の開または閉領域 U 上の関数

$F: U \to \mathbf{R}^2$ を扱うのであるが，簡単のため，$F: \mathbf{R}^2 \to \mathbf{R}^2$ と記し，定義域はとくに**明記しない**．ここに，連結な（すなわち飛び地のない）開集合（境界を含まない集合）を**開領域**といい，開領域 U にその境界 ∂U を追加した集合 $U \cup \partial U$ を**閉領域**という．

▶**注** 平面上の点 $\boldsymbol{x} \in \mathbf{R}^2$ を中心とし，半径 r の円の内部を，点 $\boldsymbol{a}$ の $\boldsymbol{r}$ **近傍**とよび，$U_r(\boldsymbol{a})$ などと記す．

いま，平面上の集合 $A \subseteq \mathbf{R}^2$ と点 $\boldsymbol{x}$ に対して，$U_r(\boldsymbol{x}) \subseteq A$ なる近傍がうまくとれるとき，点 $\boldsymbol{x}$ を集合 A の**内点**といい，点 $\boldsymbol{x}$ のどんな近傍の中にも，A の点と A に含まれない点の両方が入ってしまうとき，点 $\boldsymbol{x}$ を集合 A の**境界点**という．A の内点の全体を A の**内部**とよび，内点だけから成る集合を**開集合**という．また，集合 A の境界点の全体を A の**境界**とよび，∂A と記す．

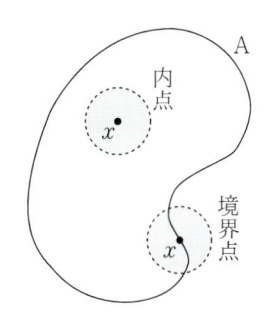

さらに，平面 $\mathbf{R}^2$ の次のような部分集合を "区間" ということがある：

$$I = \{(x_1, x_2) \mid a_1 < x_1 < b_1,\ a_2 < x_2 < b_2\} : \text{開区間}$$
$$J = \{(x_1, x_2) \mid a_1 \leqq x_1 \leqq b_1,\ a_2 \leqq x_2 \leqq b_2\} : \text{閉区間}$$

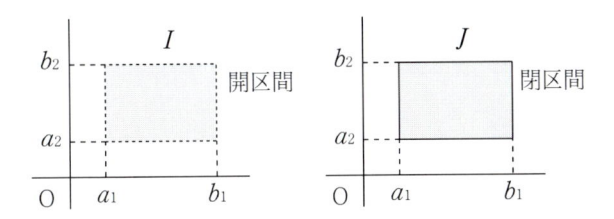

極限・連続

$\boldsymbol{x} \in \mathbf{R}^2$ と $\boldsymbol{a} \in \mathbf{R}^2$ の距離が 0 に限りなく近づく（$\|\boldsymbol{x} - \boldsymbol{a}\| \to 0$ の意味）とき，$\boldsymbol{x}$ は $\boldsymbol{a}$ に "限りなく近づく" ということにする．

さて，関数 $F: \mathbf{R}^2 \to \mathbf{R}^2$ について，$\boldsymbol{x}$ が $\boldsymbol{a}$ に限りなく近づくとき，関数値 $F(\boldsymbol{x})$ が点 $\boldsymbol{b} \in \mathbf{R}^2$ に限りなく近づくならば，

$$\lim_{\boldsymbol{x} \to \boldsymbol{a}} F(\boldsymbol{x}) = \boldsymbol{b}$$

と記し，この $\boldsymbol{b}$ を $\boldsymbol{x} \to \boldsymbol{a}$ のときの $F(\boldsymbol{x})$ の**極限値**という．

いま，$F : \boldsymbol{R}^2 \to \boldsymbol{R}^2$ の成分を，$F(\boldsymbol{x}) = \begin{bmatrix} f_1(\boldsymbol{x}) \\ f_2(\boldsymbol{x}) \end{bmatrix}$ とすれば，

$$\lim_{\boldsymbol{x} \to \boldsymbol{a}} F(\boldsymbol{x}) = \begin{bmatrix} b_1 \\ b_2 \end{bmatrix} \iff \begin{cases} \lim_{\boldsymbol{x} \to \boldsymbol{a}} f_1(\boldsymbol{x}) = b_1 \\ \lim_{\boldsymbol{x} \to \boldsymbol{a}} f_2(\boldsymbol{x}) = b_2 \end{cases}$$

すなわち，$F(\boldsymbol{x})$ の各成分関数 $f_1(\boldsymbol{x})$, $f_2(\boldsymbol{x})$ が，それぞれ $\boldsymbol{b}$ の成分 b_1, b_2 に近づくことを意味する．

例 $F(x,y) = (x^3 - 2xy,\ 2xy^3)$ のとき，

$$\lim_{(x,y) \to (1,2)} F(x,y) = \left(\lim_{(x,y) \to (1,2)} (x^3 - 2xy),\ \lim_{(x,y) \to (1,2)} 2xy^3 \right)$$
$$= (-3, 16)$$

▶**注** 便宜上，横ベクトルで記した．

極限 $\lim_{\boldsymbol{x} \to \boldsymbol{a}} F(\boldsymbol{x})$ の "$\boldsymbol{x} \to \boldsymbol{a}$" は，

$\boldsymbol{x}$ がどんな近づき方で $\boldsymbol{a}$ に近づいても

という意味である．したがって，たとえば，$\lim_{(x,y) \to (0,0)} \dfrac{y^2}{x^2}$ のとき，

(x,y) が直線 $y = 2x$ 上を通って $(0,0)$ に近づけば，$\dfrac{y^2}{x^2} \to 4$

(x,y) が直線 $y = 3x$ 上を通って $(0,0)$ に近づけば，$\dfrac{y^2}{x^2} \to 9$

となってしまうので，$\lim_{(x,y) \to (0,0)} \dfrac{y^2}{x^2}$ は存在しない．

さて，関数 $F : \boldsymbol{R}^2 \to \boldsymbol{R}^2$ と，点 $\boldsymbol{a} \in \boldsymbol{R}^2$ に対して，

$$F(\boldsymbol{x}) \text{ は点 } \boldsymbol{a} \text{ で}\textbf{連続} \iff \lim_{\boldsymbol{x} \to \boldsymbol{a}} F(\boldsymbol{x}) = F(\boldsymbol{a})$$

と定義する．さらに，$F(\boldsymbol{x})$ が領域 D の各点で連続であるとき，関数 $F(\boldsymbol{x})$ は領域 D で**連続**であるという．

一変数の場合と同様に，次が成立する：

● 連続関数の和・差は連続．実数値関数については，積・商も連続．
● 連続関数の合成関数は連続である．
● 連続関数の成分関数はすべて連続であり，逆も成立する．

━━━ 例題 14.1 ━━━━━━━━━━━━━━━━━━ 極限・連続 ━━━

$$f(x, y) = \begin{cases} x^3 + y^2 \cos \dfrac{1}{x^2} & (x \neq 0 \text{ のとき}) \\ 0 & (x = 0 \text{ のとき}) \end{cases}$$

について，

(1) $\displaystyle \lim_{x \to 0} \lim_{y \to 0} f(x, y)$, $\displaystyle \lim_{y \to 0} \lim_{x \to 0} f(x, y)$ を求めよ．

(2) $\displaystyle \lim_{(x,y) \to (0,0)} f(x, y)$ を求め，$f(x, y)$ の連続性を調べよ．

【解】（1） $\displaystyle \lim_{x \to 0} \left(\lim_{y \to 0} \left(x^3 + y^2 \cos \dfrac{1}{x^2} \right) \right) = \lim_{x \to 0} x^3 = 0$

$\displaystyle \lim_{x \to 0} f(x, y) = \lim_{x \to 0} x^3 + y^2 \lim_{x \to 0} \cos \dfrac{1}{x^2}$ で，$\displaystyle \lim_{x \to 0} \cos \dfrac{1}{x^2}$ が存在しない

から，$\displaystyle \lim_{y \to 0} \lim_{x \to 0} f(x, y)$ は存在しない．

(2) $0 \leq \displaystyle \lim_{(x,y) \to (0,0)} |f(x, y)|$

$\leq \displaystyle \lim_{(x,y) \to (0,0)} \left(|x^3| + |y^2| \left| \cos \dfrac{1}{x^2} \right| \right)$

$\leq \displaystyle \lim_{(x,y) \to (0,0)} (|x^3| + |y^2|) = 0 \quad (\because \ |\cos \theta| \leq 1)$

$\therefore \displaystyle \lim_{(x,y) \to (0,0)} f(x, y) = 0$

（i） $x \neq 0$ のとき：

明らかに，$f(x, y)$ は連続．

（ii） $x = 0$ のとき：

$y \neq 0$ なる点 $(0, y)$ では，

$\displaystyle \lim_{(x,y) \to (0,0)} f(x, y) = y^2 \lim_{x \to 0} \cos \dfrac{1}{x^2}$

が存在しないから，不連続．

また，

$$\lim_{(x,y) \to (0,0)} f(x, y) = 0 = f(0, 0)$$

だから，点 $(0, 0)$ で連続．

以上から，$f(x, y)$ は，原点以外の y 軸上で不連続．その他で連続． □

> $\displaystyle \lim_{x \to a} \lim_{y \to b} f(x, y)$, $\displaystyle \lim_{y \to b} \lim_{x \to a} f(x, y)$,
> $\displaystyle \lim_{(x,y) \to (a,b)} f(x, y)$ の三者は，すべて別物で，一つが存在しても他が存在するとはかぎらない．存在しても必ずしも一致しない．

[例] $\displaystyle\lim_{(x,y)\to(0,0)} \frac{xy}{\sqrt{x^2+y^2}}$ を求めよ．

解 $$0 \leq \frac{|xy|}{\sqrt{x^2+y^2}} \leq \frac{|xy|}{\sqrt{y^2}} = |x| \to 0$$

$$\therefore \lim_{(x,y)\to(0,0)} \frac{xy}{\sqrt{x^2+y^2}} = 0 \qquad \square$$

偏微分係数・偏導関数

実数値関数 $f: \mathbf{R}^2 \to \mathbf{R}$ と，点 (a,b) に対して，極限値

$$\lim_{h\to 0} \frac{f(a+h,b)-f(a,b)}{h}$$

が存在するとき，関数 $f(x,y)$ は，点 (a,b) で x に関して**偏微分可能**であるという．このとき，この極限値を，

$$\frac{\partial f}{\partial x}(a,b), \quad f_x(a,b)$$

などと記し，関数 $f(x,y)$ の点 (a,b) における "x に関する" **偏微分係数**という．また，関数 $f_x: (a,b) \longmapsto f_x(a,b)$ を，$f(x,y)$ の "x に関する" **偏導関数**とよび，$\dfrac{\partial f}{\partial x}$ などとも記す．

"y に関する" 偏微分係数・偏導関数についても同様である．

例 $f(x,y) = x^2 + 3xy^2 + y^4$ のとき，

$\dfrac{\partial f}{\partial x} = f_x(x,y) = 2x + 3y^2$ ← y を定数と思って x で微分する

$\dfrac{\partial f}{\partial y} = f_y(x,y) = 6xy + 4y^3$ ← x を定数と思って y で微分する

例 $f(x,y) = x^y \ (x>0)$ のとき，

$$f_x(x,y) = yx^{y-1}, \quad f_y(x,y) = x^y \log x$$

例 $f(x,y) = \begin{cases} \dfrac{xy}{x^2+y^2} & (x,y) \neq (0,0) \\ 0 & (x,y) = (0,0) \end{cases}$

のとき，

$$f_x(0,0) = \lim_{h \to 0} \frac{f(h,0) - f(0,0)}{h} = 0$$

$$f_y(0,0) = \lim_{k \to 0} \frac{f(0,k) - f(0,0)}{k} = 0$$

また，$y = mx$（$m \neq 0$）に沿って $(x,y) \to (0,0)$ のとき，

$$f(x,y) \to \frac{m}{1+m^2}$$

$m \neq 0$ なるかぎり，m は任意だから，$\lim_{(x,y) \to (0,0)} f(x,y)$ は存在しない．関数 $f(x,y)$ は点 $(0,0)$ で連続ではない． □

この例に見るように，一般に，関数 $f(x,y)$ の偏微分可能性は連続性すら保障しない．そこで，関数の"(全)微分可能"という概念が要求されるが，これについては，次の §15 で述べる．

演習問題

14.1 次の関数 $f(x,y)$ について，$\lim_{x \to 0} \lim_{y \to 0} f(x,y)$，$\lim_{y \to 0} \lim_{x \to 0} f(x,y)$，$\lim_{(x,y) \to (0,0)} f(x,y)$ を求めよ．

（1） $\dfrac{xy^2}{x^2 + y^4}$ （2） $\dfrac{x^3 - y^3}{x^2 + y^2}$

（3） $\dfrac{x + y^2}{x^2 + y^2}$ （4） $x \cos \dfrac{1}{y} - y \sin \dfrac{1}{x}$

14.2 次の関数 $f(x,y)$ について，$\lim_{(x,y) \to (0,0)} f(x,y)$ を求めよ．

（1） $\dfrac{\sin(x^2 + y^2)}{|x| + |y|}$ （2） $xy \log(x^2 + y^2)$

14.3 次の関数 $f(x,y)$ の偏導関数 $f_x(x,y)$，$f_y(x,y)$ を求めよ．

（1） $x^4 - 4x^3 y + y^4$ （2） $\cos(x^3 + y^2)$

（3） $e^x \sin y - e^y \cos x$ （4） $\log \sqrt{x^2 + y^2}$

（5） $\tan^{-1} \dfrac{y}{x}$ （6） $\dfrac{xy(x^2 - y^2)}{x^2 + y^2}$

§15 微分係数

━━━━━━━━━━━━━━━━━ 微積分と線形代数のドッキング ━━━

$R^2 \to R^2$ の微分法

いよいよ微分法に入る．まず，関数 $F: R^2 \to R^2$ の点 $a \in R^2$ における微分係数 $F'(a)$ を定義する．$F'(a)$ を一変数の場合と同様に，

$$\lim_{h \to 0} \frac{F(a+h) - F(a)}{h}$$

と定義してはどうだろう？ しかし，この式をよく見ると，分母にベクトル h が現われているので，このママの形を採用することはできない．

そこで，一変数の局所最良近似1次関数のときの "分母を払った形" で定義することにする．

───**■ポイント**─────────────── 微分係数・導関数 ───

関数 $F: R^2 \to R^2$ と，点 $a \in R^2$ とに対して，

(1) $F(a+h) - F(a) = Ah + \|h\| r(h), \quad \lim_{h \to 0} r(h) = 0$

を満たす $(2,2)$ 行列 A と，0 の近くで定義された関数 $r(h)$ が存在するとき，関数 $F(x)$ は点 a で**(全)微分可能**であるという．この行列 A を関数 $F(x)$ の点 a における**微分係数**とよび，$F'(a)$ と記す．

また，$F(x)$ が領域 D のすべての点で微分可能であるとき，$F(x)$ は領域 D で**微分可能**であるという．

(2) 各点 a に，その点における微分係数 $F'(a)$ を対応させる関数

$$F': a \longmapsto F'(a)$$

を，関数 $F(x)$ の**導関数**とよび，$F'(x)$ などと記す．

─────────────────────────────

▶注 $R \to R$ の場合と同様に，変数値の変化高 h に，関数値の変化高の主要部 $F'(a)h$ を対応させる正比例関数（線形写像）を，

$$(dF)_a : h \longmapsto F'(a) h$$

と記し，点 a における関数 $F(x)$ の**微分**とよぶ．

具体例は，次の例題でやってみる．

━━━━ 例題 15.1 ━━━━━━━━━━━━━━━━━━━━━━━━ 微分係数 ━━━━

次の関数 $F: \mathbf{R}^2 \to \mathbf{R}^2$ の点 $\mathbf{a} = \begin{bmatrix} a \\ b \end{bmatrix}$ における微分係数 $F'(\mathbf{a})$ を求めよ：

$$F: \begin{bmatrix} x \\ y \end{bmatrix} \longmapsto \begin{bmatrix} x^2 + 3y \\ xy - 2 \end{bmatrix}$$

━━━━━━━━━━━━━━━━━━━━━━━━━━━━━━━━━━━━━━━

【解】 $\mathbf{h} = \begin{bmatrix} h \\ k \end{bmatrix}$ とおけば，$\mathbf{a} + \mathbf{h} = \begin{bmatrix} a+h \\ b+k \end{bmatrix}$, $\|\mathbf{h}\| = \sqrt{h^2 + k^2}$

したがって，

$$F(\mathbf{a}+\mathbf{h}) - F(\mathbf{a}) = \begin{bmatrix} (a+h)^2 + 3(b+k) \\ (a+h)(b+k) - 2 \end{bmatrix} - \begin{bmatrix} a^2 + 3b \\ ab - 2 \end{bmatrix}$$

$$= \begin{bmatrix} 2ah + 3k + h^2 \\ bh + ak + hk \end{bmatrix}$$

$$= \begin{bmatrix} 2a & 3 \\ b & a \end{bmatrix} \begin{bmatrix} h \\ k \end{bmatrix} + \|\mathbf{h}\| \begin{bmatrix} h^2/\|\mathbf{h}\| \\ hk/\|\mathbf{h}\| \end{bmatrix}$$

ところが，

$$0 \leqq \frac{h^2}{\|\mathbf{h}\|} \leqq \frac{h^2 + k^2}{\|\mathbf{h}\|} = \|\mathbf{h}\|, \quad 0 \leqq \frac{|hk|}{\|\mathbf{h}\|} \leqq \frac{h^2 + k^2}{\|\mathbf{h}\|} = \|\mathbf{h}\|$$

だから，

$$r(\mathbf{h}) = \begin{bmatrix} h^2/\|\mathbf{h}\| \\ hk/\|\mathbf{h}\| \end{bmatrix} \text{ とおけば，} \quad \lim_{\mathbf{h} \to 0} r(\mathbf{h}) = \mathbf{0}$$

$$\therefore \quad F'(\mathbf{a}) = \begin{bmatrix} 2a & 3 \\ b & a \end{bmatrix} \qquad \square$$

ヤコービ行列

微分係数 $A = F'(\mathbf{a})$ を上のように直接定義から求めることは，一般には難しい．そこで，微分係数 A の各成分の性格を見るために，

$$F(\mathbf{x}) = \begin{bmatrix} f(\mathbf{x}) \\ g(\mathbf{x}) \end{bmatrix}, \quad \mathbf{a} = \begin{bmatrix} a \\ b \end{bmatrix}, \quad A = \begin{bmatrix} \alpha_1 & \beta_1 \\ \alpha_2 & \beta_2 \end{bmatrix}, \quad \mathbf{h} = \begin{bmatrix} h \\ k \end{bmatrix}$$

などとおけば，$A = F'(\boldsymbol{a})$ の定義式より，

$$\begin{bmatrix} f(\boldsymbol{a}+\boldsymbol{h}) - f(\boldsymbol{a}) \\ g(\boldsymbol{a}+\boldsymbol{h}) - g(\boldsymbol{a}) \end{bmatrix} = \begin{bmatrix} \alpha_1 & \beta_1 \\ \alpha_2 & \beta_2 \end{bmatrix} \boldsymbol{h} + \|\boldsymbol{h}\| \, r(\boldsymbol{h}), \quad \lim_{\boldsymbol{h} \to \boldsymbol{0}} r(\boldsymbol{h}) = \boldsymbol{0}$$

各成分に着目すれば，

$$\begin{cases} f(\boldsymbol{a}+\boldsymbol{h}) - f(\boldsymbol{a}) = [\alpha_1 \ \beta_1] \boldsymbol{h} + \|\boldsymbol{h}\| r_1(\boldsymbol{h}), & r_1(\boldsymbol{h}) \to 0 \\ g(\boldsymbol{a}+\boldsymbol{h}) - g(\boldsymbol{a}) = [\alpha_2 \ \beta_2] \boldsymbol{h} + \|\boldsymbol{h}\| r_2(\boldsymbol{h}), & r_2(\boldsymbol{h}) \to 0 \end{cases} \quad (*)$$

したがって，

$$F(\boldsymbol{x}) = \begin{bmatrix} f(\boldsymbol{x}) \\ g(\boldsymbol{x}) \end{bmatrix} : 微分可能 \iff \begin{cases} f(\boldsymbol{x}) : 微分可能 \\ g(\boldsymbol{x}) : 微分可能 \end{cases}$$

すなわち，微分可能性は，**各成分関数の微分可能性**で決定されるので，次に，実数値関数の微分可能性について考える．

上の(*)の第1式，すなわち，

$$f(a+h, b+k) - f(a, b) = \alpha_1 h + \beta_1 k + \sqrt{h^2 + k^2} \, r_1(h, k)$$
$$(h, k) \to (0, 0) \text{ のとき，} r_1(h, k) \to 0$$

において，とくに，

$$(h, 0) \to (0, 0) \quad \text{および} \quad (0, k) \to (0, 0)$$

とすれば，それぞれ，

$$f(a+h, b) - f(a, b) = \alpha_1 h + |h| \, r_1(h, 0), \quad r_1(h, 0) \to 0$$
$$f(a, b+k) - f(a, b) = \beta_1 k + |k| \, r_1(0, k), \quad r_1(0, k) \to 0$$
$$\therefore \ \alpha_1 = \frac{\partial f}{\partial x}(a, b), \quad \beta_1 = \frac{\partial f}{\partial y}(a, b)$$

第2成分についても，同様に，

$$\alpha_2 = \frac{\partial g}{\partial x}(a, b), \quad \beta_2 = \frac{\partial g}{\partial y}(a, b)$$

●ポイント ──────────────── ヤコビ行列 ─

$$F(\boldsymbol{x}) = \begin{bmatrix} f(\boldsymbol{x}) \\ g(\boldsymbol{x}) \end{bmatrix} \text{ のとき，} F'(\boldsymbol{a}) = \begin{bmatrix} \dfrac{\partial f}{\partial x}(\boldsymbol{a}) & \dfrac{\partial f}{\partial y}(\boldsymbol{a}) \\ \dfrac{\partial g}{\partial x}(\boldsymbol{a}) & \dfrac{\partial g}{\partial y}(\boldsymbol{a}) \end{bmatrix}$$

この行列を，関数 $F(\boldsymbol{x})$ の点 $\boldsymbol{a}$ における**ヤコビ行列**とよぶ．

▶**注** 関数 $F(\boldsymbol{x})$ が点 $\boldsymbol{a}$ で微分可能であるとき，ヤコービ行列は微分係数に一致するので，ヤコービ行列を $F'(\boldsymbol{a})$ とかいてしまう．

例 $F:\begin{bmatrix} x \\ y \end{bmatrix} \mapsto \begin{bmatrix} x^3-4y \\ \sin xy \end{bmatrix}$ の点 $\begin{bmatrix} 3 \\ \pi \end{bmatrix}$ におけるヤコービ行列は，

$$F'(x,y) = \begin{bmatrix} \dfrac{\partial}{\partial x}(x^3-4y) & \dfrac{\partial}{\partial y}(x^3-4y) \\ \dfrac{\partial}{\partial x}(\sin xy) & \dfrac{\partial}{\partial y}(\sin xy) \end{bmatrix} = \begin{bmatrix} 3x^2 & -4 \\ y\cos xy & x\cos xy \end{bmatrix}$$

$$\therefore \quad F'(3,\pi) = \begin{bmatrix} 3\cdot 3^2 & -4 \\ \pi\cos 3\pi & 3\cos 3\pi \end{bmatrix} = \begin{bmatrix} 27 & -4 \\ -\pi & -3 \end{bmatrix} \qquad \square$$

接平面

実数値関数 $f:\boldsymbol{R}^2 \to \boldsymbol{R}$ が，点 (a,b) で微分可能であるということは，
$$f(a+h, b+k) = f(a,b) + \alpha h + \beta k + \sqrt{h^2+k^2}\, r(h,k)$$
を満たす定数 α, β と，$r(h,k) \to 0$ $((h,k) \to (0,0))$ なる関数 $r(h,k)$ が存在することであった．じつは，このとき，定数 α, β は，一意的に決まり，$\alpha = f_x(a,b)$，$\beta = f_y(a,b)$ であった．

いいかえれば，点 (a,b) の近くでは，関数 $f(x,y)$ は，1 次関数
$$z = f(a,b) + f_x(a,b)(x-a) + f_y(a,b)(y-b) \qquad (*)$$
で**最良に近似される**わけである．

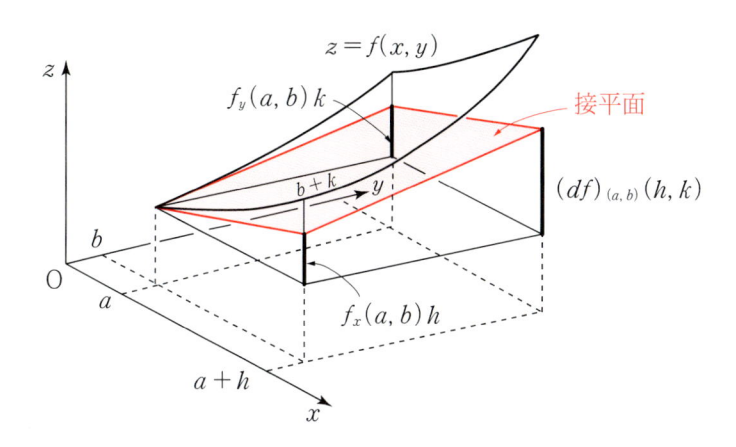

このとき，平面
$$z = f_x(a,b)(x-a) + f_y(a,b)(y-b) + f(a,b) \qquad (*)$$
を，曲面 $z = f(x,y)$ 上の点 $(a, b, f(a,b))$ における**接平面**という．

［例］ 曲面 $z = f(x,y) = x^2 - 2xy + 3y^2$ 上の点 $(3, 2, 9)$ におけるこの曲面の接平面の方程式を求めよ．

解
$$f_x(x,y) = 2x - 2y, \qquad f_x(3,2) = 2$$
$$f_y(x,y) = -2x + 6y, \qquad f_y(3,2) = 6$$
ゆえに，求める接平面は，
$$z = 2(x-3) + 6(y-2) + 9 \qquad \therefore \quad z = 2x + 6y - 9 \qquad \square$$

偏微分可能性と微分可能性

実数値関数 $f : \boldsymbol{R}^2 \to \boldsymbol{R}$ について，

$$\text{微分可能} \implies x \text{ に関しても，} y \text{ に関しても偏微分可能}$$

であるが，具体例で見たように，この逆は成立しないのであった．
次に，この逆が成立する**十分条件**を与えよう．

●ポイント ─────────── 偏微分可能性と微分可能性 ──

点 (a,b) の近傍で，偏導関数 $f_x(x,y)$, $f_y(x,y)$ がともに存在し，点 (a,b) でこれらが連続ならば，この点 (a,b) で，関数 $f(x,y)$ は微分可能である．

証明 平均値の定理により，
$$f(a+h, b+k) - f(a,b)$$
$$= f(a+h, b+k) - f(a, b+k) + f(a, b+k) - f(a,b)$$
$$= f_x(a + \theta_1 h, b+k)h + f_y(a, b + \theta_2 k)k$$
なる $\theta_1, \theta_2 \ (0 < \theta_1 < 1, \ 0 < \theta_2 < 1)$ が存在する．

いま，
$$r_1(h,k) = f_x(a + \theta_1 h, b+k) - f_x(a,b)$$
$$r_2(h,k) = f_y(a, b + \theta_2 k) - f_y(a,b)$$
$$r(h,k) = \frac{h r_1(h,k) + k r_2(h,k)}{\sqrt{h^2 + k^2}}$$

とおけば，
$$f(a+h, b+k) - f(a,b)$$
$$= f_x(a,b)h + f_y(a,b)k + \sqrt{h^2+k^2}\, r(h,k)$$
とかけて，次に示すように，$(h,k) \to (0,0)$ のとき，$r(h,k) \to 0$ となるから，関数 $f(x,y)$ は点 (a,b) で微分可能である：
$$0 \le |r(h,k)| \le \frac{|h|}{\sqrt{h^2+k^2}}|r_1(h,k)| + \frac{|k|}{\sqrt{h^2+k^2}}|r_2(h,k)|$$
$$\le |r_1(h,k)| + |r_2(h,k)| \to 0 \qquad \square$$

演習問題

15.1 関数 $f : \boldsymbol{R}^2 \to \boldsymbol{R}$, $f : \begin{bmatrix} x \\ y \end{bmatrix} \longmapsto (x+y)^2$ の点 $\boldsymbol{a} = \begin{bmatrix} a \\ b \end{bmatrix}$ における微分係数を，定義にしたがって求めよ．

15.2 次の関数 $F : \boldsymbol{R}^2 \to \boldsymbol{R}^2$ の点 (a,b) におけるヤコービ行列を求めよ．

(1) $F(x,y) = (x^3 - 3x^2y,\ 2xy - y^4)$

(2) $F(x,y) = (e^{x+y},\ \cos(x-y))$

15.3 $f(x,y) = \begin{cases} xy \sin \dfrac{1}{\sqrt{x^2+y^2}} & (x,y) \ne (0,0) \\ 0 & (x,y) = (0,0) \end{cases}$

について，

(1) 偏微分係数 $f_x(0,0)$, $f_y(0,0)$ を求めよ．

(2) 偏導関数 $f_x(x,y)$, $f_y(x,y)$ は，点 $(0,0)$ で連続か．

(3) 微分係数 $f'(0,0)$ を求めよ．

15.4 次の曲面 $z = f(x,y)$ 上の点 A における接平面を求めよ．

(1) $z = x^3 - 3xy + y^3$, $\mathrm{A}(1,2,3)$

(2) $xyz = abc$, $\mathrm{A}(a,b,c)$ ただし，$abc \ne 0$

15.5 底面の半径 R cm, 高さ H cm の直円柱の底面の半径, 高さが, わずかに, それぞれ, r cm, h cm ずつ増えたとき, 直円柱の表面積は, ほぼいくら増えるか．

§16 合成関数の微分法

―― B 倍して A 倍すれば AB 倍だ ――

合成関数の微分法

ベクトル変数のベクトル値関数 $u = g(x)$ と $y = f(u)$ との合成関数
$$y = F(x) = f(g(x))$$
を考える．簡単のため，2次元ベクトルを考えて読んでいただきたい．

変数 x の変化高 h に対する $u = g(x)$ の変化高を k とすれば，
$$k \fallingdotseq g'(x)h$$
で，この $g(x)$ の変化高 k に対する $y = f(u)$ の変化高は，大略 $f'(u)k$ だから，x の変化高 h に対する $y = F(x) = f(g(x))$ の変化高は，
$$f(g(x+h)) - f(g(x)) = f(u+k) - f(u)$$
$$\fallingdotseq f'(u)k$$
$$\fallingdotseq f'(g(x))g'(x)h$$

これより，次の公式が得られる：

●ポイント ―――――――――― 合成関数の微分法 ―
$$[f(g(x))]' = f'(g(x))g'(x)$$

証明 次に，書式の整った証明を記そう．$g'(x)$, $f'(u)$ の意味より，
$$k = g(x+h) - g(x) = g'(x)h + \|h\|r(h), \quad r(h) \to 0 \quad (h \to 0)$$
$$f(u+k) - f(u) = f'(u)k + \|k\|s(k), \quad s(k) \to 0 \quad (k \to 0)$$
とかける．このとき，
$$f(g(x+h)) - f(g(x)) = f(u+k) - f(u)$$
$$= f'(u)k + \|k\|s(k)$$
$$= f'(g(x))(g'(x)h + \|h\|r(h)) + \|k\|s(k)$$
$$= f'(g(x))g'(x)h + \|h\|\left\{f'(g(x))r(h) + \frac{\|k\|}{\|h\|}s(k)\right\}$$

したがって，$\{\quad\}$ の中味 $\to 0$ $(h \to 0)$ を示せばよい．

ところが，$f'(g(x))r(h) \to 0$ $(h \to 0)$ は自明だから，残る

§16 合成関数の微分法

$$\frac{1}{\|\boldsymbol{h}\|}\|\boldsymbol{k}\|s(\boldsymbol{k}) \to 0 \quad (\boldsymbol{h} \to 0) \quad \cdots\cdots\cdots\cdots (*)$$

を示せばよい．そのために，次の事実に注意する：

一般に，$\|\boldsymbol{x}\|=1 \implies \|A\boldsymbol{x}\| \leq M$（有界）

これを用いて，

$$0 \leq \frac{1}{\|\boldsymbol{h}\|}\|\boldsymbol{k}\| = \frac{1}{\|\boldsymbol{h}\|}\|g'(\boldsymbol{x})\boldsymbol{h} + \|\boldsymbol{h}\|r(\boldsymbol{h})\|$$

$$\leq \left\|g'(\boldsymbol{x})\frac{\boldsymbol{h}}{\|\boldsymbol{h}\|}\right\| + \|r(\boldsymbol{h})\| \leq M + \|r(\boldsymbol{h})\|$$

が得られ，$\boldsymbol{h} \to 0$ のとき $\boldsymbol{k} \to 0$，$s(\boldsymbol{k}) \to 0$ だから $(*)$ は明らか． □

▶注 $A = \begin{bmatrix} a_1 & b_1 \\ a_2 & b_2 \end{bmatrix}$，$\boldsymbol{x} = \begin{bmatrix} x \\ y \end{bmatrix}$ のとき，$A\boldsymbol{x} = \begin{bmatrix} a_1 x + b_1 y \\ a_2 x + b_2 y \end{bmatrix}$

$$\|A\boldsymbol{x}\|^2 = (a_1 x + b_1 y)^2 + (a_2 x + b_2 y)^2$$
$$\leq \{(a_1^2 + b_1^2) + (a_2^2 + b_2^2)\}(x^2 + y^2) = M\|\boldsymbol{x}\|^2$$

さっそく，具体例を見よう．

［例］ $g(x, y) = \begin{bmatrix} x^2 y \\ x \cos y \end{bmatrix}$，$f(u, v) = \begin{bmatrix} v^2 + 1 \\ \sin uv \end{bmatrix}$

の合成関数 $(f \circ g)(x, y)$ の点 $(1, \pi)$ における微分係数 $(f \circ g)'(1, \pi)$ を求めよ．

解 $g'(x, y) = \begin{bmatrix} 2xy & x^2 \\ \cos y & -x \sin y \end{bmatrix}$，$g'(1, \pi) = \begin{bmatrix} 2\pi & 1 \\ -1 & 0 \end{bmatrix}$

また，

$$f'(u, v) = \begin{bmatrix} 0 & 2v \\ v \cos uv & u \cos uv \end{bmatrix}$$

よって，$f(u, v)$ の点 $g(1, \pi) = (\pi, -1)$ における微分係数は，

$$f'(g(1, \pi)) = f'(\pi, -1) = \begin{bmatrix} 0 & -2 \\ 1 & -\pi \end{bmatrix}$$

ゆえに，

$$(f \circ g)'(1, \pi) = f'(g(1, \pi))g'(1, \pi)$$
$$= \begin{bmatrix} 0 & -2 \\ 1 & -\pi \end{bmatrix}\begin{bmatrix} 2\pi & 1 \\ -1 & 0 \end{bmatrix} = \begin{bmatrix} 2 & 0 \\ 3\pi & 1 \end{bmatrix} \quad □$$

例題 16.1 ━━━━━━━━━━━━━━━━━━ 積の微分法

二つの微分可能な実数値関数 $f, g : \mathbf{R}^2 \longrightarrow \mathbf{R}$ について，次の等式を示せ：
$$(f(\boldsymbol{x})g(\boldsymbol{x}))' = g(\boldsymbol{x})f'(\boldsymbol{x}) + f(\boldsymbol{x})g'(\boldsymbol{x})$$

【解】 $\boldsymbol{x} = \begin{bmatrix} x \\ y \end{bmatrix}$ とおき，$p(\boldsymbol{x}) = p\left(\begin{bmatrix} x \\ y \end{bmatrix}\right) = xy$ （成分の積！）なる実数値関数 $p : \mathbf{R}^2 \longrightarrow \mathbf{R}$ を考えると，

$$p'(\boldsymbol{x}) = p'\left(\begin{bmatrix} x \\ y \end{bmatrix}\right) = \begin{bmatrix} \dfrac{\partial p}{\partial x} & \dfrac{\partial p}{\partial y} \end{bmatrix} = \begin{bmatrix} \dfrac{\partial}{\partial x}(xy) & \dfrac{\partial}{\partial y}(xy) \end{bmatrix} = \begin{bmatrix} y & x \end{bmatrix}$$

ところが，
$$f(\boldsymbol{x})g(\boldsymbol{x}) = p\left(\begin{bmatrix} f(\boldsymbol{x}) \\ g(\boldsymbol{x}) \end{bmatrix}\right)$$

だから，合成関数の微分法によって，

$$(f(\boldsymbol{x})g(\boldsymbol{x}))' = p'\left(\begin{bmatrix} f(\boldsymbol{x}) \\ g(\boldsymbol{x}) \end{bmatrix}\right) \begin{bmatrix} f(\boldsymbol{x}) \\ g(\boldsymbol{x}) \end{bmatrix}' = \begin{bmatrix} g(\boldsymbol{x}) & f(\boldsymbol{x}) \end{bmatrix} \begin{bmatrix} f'(\boldsymbol{x}) \\ g'(\boldsymbol{x}) \end{bmatrix}$$
$$= g(\boldsymbol{x})f'(\boldsymbol{x}) + f(\boldsymbol{x})g'(\boldsymbol{x}) \qquad \square$$

▶注 $f(\boldsymbol{x}),\ g(\boldsymbol{x}),\ f(\boldsymbol{x})g(\boldsymbol{x})$ は，すべて $\mathbf{R}^2 \to \mathbf{R}$ だから，$f'(\boldsymbol{x}),\ g'(\boldsymbol{x}),\ (f(\boldsymbol{x})g(\boldsymbol{x}))'$ は，どれも $(1,2)$ 行列，$\begin{bmatrix} f'(\boldsymbol{x}) \\ g'(\boldsymbol{x}) \end{bmatrix}$ は，$(2,2)$ 行列．

合成関数の偏微分法

$$u = g(x, y), \quad v = h(x, y)$$
$$z = f(u, v) = f(g(x, y), h(x, y)) = F(x, y)$$

とすれば，合成関数の微分法によって，

$$F'(x, y) = f'(u, v) \begin{bmatrix} g'(x, y) \\ h'(x, y) \end{bmatrix} = \begin{bmatrix} \dfrac{\partial f}{\partial u} & \dfrac{\partial f}{\partial v} \end{bmatrix} \begin{bmatrix} \dfrac{\partial g}{\partial x} & \dfrac{\partial g}{\partial y} \\ \dfrac{\partial h}{\partial x} & \dfrac{\partial h}{\partial y} \end{bmatrix} \quad \cdots ①$$

$$F'(x, y) = \begin{bmatrix} \dfrac{\partial F}{\partial x} & \dfrac{\partial F}{\partial y} \end{bmatrix} \qquad\qquad\qquad\qquad\qquad \cdots\cdots ②$$

①の行列計算を実行し，②と成分を比較すると，

$$\frac{\partial F}{\partial x} = \frac{\partial f}{\partial u}\frac{\partial g}{\partial x} + \frac{\partial f}{\partial v}\frac{\partial h}{\partial x}, \quad \frac{\partial F}{\partial y} = \frac{\partial f}{\partial u}\frac{\partial g}{\partial y} + \frac{\partial f}{\partial v}\frac{\partial h}{\partial y}$$

これらの等式を便宜上次のように記す伝統的習慣がある：

$$\frac{\partial z}{\partial x} = \frac{\partial z}{\partial u}\frac{\partial u}{\partial x} + \frac{\partial z}{\partial v}\frac{\partial v}{\partial x}, \quad \frac{\partial z}{\partial y} = \frac{\partial z}{\partial u}\frac{\partial u}{\partial y} + \frac{\partial z}{\partial v}\frac{\partial v}{\partial y}$$

▶注　これらの等式の両辺の z は，同じ文字でも異なる関数を表わしている点に注意しておく（**一人二役**）．

例　$z = \cos u \sin v, \ u = x^2 + y^2, \ v = xy$　のとき，

$$\frac{\partial z}{\partial x} = \frac{\partial}{\partial u}(\cos u \sin v)\frac{\partial}{\partial x}(x^2 + y^2) + \frac{\partial}{\partial v}(\cos u \sin v)\frac{\partial}{\partial x}(xy)$$
$$= -\sin u \sin v \cdot 2x + \cos u \cos v \cdot y$$
$$= -2x \sin(x^2 + y^2)\sin xy + y\cos(x^2 + y^2)\cos xy$$

同様に，

$$\frac{\partial z}{\partial y} = -2y\sin(x^2 + y^2)\sin xy + x\cos(x^2 + y^2)\cos xy \qquad \square$$

[例]　$z = f(x, y) = f(r\cos\theta, r\sin\theta) = g(r, \theta)$

のとき，次の等式を示せ：

$$\left(\frac{\partial f}{\partial x}\right)^2 + \left(\frac{\partial f}{\partial y}\right)^2 = \left(\frac{\partial g}{\partial r}\right)^2 + \left(\frac{1}{r}\frac{\partial g}{\partial \theta}\right)^2$$

解　$x = r\cos\theta, \ y = r\sin\theta$　であるから，

$$\frac{\partial g}{\partial r} = \frac{\partial f}{\partial x}\frac{\partial x}{\partial r} + \frac{\partial f}{\partial y}\frac{\partial y}{\partial r} = \cos\theta\frac{\partial f}{\partial x} + \sin\theta\frac{\partial f}{\partial y}$$

$$\frac{\partial g}{\partial \theta} = \frac{\partial f}{\partial x}\frac{\partial x}{\partial \theta} + \frac{\partial f}{\partial y}\frac{\partial y}{\partial \theta} = -r\sin\theta\frac{\partial f}{\partial x} + r\cos\theta\frac{\partial f}{\partial y}$$

ゆえに，

$$\left(\frac{\partial g}{\partial r}\right)^2 + \left(\frac{1}{r}\frac{\partial g}{\partial \theta}\right)^2$$
$$= \left(\cos\theta\frac{\partial f}{\partial x} + \sin\theta\frac{\partial f}{\partial y}\right)^2 + \left(-\sin\theta\frac{\partial f}{\partial x} + \cos\theta\frac{\partial f}{\partial y}\right)^2$$
$$= \left(\frac{\partial f}{\partial x}\right)^2 + \left(\frac{\partial f}{\partial y}\right)^2 \qquad \square$$

演習問題

16.1 次の関数の合成関数の導関数 $(f \circ g)'(x, y)$ を求めよ．

(1) $g(x, y) = (x+y, xy)$, $\quad f(u, v) = ((u+v)^2, u^2v^2)$

(2) $g(x, y) = (e^{x+y}, e^{xy})$, $\quad f(u, v) = (u+v, uv)$

16.2 次の関数の合成関数の与えられた点 (a, b) における微分係数 $(f \circ g)'(a, b)$ を求めよ．

(1) $\begin{cases} g(x, y) = (\cos xy, \sin xy) \\ f(u, v) = (u+v, uv) \end{cases}$, $\quad (a, b) = \left(\dfrac{1}{3}, \dfrac{\pi}{2}\right)$

(2) $\begin{cases} g(x, y) = (\cos \pi x + \sin \pi y, e^{x+y}) \\ f(u, v) = (u^2+v^2, (\log uv)^2) \end{cases}$, $\quad (a, b) = (2, -1)$

16.3 次の関係から，$\dfrac{\partial z}{\partial x}$, $\dfrac{\partial z}{\partial y}$ を求めよ．

(1) $z = \cos u \sin v$, $\quad u = x+y$, $\quad v = xy$

(2) $z = e^u + e^v$, $\quad u = x \cos y$, $\quad v = x \sin y$

16.4 実数値関数 $f : \boldsymbol{R}^2 \to \boldsymbol{R}$ と，$\boldsymbol{a} \in \boldsymbol{R}^2$, $\boldsymbol{u} \in \boldsymbol{R}^2$ に対して，

$$\lim_{h \to 0} \frac{f(\boldsymbol{a} + h\boldsymbol{u}) - f(\boldsymbol{a})}{h}$$

を，関数 $f(\boldsymbol{x})$ の点 $\boldsymbol{a}$ における $\boldsymbol{u}$ **方向の微分係数**とよび，$f_{\boldsymbol{u}}(\boldsymbol{a})$ などと記す．ただし，$\|\boldsymbol{u}\| = 1$（$\boldsymbol{u}$ は単位ベクトル）とする．

(1) $f : \boldsymbol{R}^2 \to \boldsymbol{R}$ が点 $\boldsymbol{a}$ で微分可能のとき，次を示せ：

$f_{\boldsymbol{u}}(\boldsymbol{a}) = f'(\boldsymbol{a}) \boldsymbol{u} = u f_x(\boldsymbol{a}) + v f_y(\boldsymbol{a})$. ただし，$\boldsymbol{u} = (u, v)$

▶ **ヒント** $g(t) = \boldsymbol{a} + t\boldsymbol{u}$ とおけば，$f_{\boldsymbol{u}}(\boldsymbol{a}) = (f \circ g)'(0)$

(2) $f(x, y) = e^x \sin 2y$ の点 $(1, \pi/6)$ における $\boldsymbol{u} = \left(\dfrac{3}{5}, \dfrac{4}{5}\right)$ 方向の微分係数を求めよ．

16.5 $f(x, y) = \begin{cases} \dfrac{x^2 y}{x^4 + y^2} & (x, y) \neq (0, 0) \\ 0 & (x, y) = (0, 0) \end{cases}$

は，点 $(0, 0)$ であらゆる方向の微分係数をもつが，点 $(0, 0)$ では連続ですらないことを示せ．

§17　高次微分係数
―― 一変数の $f^{(n)}(a)$ を多次元化すると…

高次偏導関数

実数値関数 $f(x, y)$ が偏微分可能で，さらに，この偏導関数 $f_x(x, y)$，$f_y(x, y)$ が偏微分可能であるとき，$f(x, y)$ は，**2回偏微分可能**であるといい，それらの偏導関数を，

$$f_{xx} = \frac{\partial^2 f}{\partial x^2}, \quad f_{xy} = \frac{\partial^2 f}{\partial y \partial x}, \quad f_{yx} = \frac{\partial^2 f}{\partial x \partial y}, \quad f_{yy} = \frac{\partial^2 f}{\partial y^2}$$

などと記し，$f(x, y)$ の **2次偏導関数** とよぶ．微分する順序は，たとえば，

$$f_{xy} \text{ は，} (f_x)_y \text{ の意味であり，}$$

$$\frac{\partial^2 f}{\partial y \partial x} \text{ は，} \frac{\partial}{\partial y}\left(\frac{\partial f}{\partial x}\right) \text{ の意味である．}$$

以下，順次，**3次偏導関数**・**4次偏導関数**・… が定義される．

また，$f_{xy}(a, b)$ など，**2次偏微分係数** の意味も明らかであろう．

例　$f(x, y) = \sin xy$ のとき，

$$f_x(x, y) = y \cos xy, \qquad\qquad f_y(x, y) = x \cos xy$$
$$f_{xx}(x, y) = -y^2 \sin xy, \qquad\qquad f_{yx}(x, y) = \cos xy - xy \sin xy$$
$$f_{xy}(x, y) = \cos xy - xy \sin xy, \qquad f_{yy}(x, y) = -x^2 \sin xy$$
$$f_{xxy}(x, y) = -2y \sin xy - xy^2 \cos xy, \quad \cdots$$

［**例**］　次の関数の点 $(0, 0)$ における2次偏微分係数 $f_{xy}(0, 0)$，$f_{yx}(0, 0)$ を求めよ：

$$f(x, y) = \begin{cases} \dfrac{xy(x^2 - y^2)}{x^2 + y^2} & (x, y) \neq (0, 0) \\ 0 & (x, y) = (0, 0) \end{cases}$$

解　$y \neq 0$ のとき，

$$f_x(0, y) = \lim_{h \to 0} \frac{f(0 + h, y) - f(0, y)}{h} = \lim_{h \to 0} \frac{1}{h} \frac{hy(h^2 - y^2)}{h^2 + y^2} = -y$$

$$f_x(0, 0) = \lim_{h \to 0} \frac{f(0 + h, 0) - f(0, 0)}{h} = 0$$

したがって，
$$f_{xy}(0,0) = \lim_{k \to 0} \frac{f_x(0, 0+k) - f_x(0,0)}{k} = \lim_{k \to 0} \frac{-k-0}{k} = -1$$
同様に，$f_y(x,0) = x$，$f_y(0,0) = 0$ が得られるから，
$$f_{yx}(0,0) = \lim_{h \to 0} \frac{f_y(0+h, 0) - f_y(0,0)}{h} = \lim_{h \to 0} \frac{h-0}{h} = 1 \qquad \square$$

この［例］の関数は，平面 $\boldsymbol{R}^2$ のいたるところで微分可能なのに，
$$f_{xy}(0,0) \neq f_{yx}(0,0)$$
となってしまう有名な例である．これは，2次偏導関数
$$f_{xy}(x,y) = \frac{x^6 - y^6 + 9x^2 y^2 (x^2 - y^2)}{(x^2 + y^2)^2} \qquad (x,y) \neq (0,0)$$
が，点 $(0,0)$ で連続でないためである．

次に，$f_{xy}(x,y) = f_{yx}(x,y)$ が成立する一つの十分条件を記す：

●ポイント ──────────────── **偏微分の順序変更** ──

実数値関数 $f: \boldsymbol{R}^2 \to \boldsymbol{R}$ について，開領域 D で $f_{xy}(x,y)$，$f_{yx}(x,y)$ が，ともに連続ならば，この領域で，
$$f_{xy}(x,y) = f_{yx}(x,y)$$

証明 $(a,b) \in D$ とする．いま，
$$\varphi(x) = f(x, b+k) - f(x, b)$$
を考え，平均値の定理を二度用いれば，次のような $0 < \theta_1 < 1$，$0 < \theta_1' < 1$ が存在する：
$$\begin{aligned}
\varphi(a+h) - \varphi(a) &= \varphi'(a + \theta_1 h) h \\
&= [f_x(a + \theta_1 h, b+k) - f_x(a + \theta_1 h, b)] h \\
&= f_{xy}(a + \theta_1 h, b + \theta_1' k) kh \qquad \cdots\cdots\cdots \text{①}
\end{aligned}$$

同様に，
$$\psi(y) = f(a+h, y) - f(a, y)$$
を考えれば，次のような $0 < \theta_2 < 1$，$0 < \theta_2' < 1$ が存在する：
$$\psi(b+k) - \psi(k) = f_{yx}(a + \theta_2' h, b + \theta_2 k) hk \qquad \cdots\cdots\cdots \text{②}$$

ところで，$\varphi(a+h) - \varphi(a)$，$\psi(b+k) - \psi(b)$ は，いずれも，
$$f(a+h, b+k) - f(a+h, b) - f(a, b+k) + f(a,b)$$

に等しくなるので，①,②の右辺どおしは等しい：
$$f_{xy}(a+\theta_1 h, b+\theta_1' k)kh = f_{yx}(a+\theta_2' h, b+\theta_2 k)hk$$
この両辺を hk で割って，極限 $(h,k) \to (0,0)$ をとれば，$f_{xy}(x,y)$，$f_{yx}(x,y)$ の連続性から，
$$f_{xy}(a,b) = f_{yx}(a,b) \qquad \square$$
このように，偏導関数は，その連続性が問われることが多い．

そこで，実数値関数 $f(x,y)$ が n 回偏微分可能で，n 次以下の偏導関数がすべて連続であるとき，$f(x,y)$ は **n 回連続微分可能**または **C^n 級**であるという．このとき，n 次以下の偏導関数は，x, y に関する偏微分の順序によらない．たとえば，
$$\frac{\partial^5 f}{\partial x \, \partial y \, \partial y \, \partial x \, \partial y} \text{ は } \frac{\partial^5 f}{\partial x^2 \partial y^3} \text{ と整理される．}$$
また，何回でも偏微分できる関数を，C^∞ **級**であるという．

高次微分・高次微分係数

今度は，ベクトル値関数 $F : \mathbf{R}^2 \to \mathbf{R}^2$ を考える．

点 $\mathbf{x} \in \mathbf{R}^2$ に，その点における関数 F の微分を対応させる写像
$$dF : \mathbf{R}^2 \longrightarrow L(\mathbf{R}^2, \mathbf{R}^2), \quad dF : \mathbf{x} \longmapsto (dF)_{\mathbf{x}}$$
が，点 $\mathbf{a} \in \mathbf{R}^2$ で微分可能であるとき，dF の点 $\mathbf{a}$ における微分 $(d(dF))_{\mathbf{a}}$ のことを，$(d^2 F)_{\mathbf{a}}$ と記し，$F(\mathbf{x})$ の点 $\mathbf{a}$ における **2 次微分**という．以下，順次，$(d^3 F)_{\mathbf{a}}$，$(d^4 F)_{\mathbf{a}}$，$\cdots$ を定義することができる．

▶注 一般に，$L(\mathbf{R}^m, \mathbf{R}^n)$ は，$\mathbf{R}^m$ から $\mathbf{R}^n$ への線形写像の全体．

また，$F : \mathbf{R}^2 \to \mathbf{R}^2$ の点 $\mathbf{a}$ における **k 次微分係数** $F^{(k)}(\mathbf{a})$ を，次のように定義する：

$$F'(\mathbf{a}) = \begin{bmatrix} f_x(\mathbf{a}) & f_y(\mathbf{a}) \\ g_x(\mathbf{a}) & g_y(\mathbf{a}) \end{bmatrix} \qquad \text{ただし，} F(\mathbf{x}) = \begin{bmatrix} f(\mathbf{x}) \\ g(\mathbf{x}) \end{bmatrix}.$$

$$F''(\mathbf{a}) = \begin{bmatrix} \dfrac{\partial}{\partial x} F'(\mathbf{a}) & \dfrac{\partial}{\partial y} F'(\mathbf{a}) \end{bmatrix}$$
$$= \begin{bmatrix} \begin{bmatrix} f_{xx}(\mathbf{a}) & f_{yx}(\mathbf{a}) \\ g_{xx}(\mathbf{a}) & g_{yx}(\mathbf{a}) \end{bmatrix} & \begin{bmatrix} f_{xy}(\mathbf{a}) & f_{yy}(\mathbf{a}) \\ g_{xy}(\mathbf{a}) & g_{yy}(\mathbf{a}) \end{bmatrix} \end{bmatrix}$$

$$F^{(k)}(\boldsymbol{a}) = \left[\ \dfrac{\partial}{\partial x} F^{(k-1)}(\boldsymbol{a}) \quad \dfrac{\partial}{\partial y} F^{(k-1)}(\boldsymbol{a}) \ \right]$$

さらに，関数 F の k 次導関数を，次で定義する：

$$F^{(k)} : \boldsymbol{x} \longmapsto F^{(k)}(\boldsymbol{x})$$

例 $F(x,y) = (x^3+y^4,\ x^2y^3)$ のとき，

$$F'(a,b) = \begin{bmatrix} 3a^2 & 4b^3 \\ 2ab^3 & 3a^2b^2 \end{bmatrix}$$

$$F''(a,b) = \left[\begin{bmatrix} 6a & 0 \\ 2b^3 & 6ab^2 \end{bmatrix} \quad \begin{bmatrix} 0 & 12b^2 \\ 6ab^2 & 6a^2b \end{bmatrix} \right] \qquad \square$$

▶注 $F''(a,b)$ は，行列を成分とする横ベクトルである．

テイラーの定理

一変数関数のテイラーの定理は，多変数の場合へ拡張される：

●ポイント ────────────── テイラーの定理 ──

実数値関数 $f: \boldsymbol{R}^2 \to \boldsymbol{R}$ が，二点 (a,b)，$(a+h, b+k)$ を結ぶ線分を含む開領域で n 回連続微分可能ならば，次のような θ ($0 < \theta < 1$) が存在する：

$$\begin{aligned}
f(a+h, b+k) = f(a,b) &+ \frac{1}{1!}\left[\left(h\frac{\partial}{\partial x} + k\frac{\partial}{\partial y}\right)f\right](a,b) \\
&+ \frac{1}{2!}\left[\left(h\frac{\partial}{\partial x} + k\frac{\partial}{\partial y}\right)^2 f\right](a,b) + \cdots \\
\cdots &+ \frac{1}{(n-1)!}\left[\left(h\frac{\partial}{\partial x} + k\frac{\partial}{\partial y}\right)^{n-1} f\right](a,b) + R_n
\end{aligned}$$

剰余項 $R_n = \dfrac{1}{n!}\left[\left(h\dfrac{\partial}{\partial x} + k\dfrac{\partial}{\partial y}\right)^n f\right](a+\theta h, b+\theta k)$

▶注 たとえば，$\left(h\dfrac{\partial}{\partial x} + k\dfrac{\partial}{\partial y}\right)^3 f$ は，次を表わすものとする：

$$h^3 \frac{\partial^3 f}{\partial x^3} + 3h^2 k \frac{\partial^3 f}{\partial x^2 \partial y} + 3hk^2 \frac{\partial^3 f}{\partial x \partial y^2} + k^3 \frac{\partial^3 f}{\partial y^3}$$

また，$n=2$ の場合，テイラーの定理を具体的に書き下せば，
$$f(a+h,b+k) = f(a,b) + \frac{1}{1!}(hf_x(a,b) + kf_y(a,b))$$
$$+ \frac{1}{2!}(h^2 f_{xx}(a',b') + 2hk f_{xy}(a',b') + k^2 f_{yy}(a',b'))$$
ただし，$a' = a + \theta h$, $b' = b + \theta k$ である．

証明 いま，関数 $f(x, y)$ に対して，実変数の実数値関数
$$\varphi(t) = f(a+ht, b+kt), \quad 0 \leq t \leq 1$$
を考える．このとき，合成関数の微分法によって，
$$\varphi'(t) = f_x(a+ht, b+kt)\frac{dx}{dt} + f_y(a+ht, b+kt)\frac{dy}{dt}$$
$$= \left[\left(h\frac{\partial}{\partial x} + k\frac{\partial}{\partial y}\right)f\right](a+ht, b+kt)$$
同様に，
$$\varphi''(t) = \left[\left(h\frac{\partial}{\partial x} + k\frac{\partial}{\partial y}\right)^2 f\right](a+ht, b+kt)$$
$$\vdots$$
$$\varphi^{(n)}(t) = \left[\left(h\frac{\partial}{\partial x} + k\frac{\partial}{\partial y}\right)^n f\right](a+ht, b+kt)$$
さて，関数 $\varphi(t)$ に，区間 $0 \leq t \leq 1$ でテイラーの定理を用いると，
$$\varphi(1) = \varphi(0) + \frac{\varphi'(0)}{1!} + \frac{\varphi''(0)}{2!} + \cdots + \frac{\varphi^{(n-1)}(0)}{(n-1)!} + R_n$$
$$R_n = \frac{\varphi^{(n)}(\theta)}{n!}, \quad 0 < \theta < 1$$
これは，証明すべき等式に他ならない． □

▶注 $\boldsymbol{a} = \begin{bmatrix} a \\ b \end{bmatrix}$, $\boldsymbol{h} = \begin{bmatrix} h \\ k \end{bmatrix}$ とおけば，
$$\left[\left(h\frac{\partial}{\partial x} + k\frac{\partial}{\partial y}\right)^r\right]f(\boldsymbol{a}) = (f^{(r)}(\boldsymbol{a})\underbrace{\boldsymbol{h}\cdots\boldsymbol{h}}_{r\text{個}} = (d^r f)_{\boldsymbol{a}}(\boldsymbol{h})$$
だから，テイラーの定理は，いろいろな形にかける：
$$f(\boldsymbol{a}+\boldsymbol{h}) = f(\boldsymbol{a}) + \sum_{r=1}^{n-1} \frac{1}{r!} f^{(r)}(\boldsymbol{a}) \boldsymbol{h}^r + \frac{1}{n!} f^{(n)}(\boldsymbol{a}+\theta\boldsymbol{h}) \boldsymbol{h}^n$$
$$f(\boldsymbol{a}+\boldsymbol{h}) = f(\boldsymbol{a}) + \sum_{r=1}^{n-1} \frac{1}{r!} (d^r f)_{\boldsymbol{a}}(\boldsymbol{h}) + \frac{1}{n!} (d^n f)_{\boldsymbol{a}+\theta\boldsymbol{h}}(\boldsymbol{h})$$

例題 17.1 ━━━━━━━━━━━━━ テイラー展開 ━━

次の関数の点 $(2, \pi/4)$ におけるテイラー展開を剰余項を含めて 2 次の項まで求めよ：

$$f(x, y) = \sqrt{x} \cos y$$

【解】 $f_x(x, y) = \dfrac{\cos y}{2\sqrt{x}}$, $f_y(x, y) = -\sqrt{x} \sin y$

$f_{xx}(x, y) = -\dfrac{\cos y}{4\sqrt{x^3}}$, $f_{yy}(x, y) = -\sqrt{x} \cos y$

$f_{xy}(x, y) = f_{yx}(x, y) = -\dfrac{\sin y}{2\sqrt{x}}$

となるから，

$$f\left(2, \frac{\pi}{4}\right) = 1, \quad f_x\left(2, \frac{\pi}{4}\right) = \frac{1}{4}, \quad f_y\left(2, \frac{\pi}{4}\right) = -1$$

したがって，求めるテイラー展開は，

$$\sqrt{2+h} \cos\left(\frac{\pi}{4} + k\right) = 1 + \frac{1}{1!}\left(\frac{1}{4}h - k\right)$$
$$+ \frac{1}{2!}\left(-\frac{\cos(\pi/4 + \theta k)}{4\sqrt{(2+\theta h)^3}} h^2 - \frac{\sin(\pi/4 + \theta k)}{\sqrt{2+\theta h}} hk\right.$$
$$\left. - \sqrt{2+\theta h} \cos(\pi/4 + \theta k) k^2\right) \qquad \square$$

［例］ $f(x, y) = e^x \log(1+y)$ のマクローリン展開を剰余項を含めて 3 次の項まで求めよ．

解 $f_x(x, y) = f_{xx}(x, y) = f_{xxx}(x, y) = e^x \log(1+y)$

$f_y(x, y) = f_{xy}(x, y) = f_{xxy}(x, y) = \dfrac{e^x}{1+y}$

$f_{yy}(x, y) = f_{xyy}(x, y) = -\dfrac{e^x}{(1+y)^2}$, $f_{yyy}(x, y) = \dfrac{2e^x}{(1+y)^3}$

ゆえに，

$$f(0, 0) = f_x(0, 0) = f_{xx}(0, 0) = 0$$
$$f_y(0, 0) = f_{xy}(0, 0) = 1, \quad f_{yy}(0, 0) = -1$$

したがって，

$$e^x \log(1+y) = y + \frac{1}{2!}(2xy - y^2) + \frac{1}{3!}\Big(e^{\theta x}\log(1+\theta y)x^3$$
$$+ \frac{3e^{\theta x}}{1+\theta y}x^2 y - \frac{3e^{\theta x}}{(1+\theta y)^2}xy^2 + \frac{2e^{\theta x}}{(1+\theta y)^3}y^3\Big) \quad \square$$

################################ 演習問題 ################################

17.1 次の関数 $f(x,y)$ の2次偏導関数をすべて求めよ．

(1) $x^4 y^5$ （2） $e^x \cos y$

(3) $y \sin xy$ （4） x^y

17.2 $\Delta f(x,y) = \dfrac{\partial^2 f}{\partial x^2} + \dfrac{\partial^2 f}{\partial y^2}$ とおく．次の関数 $f(x,y)$ について，$\Delta f(x,y)$ を求めよ．

> **偏微分の計算**
> 思わぬ錯覚がミスを生む．**慎重に！**

(1) $e^x \sin y$ （2） $\log \sqrt{x^2 + y^2}$

(3) $\dfrac{x}{x^2+y^2}$ （4） $\tan^{-1} \dfrac{y}{x}$

17.3 $f(x,y) = \begin{cases} x^2 \tan^{-1}\dfrac{y}{x} - y^2 \tan^{-1}\dfrac{x}{y} & (xy \neq 0) \\ 0 & (xy = 0) \end{cases}$

について，$f_{xy}(0,0)$, $f_{yx}(0,0)$ を求めよ．

17.4 $f(u,v) = f(e^x \cos y, e^x \sin y) = g(x,y)$

のとき，次の等式が成立することを示せ：

$$\frac{\partial^2 g}{\partial x^2} + \frac{\partial^2 g}{\partial y^2} = (u^2 + v^2)\left(\frac{\partial^2 f}{\partial u^2} + \frac{\partial^2 f}{\partial v^2}\right)$$

17.5 実数値関数 $f(x,y) = e^x \sin y$ と点 $\boldsymbol{a} = (a,b)$ について，

(1) 2次微分係数 $f''(a,b)$ を求めよ．

(2) 2次微分 $(d^2 f)_{\boldsymbol{a}}(\boldsymbol{h})$ を求めよ．ただし，$\boldsymbol{h} = (h,k)$．

17.6 次の関数 $f(x,y)$ のマクローリン展開を剰余項を含めて2次の項まで求めよ．

(1) $\sqrt{1+x} \log(3+y)$

(2) $e^x \cos y$

§18 極値問題

━━━━━━━━━━ カギを握るヘッセ行列 ━━━━━━━━━━

極値の判定

テイラーの定理の応用の一つとして，二変数実数値関数 $f: \mathbf{R}^2 \to \mathbf{R}$ の極値問題を扱う．

極大・極小の定義は，一変数の場合と同様である：

■ 点 $\boldsymbol{a}$ に十分近い点 $\boldsymbol{x}$ に対して，
$$\boldsymbol{x} \neq \boldsymbol{a} \implies f(\boldsymbol{x}) < f(\boldsymbol{a})$$
であるとき，関数 $f(\boldsymbol{x})$ は点 $\boldsymbol{a}$ において**極大**になるといい，$f(\boldsymbol{a})$ を**極大値**という．

■ 点 $\boldsymbol{a}$ に十分近い点 $\boldsymbol{x}$ に対して，
$$\boldsymbol{x} \neq \boldsymbol{a} \implies f(\boldsymbol{x}) > f(\boldsymbol{a})$$
であるとき，関数 $f(\boldsymbol{x})$ は点 $\boldsymbol{a}$ において**極小**になるといい，$f(\boldsymbol{a})$ を**極小値**という．

このとき，次は，すぐ分かる：

● 微分可能な関数 $f: \mathbf{R}^2 \to \mathbf{R}$ が，点 (a, b) で極値をとれば，
$$f'(a, b) = [\, f_x(a, b) \quad f_y(a, b)\,] = [\, 0 \quad 0\,]$$

証明 たとえば，$f(x, y)$ が点 (a, b) が極大であるとすると，

x の関数 $f(x, b)$ は点 a の近くで，$f(x, b) < f(a, b)$ であるので，$f(x, b)$ は点 a で極大になり，$f_x(a, b) = 0$．

$f_y(a, b) = 0$ も同様である． □

$f'(a, b) = [\, 0 \quad 0\,]$ すなわち，$f_x(a, b) = f_y(a, b) = 0$ を満たす点 (a, b) を関数 $f(x, y)$ の**停留点**とよぶことがある．

停留点は，必ずしも極値点（極値をとる点）ではない．

そこで，次に，極値点の判定法を考える．

$f(x, y)$ の 3 回連続微分可能性を仮定すれば，テイラーの定理より，
$$f(a+h, b+k) = f(a, b) + (f_x(a, b)h + f_y(a, b)k)$$
$$+ \frac{1}{2}(f_{xx}(a, b)h^2 + 2f_{xy}(a, b)hk + f_{yy}(a, b)k^2) + R_3$$

いま，(a, b) を停留点として，簡単のため，

§18 極値問題

$$p = f_{xx}(a,b), \quad q = f_{yy}(a,b), \quad r = f_{xy}(a,b) = f_{yx}(a,b)$$

とおけば,

$$f(a+h, b+k) - f(a,b) = \frac{1}{2}(ph^2 + 2rhk + qk^2) + R_3$$

したがって，関数 $f(x,y)$ の停留点 (a,b) の近くでの挙動は，R_3 が十分小さいので，2次の項

$$\frac{1}{2}(ph^2 + 2rhk + qk^2) = \frac{1}{2p}\{(ph+rk)^2 + (pq-r^2)k^2\}$$

で，大勢が決する．

ゆえに，$(0,0)$ に近い $(h,k) \neq (0,0)$ に対して，
- ○ $pq - r^2 > 0$, $p > 0$ $\implies$ $f(a+h, b+k) - f(a,b) > 0$
- ○ $pq - r^2 > 0$, $p < 0$ $\implies$ $f(a+h, b+k) - f(a,b) < 0$
- ○ $pq - r^2 < 0$ $\implies$ $f(a+h, b+k) - f(a,b)$ は，正にも負にもなる．

したがって，極値の判定は，次のようになりそうである：

●ポイント ──────────────── 極値の判定 ──

$f : \mathbf{R}^2 \to \mathbf{R}$ が二回連続微分可能で，$f_x(a,b) = f_y(a,b) = 0$ のとき，次の $D(x,y)$ を考える：

$$D(x,y) = f_{xx}(x,y) f_{yy}(x,y) - f_{xy}(x,y)^2$$

(1) $D(a,b) > 0$, $f_{xx}(a,b) > 0$ $\implies$ $f(a,b)$ は，極小値
(2) $D(a,b) > 0$, $f_{xx}(a,b) < 0$ $\implies$ $f(a,b)$ は，極大値
(3) $D(a,b) < 0$ $\implies$ $f(a,b)$ は，極値ではない．

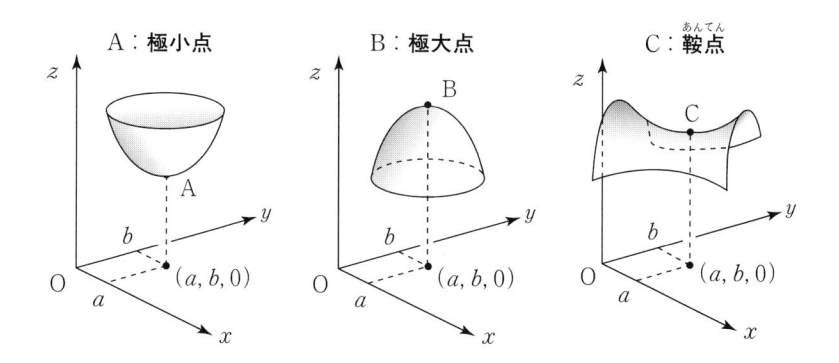

A：極小点　　　　　B：極大点　　　　　C：鞍点

鞍点は，その付近で曲面が馬の鞍に似ていることからの命名である．
次に，この**ポイント**の厳格な証明を記しておく．

証明 ここでも，簡単のため，次のようにおく：
$$p=f_{xx}(a,b), \quad q=f_{yy}(a,b), \quad r=f_{xy}(a,b)=f_{yx}(a,b)$$
テイラーの定理により，
$$f(a+h,b+k)-f(a,b) = \frac{1}{2}\{f_{xx}(a+\theta h, b+\theta k)h^2$$
$$+2f_{xy}(a+\theta h, b+\theta k)hk + f_{yy}(a+\theta h, b+\theta k)k^2\} \quad (*)$$

$f(x,y)$ が二回連続微分可能だから，$D(x,y)$, $f_{xx}(x,y)$ は，連続関数であることに注意する．

（1） $D(a,b)=pq-r^2>0$, $f_{xx}(a,b)=p>0$ のとき：

$(0,0)$ に近い $(h,k) \neq (0,0)$ に対して，
$$f_{xx}(a+\theta h, b+\theta k)f_{yy}(a+\theta h, b+\theta k) - f_{xy}(a+\theta h, b+\theta k)^2 > 0$$
$$f_{xx}(a+\theta h, b+\theta k) > 0$$

よって，$(*)$ の両辺 >0．ゆえに，$f(a,b)$ は $f(x,y)$ の極小値．

（2） $D(a,b)=pq-r^2>0$, $f_{xx}(a,b)=p<0$ のとき：

（1）と同様．

（3） $D(a,b)=pq-r^2<0$ のとき：

このとき，t の2次式
$$pt^2+2rt+q$$
は，正にも負にもなる．いま，
$$pt_0^2+2rt_0+q>0 \quad \cdots\cdots\cdots\cdots\cdots ①$$
なる t_0 をとり，$h_0=t_0 k_0$, $k_0 \neq 0$ とおけば，
$$ph_0^2+2rh_0 k_0+qk_0^2 = k_0^2(pt_0^2+2rt_0+q)>0$$

そこで，この h_0, k_0 を用いて，
$$\varphi(t)=f(a+th_0, b+tk_0)$$
とおけば，
$$\varphi'(t)=f_x(a+th_0, b+tk_0)h_0 + f_y(a+th_0, b+tk_0)k_0$$
$$\varphi''(t)=f_{xx}(a+th_0, b+tk_0)h_0^2 + 2f_{xy}(a+th_0, b+tk_0)h_0 k_0$$
$$+ f_{yy}(a+th_0, b+tk_0)k_0^2$$

したがって，
$$\varphi'(0)=0, \quad \varphi''(0)=ph_0^2+2rh_0k_0+qk_0^2>0$$
よって，$\varphi(t)$ は点 0 で極小．ゆえに，0 に十分近い t に対して，つねに，
$$\varphi(t)>\varphi(0)$$
$$f(a+th_0, b+tk_0)>f(a,b) \quad \cdots\cdots\cdots\cdots \text{Ⓐ}$$
同様に，
$$pt_0^2+2rt_0+q<0 \quad \cdots\cdots\cdots\cdots \text{②}$$
から出発すれば，次が得られる：
$$f(a+th_0, b+tk_0)<f(a,b) \quad \cdots\cdots\cdots\cdots \text{Ⓑ}$$

以上から，点 (a,b) のどんな近くにも，$f(x,y)>f(a,b)$ なる点と，$f(x,y)<f(a,b)$ なる点が存在する．$f(a,b)$ は極値ではない． □

▶注　$f_{xx}h^2+2f_{xy}hk+f_{yy}k^2 = \begin{bmatrix} h & k \end{bmatrix} \begin{bmatrix} f_{xx} & f_{xy} \\ f_{yx} & f_{yy} \end{bmatrix} \begin{bmatrix} h \\ k \end{bmatrix}$

の真ん中の対称行列を $f(x,y)$ の**ヘッセ行列**といい，その行列式 $D(x,y)$ が極値を決定する．$D(a,b)=0$ のときは，テイラー展開の2次の項が消失するので，3次以下の項が極値を決める．実際，$D(a,b)=0$ のとき，$f(a,b)$ は極値のこともそうでないこともある．

例　$f(x,y)=x^3+y^3-3xy$ のとき，
$$f_x=3x^2-3y, \; f_y=3y^2-3x, \; f_{xx}=6x, \; f_{yy}=6y, \; f_{xy}=-3$$
$$D(x,y)=f_{xx}f_{yy}-f_{xy}^2=36xy-9$$
$f_x=f_y=0$ より，停留点は，
$$(x,y)=(1,1), (0,0)$$

● $(x,y)=(1,1)$ のとき：
$D(1,1)>0, \; f_{xx}(1,1)>0$
$f(1,1)=-1$ は，極小値．

● $(x,y)=(0,0)$ のとき：
$f(x,0)=x^3$ より，$(0,0)$ のどんな近くにも，$f(x,y)>f(0,0)$ なる点と $f(x,y)<f(0,0)$ なる点がある．$f(0,0)$ は極値ではない．

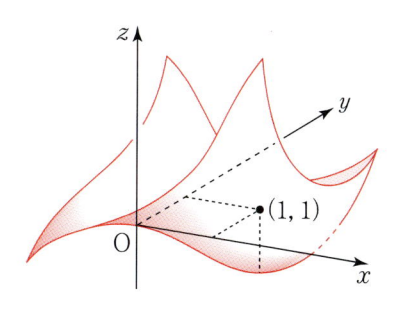

━━━ 例題 18.1 ━━━━━━━━━━━━━━━━━━━━━━━━━ 極大・極小 ━━━

次の関数 $f(x, y)$ の極値を求めよ．
（1） $x^4 + y^4 - x^2 + 2xy - y^2$
（2） $x^4 + y^4 - 10x^2 + 16xy - 10y^2$

【解】（1） $f_x(x, y) = 4x^3 - 2x + 2y$, $f_y(x, y) = 4y^3 + 2x - 2y$

$f_{xx}(x, y) = 12x^2 - 2$, $f_{yy}(x, y) = 12y^2 - 2$, $f_{xy}(x, y) = 2$

$$D(x, y) = \begin{vmatrix} f_{xx} & f_{xy} \\ f_{yx} & f_{yy} \end{vmatrix} = (12x^2 - 2)(12y^2 - 2) - 2^2$$

さて，
$$f_x(x, y) = 2(2x^3 - x + y) = 0$$
$$f_y(x, y) = 2(2y^3 + x - y) = 0$$

を解いて

$(x, y) = (0, 0), (1, -1), (-1, 1)$

これらが，停留点（極値点の候補）である．

> **極値の判定**
>
> $D = f_{xx} f_{yy} - f_{xy}{}^2$
>
> $f_x = f_y = 0$ なる点で，
> - $D > 0$, $f_{xx} > 0$ $\Rightarrow$ 極小
> - $D > 0$, $f_{xx} < 0$ $\Rightarrow$ 極大
> - $D < 0$ $\Rightarrow$ 極値ではない
> - $D = 0$ $\Rightarrow$ 別の工夫を！

（ⅰ） $(x, y) = (\pm 1, \mp 1)$ のとき：

$D(\pm 1, \mp 1) = 10^2 - 2^2 > 0$

$f_{xx}(\pm 1, \mp 1) = 12 - 2 > 0$

ゆえに，$f(x, y)$ は，点 $(1, -1), (-1, 1)$ で極小値 $f(\pm 1, \mp 1) = -2$ をとる．

（ⅱ） $(x, y) = (0, 0)$ のとき：

$D(0, 0) = (-2)^2 - 2^2 = 0$. D と f_{xx} だけからは判定できない．

- $x = 0$, $y \neq 0$ のとき, $f(0, y) = y^2(y^2 - 1) < 0 = f(0, 0)$
- $y = x \neq 0$ のとき, $f(x, x) = 2x^4 > 0 = f(0, 0)$

したがって，点 $(0, 0)$ のどんな近くにも，$f(x, y) < f(0, 0)$ なる点と，$f(x, y) > f(0, 0)$ なる点があるので，$f(0, 0)$ は極値ではない．

（2） $f_x(x, y) = 4x^3 - 20x + 16y$, $f_y(x, y) = 4y^3 - 20y + 16x$

$f_{xx}(x, y) = 12x^2 - 20$, $f_{yy}(x, y) = 12y^2 - 20$, $f_{xy}(x, y) = 16$

$D(x, y) = (12x^2 - 20)(12y^2 - 20) - 16^2$

$$\begin{cases} f_x(x,y) = 4(x^3 - 5x + 4y) = 0 & \cdots\cdots\cdots ① \\ f_y(x,y) = 4(y^3 - 5y + 4x) = 0 & \cdots\cdots\cdots ② \end{cases}$$

を解いて，
$$(x,y) = (0,0), (3,-3), (-3,3), (1,1), (-1,-1)$$
与えられた関数 $f(x,y)$ の極値は，次のようになる：

(x,y)	$D(x,y)$	$f_{xx}(x,y)$	極値の判定
$(0,0)$	$(-20)^2 - 16^2 > 0$	$-20 < 0$	極　大
$(\pm 3, \mp 3)$	$88^2 - 16^2 > 0$	$88 > 0$	極　小
$(\pm 1, \pm 1)$	$(-8)^2 - 16^2 < 0$		極値ではない

ゆえに，
　　　極大値：$f(0,0) = 0$　　極小値：$f(\pm 3, \mp 3) = -162$　　□

▶注　**停留点の計算**　①＋②，①－② より，
$$(x+y)(x^2 - xy + y^2 - 1) = 0, \quad (x-y)(x^2 + xy + y^2 - 9) = 0$$
各因数に注目し，四通りの組み合わせに分けて考える．

|||||||||| **演習問題** ||||||||||||||||||||||||||||||||||||||||||||||||||||||||||||||

18.1　次の関数 $f(x,y)$ の極値を求めよ．

（1）　$x^2 + 4xy + 2y^4 + 5$

（2）　$x^2 - 3xy^2 + 2y^4 + 5$

（3）　$x^3 - y^3 + 3x^2 - 6xy + 3y^2$

18.2　次の関数 $f(x,y)$ の極値を求めよ．

（1）　$4x^2 - 2xy + y^2 + \dfrac{12}{x} - \dfrac{24}{y}$

（2）　$(ax^2 + by^2)e^{-x^2-y^2}$　　$(0 < a < b)$

（3）　$\sin x \sin y \sin(x+y)$　　$(|x|, |y| < \pi/2)$

§19 陰関数定理

──────────────── 陰関数は一点の近所で ────────────────

陰関数

たとえば，円の方程式 $x^2+y^2-1=0$ を y について解くと，
$$y=\pm\sqrt{1-x^2}$$
となり，それぞれ，円の上半分・下半分を表わしている．

一般に，二変数関数 $F(x,y)$ が与えられたとき，
$$F(x,f(x))=0$$
を満たす一変数関数 $f(x)$ を，$F(x,y)=0$ で定義される**陰関数**とよぶのであるが，たとえば，上の円の方程式でいえば，
$$y=\begin{cases}\sqrt{1-x^2} & (x:\text{有理数})\\ -\sqrt{1-x^2} & (x:\text{無理数})\end{cases}$$
も，一つの陰関数であるが，不連続関数になってしまう．

陰関数には，**連続性**や**微分可能性**を期待したい．それには，関数 $F(x,y)$ にどんな条件が必要なのだろうか．

──── ●ポイント ──────────────── 陰関数定理・1 ────

実数値関数 $F(x,y)$ は，点 (a,b) の近くで**連続微分可能**であって，$F(a,b)=0$ とする．

このとき，$F_y(a,b)\ne 0$ ならば，**点 a の近くで**定義され，

(1) $f(a)=b$

(2) $F(x,f(x))=0$

(3) $f'(x)=-\dfrac{F_x(x,f(x))}{F_y(x,f(x))}$

を満たす関数 $f(x)$ が存在する．

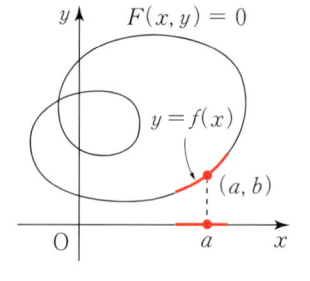

証明 証明には，**連続関数** $\varphi(x,y)$ の次の大切な性質を用いる：

二点 (x_1,y_1)，(x_2,y_2) が近ければ，$\varphi(x_1,y_1)$ と $\varphi(x_2,y_2)$ は同符号

1° $f(x)$ の**存在証明**：

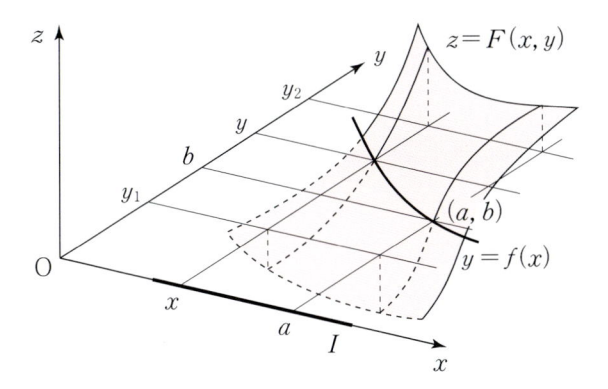

$F_y(a,b) > 0$ としてよい．

$F_y(a,b) > 0$ であって，$F_y(x,y)$ は連続だから，点 (a,b) の近くで，$F_y(x,y) > 0$．

また，$F_y(a,b) > 0$ より，$F(a,y)$ は y の増加関数だから，
$$y_1 < b < y_2 \implies F(a, y_1) < F(a, b) = 0 < F(a, y_2)$$

次に，$F(x,y)$ の連続性より，a を含む小さい開区間 I の各点 x に対し，
$$F(x, y_1) < 0 < F(x, y_2)$$

各点 $x \in I$ について，y の関数 $F(x,y)$ は連続かつ単調増加だから，$F(x,y) = 0$ なる y がただ一つ存在する．この y を $f(x)$ と記せば，I 上の関数 $f(x)$ は明らかに，性質 (1), (2) を満たす．

2° $f(x)$ の**連続性・微分可能性**：
$$k = f(x+h) - f(x), \quad y = f(x) \quad (x, x+h \in I)$$
とおけば，テイラーの定理より，次のような θ $(0 < \theta < 1)$ が存在する：
$$F(x+h, f(x+h)) = F(x+h, y+k)$$
$$= F(x,y) + F_x(x+\theta h, y+\theta k)h + F_y(x+\theta h, y+\theta k)k$$

ところで，$F(x+h, f(x+h)) = 0$，$F(x,y) = F(x, f(x)) = 0$ で，$F_y(x,y) > 0$ だから，
$$k = -\frac{F_x(x+\theta h, y+\theta k)}{F_y(x+\theta h, y+\theta k)} h \longrightarrow 0 \quad (h \to 0)$$

これは，$f(x)$ が区間 I で連続であることを示している．

$f(x)$ の連続性より，$\theta k \longrightarrow 0\ (h \to 0)$．また，$F_x$, F_y は連続だから，

$$\frac{f(x+h)-f(x)}{h} = \frac{k}{h} = -\frac{F_x(x+\theta h, y+\theta k)}{F_y(x+\theta h, y+\theta k)} \longrightarrow -\frac{F_x(x,y)}{F_y(x,y)}$$

が得られ，(3) が示された． □

この証明をよく見ていただきたい．

$F(x, y)$ の x は実変数でなくても，ベクトル $(x_1, x_2, \cdots, x_n)$ になっても同様に証明されることが分かるであろう．簡単のため，$n=2$ で記せば，

●ポイント ─────────────────── 陰関数定理・2 ─

実数値関数 $F(x, y, z)$ は，点 (a, b) の近くで連続微分可能であって，$F(a, b, c) = 0$ とする．

このとき，$F_z(a, b, c) \neq 0$ ならば，点 (a, b) の近くで定義された関数 $f(x, y)$ で，次を満たすものがある：

(1)　$f(a, b) = c$

(2)　$F(x, y, f(x, y)) = 0$

(3)　$\dfrac{\partial f}{\partial x} = -\dfrac{F_x(x, y, z)}{F_z(x, y, z)}$, $\quad \dfrac{\partial f}{\partial y} = -\dfrac{F_y(x, y, z)}{F_z(x, y, z)}$

例　　　$F(x, y) = x^3 - 6xy + y^3 = 0$

で定義される陰関数 $y = f(x)$ について，

$$\frac{dy}{dx} = -\frac{F_x(x,y)}{F_y(x,y)} = -\frac{3x^2 - 6y}{-6x + 3y^2} = \frac{x^2 - 2y}{2x - y^2}$$

例　　$F(x, y, z) = x^2 + y^2 + 2z^2 + yz - zx - xy - 35 = 0$

で定義される陰関数 $z = f(x, y)$ について，たとえば，

$$\frac{dz}{dx} = -\frac{F_x(x,y,z)}{F_z(x,y,z)} = -\frac{2x - z - y}{4z + y - x} = \frac{2x - y - z}{x - y - 4z}$$

陰関数の極値

実数値関数 $F(x, y)$ の 2 次偏導関数が連続ならば，$F(x, y) = 0$ で定義される陰関数 $y = f(x)$ の導関数

$$y' = -\frac{F_x}{F_y}$$

を，さらに x で微分することができる：
$$y'' = -\frac{(F_{xx}+F_{xy}\cdot y')F_y - F_x(F_{yx}+F_{yy}\cdot y')}{F_y{}^2}$$
に，$y' = -F_x/F_y$ を代入し，整理すれば，
$$y'' = -\frac{F_{xx}F_y{}^2 - 2F_{xy}F_xF_y + F_{yy}F_x{}^2}{F_y{}^3}$$
とくに，極値点では，$y'=0$ したがって，$F_x=0$ となるから，
$$y'' = f''(x) = -\frac{F_{xx}}{F_y}$$
この符号から，極大・極小を判定することができる．

[例] $F(x,y) = x^3 - 3xy + y^3 = 0$ で定義される関数 $y=f(x)$ の極値を求めよ．

解 $F_x = 3x^2 - 3y, \quad F_{xx} = 6x$
$F_y = -3x + 3y^2$
さて，
$$\begin{cases} F = x^3 - 3xy + y^3 = 0 \\ F_x = 3x^2 - 3y = 0 \end{cases}$$
を解いて，
$$(x,y) = (0,0), \; (\sqrt[3]{2}, \sqrt[3]{4})$$
(ⅰ) $(x,y)=(0,0)$ のとき：
$F_y(0,0)=0$ となり，点 $(0,0)$ で $f(x)$ は定義されない．
(ⅱ) $(x,y)=(\sqrt[3]{2}, \sqrt[3]{4})$ のとき：
$$f''(\sqrt[3]{2}) = -\frac{F_{xx}(\sqrt[3]{2}, \sqrt[3]{4})}{F_y(\sqrt[3]{2}, \sqrt[3]{4})} = -\frac{6\sqrt[3]{2}}{3(-\sqrt[3]{2}+2\sqrt[3]{2})} = -2 < 0$$
ゆえに，$f(\sqrt[3]{2}) = \sqrt[3]{4}$ は，極大値． □

$F(x,y,z)=0$ で定義される関数 $z=f(x,y)$ について，$F_x = F_y = 0$ となる点については，
$$f_{xx} = -F_{xx}/F_z, \quad f_{yy} = -F_{yy}/F_z, \quad f_{xy} = -F_{xy}/F_z$$
$$D = f_{xx}f_{yy} - f_{xy}{}^2 = (F_{xx}F_{yy} - F_{xy}{}^2)/F_z{}^2$$
から，極値を判定することができる．

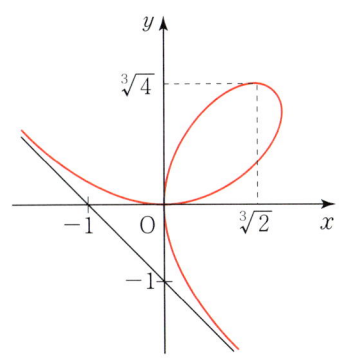

═══ 例題 19.1 ═══════════════════════════ 陰関数の極値 ═══

次の等式によって定義される関数 $z = f(x, y)$ の極値を求めよ：
$$F(x, y, z) = x^2 + xy^2 + xyz - z^2 + 9 = 0$$

【解】 $F_x = 2x + y^2 + yz$
$F_y = 2xy + xz$
$F_z = xy - 2z$
$F_{xx} = 2$
$F_{yy} = 2x$
$F_{xy} = 2y + z$

したがって，
$D_1 = -F_{xx}F_z = -2(xy - 2z)$
$D_2 = F_{xx}F_{yy} - F_{xy}{}^2$
$\quad = 4x - (2y + z)^2$

> **陰関数の極値**
> $F(x, y, z) = 0$ で定義される陰関数 $z = f(x, y)$ は，
> $F = F_x = F_y = 0$ なる点で
> ○ $D_2 > 0, \ D_1 > 0 \implies$ 極小
> ○ $D_2 > 0, \ D_1 < 0 \implies$ 極大
> ● $D_2 < 0 \implies$ 極値ではない
> ただし，$D_1 = -F_{xx}F_z$
> $\qquad D_2 = F_{xx}F_{yy} - F_{xy}{}^2$

さて，
$$\begin{cases} F(x, y, z) = x^2 + xy^2 + xyz - z^2 + 9 = 0 \\ F_x(x, y, z) = 2x + y^2 + yz = 0 \\ F_y(x, y, z) = 2xy + xz = 0 \end{cases}$$

を解けば
$$(x, y, z) = (0, 0, \pm 3), (0, \pm 3, \mp 3), (1, \pm\sqrt{2}, \mp 2\sqrt{2})$$

（ⅰ）$(x, y, z) = (0, 0, \pm 3)$ のとき：

$D_2(0, 0, \pm 3) = -9 < 0$，$f(0, 0) = \pm 3$ は，極値ではない．

（ⅱ）$(x, y, z) = (0, \pm 3, \mp 3)$ のとき：

$D_2(0, \pm 3, \mp 3) = -9 < 0$，$f(0, \pm 3) = \mp 3$ は，極値ではない．

（ⅲ）$(x, y, z) = (1, \pm\sqrt{2}, \mp 2\sqrt{2})$ のとき：

$D_2(1, \pm\sqrt{2}, \mp 2\sqrt{2}) = 4 > 0$

● $D_1(1, \sqrt{2}, -2\sqrt{2}) = -10\sqrt{2} < 0$
$$f(1, \sqrt{2}) = -2\sqrt{2} \quad \text{は，{\bf 極大値}．}$$

● $D_1(1, -\sqrt{2}, 2\sqrt{2}) = -10\sqrt{2} > 0$
$$f(1, -\sqrt{2}) = -2\sqrt{2} \quad \text{は，{\bf 極小値}．} \qquad \square$$

三変数二条件の陰関数定理

関数 $F(x,y,z)$, $G(x,y,z)$ は，点 (a,b,c) の近くで連続微分可能で，この点 (a,b,c) で，$F=0$, $G=0$, $F_yG_z - F_zG_y \neq 0$ を満たしているならば，点 a の近くで定義され，次を満たす連続微分可能な関数 $f(x)$, $g(x)$ が存在する：

(1) $f(a) = b$, $g(a) = c$

(2) $F(x, f(x), g(x)) = 0$, $G(x, f(x), g(x)) = 0$

(3) $f'(x) = -\dfrac{F_x G_z - F_z G_x}{F_y G_z - F_z G_y}$, $g'(x) = -\dfrac{F_y G_x - F_x G_y}{F_y G_z - F_z G_y}$

▶注 $f'(x)$, $g'(x)$ は，(2) の二つの等式の両辺を x で微分して得られる等式から出る．

演習問題

19.1 次の等式で定義される関数 $y = f(x)$ について，y', y'' を求めよ．

(1) $x^2 - xy + y^2 = 1$

(2) $x^3 - 6xy + y^3 = 0$

(3) $\log\sqrt{x^2+y^2} = \tan^{-1}(y/x)$

19.2 次の等式で定義される関数 $z = f(x,y)$ の偏導関数を求めよ．

(1) $yz + zx + xy = 1$ (2) $x^{\frac{2}{3}} + y^{\frac{2}{3}} + z^{\frac{2}{3}} = 1$

19.3 次の二つの等式で定義される関数 $y = f(x)$, $z = g(x)$ の導関数を求めよ．

(1) $yz + zx + xy = a$, $xyz = b$

(2) $x^2 + y^2 + z^2 = 1$, $x^2 + y^2 = y$

19.4 次の等式で定義される関数 $y = f(x)$ の極値を求めよ．

(1) $5x^2 - 6xy + 5y^2 - 80 = 0$

(2) $x^4 + 2y^3 - 4x^2y = 0$

19.5 次の等式で定義される関数 $z = f(x,y)$ の極値を求めよ：
$$x^2 + 2y^2 + z^2 - yz + zx - xy - 35 = 0$$

§20 条件つき極値

――――――― ラグランジュの乗数とは？ ―――――――

最大最小問題

条件つきの最大最小(極大極小)問題に入るまえに，条件のつかない最大最小問題を取り上げることにする．

[例] 定円に内接する三角形で，面積が最大になるのは，どのような三角形か．

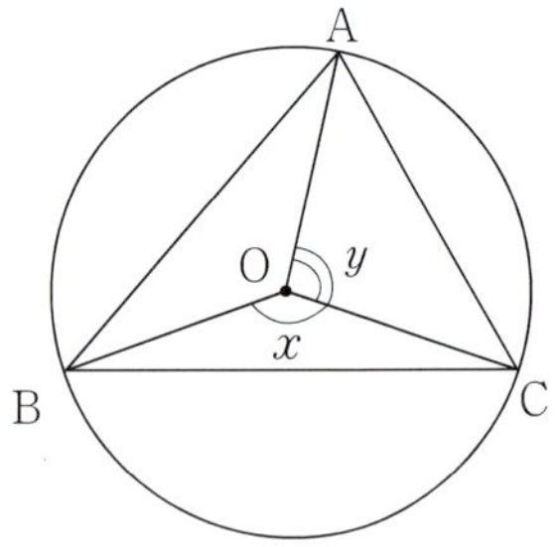

解 円の半径を r とし，△ABC の三つの中心角を図のように，

$$x, \quad y, \quad 2\pi - (x+y)$$

とすると，

$$2\triangle\text{OBC} = r^2 \sin x$$
$$2\triangle\text{OCA} = r^2 \sin y$$
$$2\triangle\text{OAB} = r^2 \sin(2\pi - (x+y))$$

したがって，

開領域 $D: x > 0, \ y > 0, \ x+y < 2\pi$

における

$$f(x, y) = \sin x + \sin y - \sin(x+y)$$

の最大値を求めればよい．

$$f_x = \cos x - \cos(x+y) = 0, \quad f_y = \cos y - \cos(x+y) = 0$$

を解いて，

$$(x, y) = (2\pi/3, \ 2\pi/3)$$

$$f_{xx} = -\sin x + \sin(x+y), \quad f_{yy} = -\sin y + \sin(x+y)$$
$$f_{xy} = \sin(x+y)$$

したがって，$(x, y) = (2\pi/3, \ 2\pi/3)$ のとき，

$$f_{xx} = -\sqrt{3} < 0$$
$$D = f_{xx} f_{yy} - f_{xy}{}^2 = (-\sqrt{3})(-\sqrt{3}) - (-\sqrt{3}/2)^2 > 0$$

ゆえに, $f(2\pi/3, 2\pi/3) = 3\sqrt{3}/2$ が, ただ一つの極大値. また, D の周では, $f(x, y) = 0 < f(2\pi/3, 2\pi/3)$.

ゆえに, 求める三角形は**正三角形**である. □

● 最大(小)点の候補

D 上の関数 $z = f(x, y)$ を最大・最小にする点は, 次のどれかである:

A. $f'(x, y) = 0$ となる点.
B. $f'(x, y)$ が存在しない点.
C. 定義域に属する境界上の点.

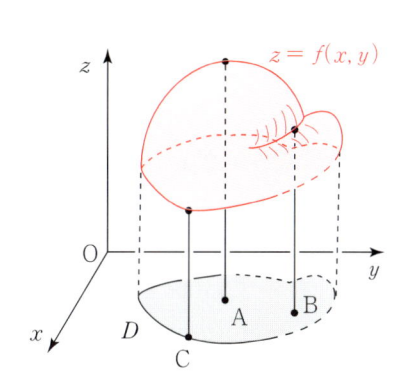

条件つき極値

たとえば, 次の問題を考えてみよう:

[例] $x^2 + y^2 = 1$ のとき, $3x + 4y$ の最大値を求めよ.

解 $k = 3x + 4y$ ……①

とおけば, 直線①は, k の変化によって, 平行移動する. この直線①が, 円

$$x^2 + y^2 = 1 \quad \cdots\cdots ②$$

と, 点 $A(a, b)$ で接するとき, k は最大になる. ②の両辺を x で微分して,

$$2x + 2yy' = 0 \quad \therefore \quad y' = -\frac{x}{y}$$

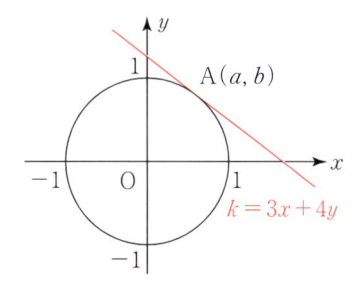

よって, 点 $A(a, b)$ で, ①, ②が接することから,

$$a^2 + b^2 = 1, \quad -\frac{a}{b} = -\frac{3}{4} \quad \therefore \quad (a, b) = \left(\pm\frac{3}{5}, \pm\frac{4}{5}\right)$$

図より, $(x, y) = \left(\dfrac{3}{5}, \dfrac{4}{5}\right)$ のとき, $3x + 4y$ は最大値 5 をとる. □

この問題を一般化する. いま, x, y のあいだに,

$$g(x, y) = 0$$

という関係(x, y の束縛条件)があるとき, 関数

$$z = f(x, y)$$

が，点 (a,b) で極値をとったとする．

とくに，$f(x,y), g(x,y)$ は連続微分可能とする．

いま，$g_y(a,b) \neq 0$ とすれば，陰関数定理によって，点 a の近くで定義され，

$$g(x, \varphi(x)) = 0, \quad \varphi(a) = b$$

を満たす関数 $y = \varphi(x)$ が存在する．

x の関数 $F(x) = f(x, \varphi(x))$ は点 a で極値をとるから，$F'(a) = 0$．

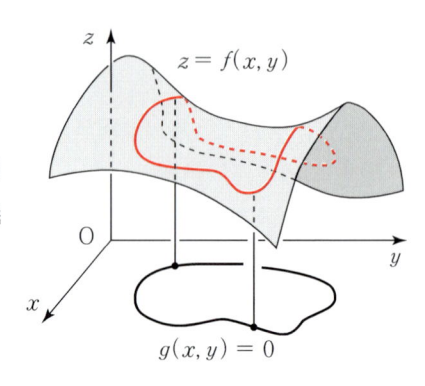

$$F'(x) = f_x(x, \varphi(x)) + f_y(x, \varphi(x))\varphi'(x)$$
$$F'(a) = f_x(a,b) + f_y(a,b)\varphi'(a) = 0 \quad \cdots\cdots\cdots\cdots Ⓐ$$

また，$g(x, \varphi(x)) = 0$ の両辺を x で微分して，$x = a$ とおけば，

$$g_x(a,b) + g_y(a,b)\varphi'(a) = 0 \quad \cdots\cdots\cdots\cdots Ⓑ$$

Ⓐ，Ⓑから，$\varphi'(a)$ を消去すれば，

$$\frac{f_x(a,b)}{g_x(a,b)} = \frac{f_y(a,b)}{g_y(a,b)}$$

この両辺を $\overset{\text{ラムダ}}{\lambda}$ とおけば，

$$f_x(a,b) = \lambda g_x(a,b), \quad f_y(a,b) = \lambda g_y(a,b)$$

この結果およびその拡張を次にまとめておく．

●ポイント　　　　　　　　　ラグランジュの未定乗数法

(1)　$g(x,y) = 0$ の下での関数 $f(x,y)$ の

$$(g_x, g_y) \neq (0, 0)$$

なる極値点は，次を満たす：

$$[f_x \ f_y] = \lambda [g_x \ g_y]$$

(2)　$g(x,y,z) = 0$ の下での関数 $f(x,y,z)$ の

$$(g_x, g_y, g_z) \neq (0, 0, 0)$$

なる極値点は，次を満たす：

$$[f_x \ f_y \ f_z] = \lambda [g_x \ g_y \ g_z]$$

ただし，$f(x,y), g(x,y), f(x,y,z), g(x,y,z)$ は，すべて連続微分可能とする．上の定数 λ を**ラグランジュの乗数**という．

▶**注**　$[f_x \ f_y] = \lambda [g_x \ g_y]$ なる点は，極値点候補にすぎない．

━━━ 例題 20.1 ━━━━━━━━━━━━━━━ ラグランジュの未定乗数法・1 ━━━

$8x^2 - 4xy + 5y^2 = 180$ のとき,$f(x,y) = x^2 + y^2$ の最大値・最小値を求めよ.

【解】　　　　　　　$g(x,y) = 8x^2 - 4xy + 5y^2 - 180$

とおくと,

$$[\,f_x(x,y)\quad f_y(x,y)\,] = \lambda\,[\,g_x(x,y)\quad g_y(x,y)\,]$$

したがって,

$$[\,2x \quad 2y\,] = \lambda\,[\,16x - 4y \quad -4x + 10y\,]$$

すなわち,

$$\begin{cases} 2x = \lambda(16x - 4y) & \cdots\cdots\cdots\cdots\text{①} \\ 2y = \lambda(-4x + 10y) & \cdots\cdots\cdots\cdots\text{②} \end{cases}$$

なる定数が存在する.これらと,

$$g(x,y) = 8x^2 - 4xy + 5y^2 - 180 = 0 \quad \cdots\cdots\cdots \text{③}$$

を解くと,

$$(x,y) = (3,6),\,(-3,-6),\,(4,-2),\,(-4,2)$$

ところで,連続関数 $f(x,y)$ の定義域は,有界閉曲線 $g(x,y) = 0$ だから,$f(x,y)$ の最大値・最小値は存在し,それは,極値点で実現する.

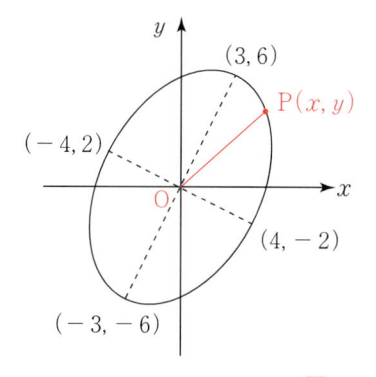

図より,

$f(\pm 3, \pm 6) = 45$ … 最大値

$f(\pm 4, \mp 2) = 20$ … 最小値

注意 ①,②,③は,極値の**必要条件**.極値・最大(小)値の断定には,**別の論拠**が必要.　　　　□

▶注　①,②,③の解き方:　①,②より,

$$2x(-4x + 10y) = 2y(16x - 4y)$$

∴ $2x^2 + 3xy - 2y^2 = 0 \quad (x + 2y)(2x - y) = 0$

$x + 2y = 0,\ 2x - y = 0$ の各々と③を組み合わせる.

━━━ 例題 20.2 ━━━━━━━━━━━━━ ラグランジュの未定乗数法・2 ━━━

$ax+by+cz+d=0$ のとき，$(x-p)^2+(y-q)^2+(z-r)^2$ の最小値を求めよ．

【解】 図形的には，平面
$$g(x,y,z)=ax+by+cz+d=0$$
と，点 (p,q,r) の距離の 2 乗
$$f(x,y,z)=(x-p)^2+(y-q)^2+(z-r)^2$$
が問題なので，$f(x,y,z)$ の最小値は必ず存在し，それは，ただ一つの極値である．このとき，
$$[f_x\ f_y\ f_z]=\lambda[g_x\ g_y\ g_z]$$
したがって，
$$[2(x-p)\quad 2(y-q)\quad 2(z-r)]=\lambda[a\ b\ c]$$
すなわち，
$$\begin{cases} 2(x-p)=\lambda a \\ 2(y-q)=\lambda b \\ 2(z-r)=\lambda c \end{cases}$$
よって，
$$\begin{cases} x=p+\lambda a/2 \\ y=q+\lambda b/2 \\ z=r+\lambda c/2 \end{cases}$$

> **ラグランジュの未定乗数法**
> $g(x,y,z)=0$ のときの $f(x,y,z)$ の極値点は次を満たす：
> $[f_x\ f_y\ f_z]=\lambda[g_x\ g_y\ g_z]$
> $g(x,y,z)=0$

これらを，$ax+by+cz+d=0$ へ代入すると，
$$a\left(p+\frac{\lambda a}{2}\right)+b\left(q+\frac{\lambda b}{2}\right)+c\left(r+\frac{\lambda c}{2}\right)+d=0$$
ゆえに，
$$\lambda=-\frac{2(ap+bq+cr+d)}{a^2+b^2+c^2}$$
このとき，
$$f\left(p+\frac{\lambda a}{2},q+\frac{\lambda b}{2},r+\frac{\lambda c}{2}\right)=\frac{\lambda^2}{4}(a^2+b^2+c^2)=\frac{(ap+bq+cr+d)^2}{a^2+b^2+c^2}$$

これが，求める最小値である．　　　　　　　　　　　　　　　　　　□

|||||||||||||||||||||| **演習問題** ||||||||||||||||||||||||||||||||||||||||||||||||||||||||||||||||||||||||||||||||

20.1 定円に内接する三角形で，周の長さが最大になるのは，どのような三角形か．

▶注　円の半径を r とすると，
BC $= 2r\sin x$
CA $= 2r\sin y$
AB $= 2r\sin(x+y)$

20.2 定円に外接する三角形で，面積が最小になるのは，どのような三角形か．

▶注　円の半径を r とすると，
$S = r^2\{\tan x + \tan y - \tan(x+y)\}$

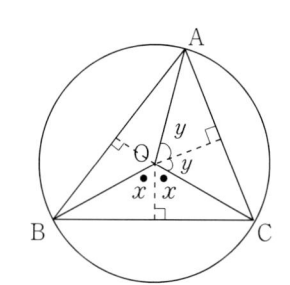

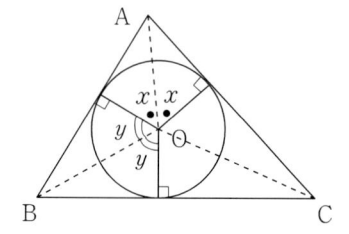

20.3 次の条件 $g(x,y)=0$ の下での $f(x,y)$ の極値を求めよ．
（1）　$g(x,y) = x^2+y^2-1,$　　$f(x,y) = x^3+y^3$
（2）　$g(x,y) = x^3-6xy+y^3,$　　$f(x,y) = x^2+y^2$

20.4 $yz+zx+xy=3$ のとき，xyz の極値を求めよ．

20.5 二条件 $g(x,y,z)=0,\ h(x,y,z)=0$ の下での $f(x,y,z)$ の

$$\left(\begin{vmatrix} g_y & g_z \\ h_y & h_z \end{vmatrix}, \begin{vmatrix} g_z & g_x \\ h_z & h_x \end{vmatrix}, \begin{vmatrix} g_x & g_y \\ h_x & h_y \end{vmatrix}\right) \neq (0,0,0)$$

なる極値は，次を満たす（ことが p.132 のポイントと同様に示される）：

$$[f_x\ f_y\ f_z] = [\lambda\ \mu]\begin{bmatrix} g_x & g_y & g_z \\ h_x & h_y & h_z \end{bmatrix} \quad (\lambda,\mu：定数)$$

これを用いて，$x+y+z=3,\ yz+zx+xy=-9$ のとき，xyz の最大値・最小値を求めよ．

Chapter 4

多変数関数の積分法

D 市内の地点 (x, y) 付近の人口密度を, $f(x, y)$ とするとき, $f(x, y)\,dx\,dy$ は, その**地点付近 $dx \times dy$ の範囲の人口**を表わし, 重積分

$$\iint_D f(x, y)\,dx\,dy$$

は, **D 市の全人口**を表わす.

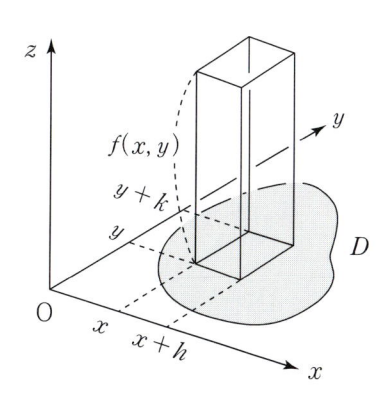

§21　重積分 ……………… *138*
§22　変数変換 …………… *144*
§23　広義重積分 ………… *150*
§24　体積・曲面積 ……… *156*
§25　線積分と
　　　グリーンの定理 … *162*

§21 重積分

——— 積分は，すべて "細分して合計する" ———

重積分

簡単のため，二重積分について述べるが，一般の場合も同様である．

いま，$I = \{(x, y) \mid a \leq x \leq c, b \leq y \leq d\}$ を平面上の有界閉区間とし，$f(x, y)$ を I 上で有界な実数値関数とする．

区間 I で $f(x, y) \geq 0$ のとき，曲面 $z = f(x, y)$ が区間 I とのあいだに作る立体の体積をモデルにして，I 上の $f(x, y)$ の二重積分を定義する．

まず，閉区間 I を mn 個の小区間に分割する：
$$I_{ij} = \{(x, y) \mid a_{i-1} \leq x \leq a_i, b_{j-1} \leq y \leq b_j\}$$
$$a = a_0 < a_1 < \cdots < a_m = c, \quad b = b_0 < b_1 < \cdots < b_n = d$$

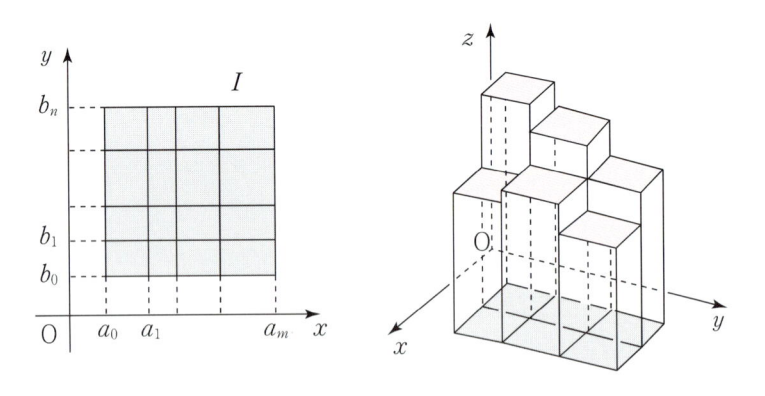

各小区間 I_{ij} から，一つずつ代表点 (x_i, y_j) をとり，近似和を作る：
$$\sum_{i=1}^{m} \sum_{j=1}^{n} \underbrace{f(x_i, y_j)}_{\text{高さ}} \underbrace{(a_i - a_{i-1})(b_j - b_{j-1})}_{\text{底面積}}$$

このとき，各小区間のどの方向の幅も 0 に近づくように分割をドンドン細かくしていくとき，両軸上の分点や各代表点の選び方によらず，上の近似和

が一定の値に近づくならば，関数 $f(x,y)$ は区間 I で **積分可能** であるといい，この一定値を，区間 I における関数 $f(x,y)$ の（**二重**）**積分** とよび，

$$\iint_I f(x,y)\,dxdy$$

と記す．このとき，I を **積分領域**，$f(x,y)$ を **被積分関数** とよぶ．

次に，必ずしも有界閉区間とはかぎらない平面上の有界閉領域 D 上の二重積分を考えよう．

D は有界だから，D を含む有界閉区間 $I \supseteq D$ が存在する．

このとき，D 上で有界な関数 $f(x,y)$ に対して，I 上の有界関数

$$f_D(x,y) = \begin{cases} f(x,y) & (x,y) \in D \\ 0 & (x,y) \notin D \end{cases}$$

を考え，D 上の $f(x,y)$ の二重積分を次のように定義する：

$$\iint_D f(x,y)\,dxdy = \iint_I f_D(x,y)\,dxdy$$

この二重積分は，一変数の定積分と同様に，次の性質をもつ：

（1） **加法性** D_1, D_2 が境界以外に共有点をもたなければ，

$$\iint_{D_1 \cup D_2} f(x,y)\,dxdy = \iint_{D_1} f(x,y)\,dxdy + \iint_{D_2} f(x,y)\,dxdy$$

（2） **線形性**

$$\iint_D (f(x,y) + g(x,y))\,dxdy = \iint_D f(x,y)\,dxdy + \iint_D g(x,y)\,dxdy$$

$$\iint_D kf(x,y)\,dxdy = k\iint_D f(x,y)\,dxdy$$

（3） **単調性** 積分領域 D でつねに $f(x,y) \leq g(x,y)$ ならば，

$$\iint_D f(x,y)\,dxdy \leq \iint_D g(x,y)\,dxdy$$

累次積分

二重積分の値を，直接定義から求めることは，一般には難しい．

体積をモデルにして，二重積分の実用的な計算方法を述べよう．

まず，積分領域が，次のような単純な領域の場合を考える．一般の場合はこの単純な領域の和に分割すればよい．

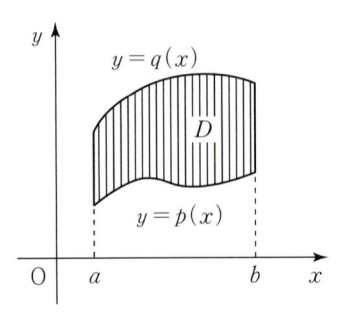

縦線領域

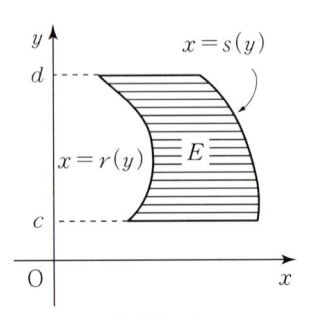

横線領域

図のような立体の x 軸に垂直な平面による切口の断面積は,
$$S(x) = \int_{p(x)}^{q(x)} f(x,y)\,dy$$
よって, 立体の体積は,
$$V = \int_a^b S(x)\,dx$$
縦線領域の場合も同様. これらの結果をまとめて,

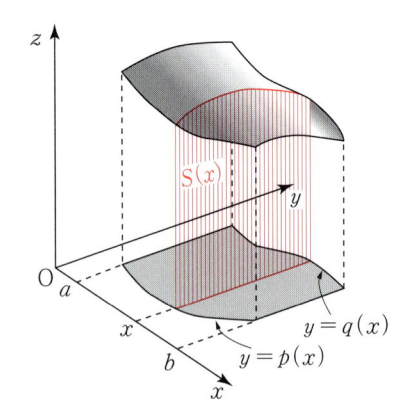

●ポイント ─────────────── 累次積分 ───

(1) $D : p(x) \leqq y \leqq q(x),\ a \leqq x \leqq b$ のとき,
$$\iint_D f(x,y)\,dxdy = \int_a^b \left(\int_{p(x)}^{q(x)} f(x,y)\,dy \right) dx$$

(2) $E : r(y) \leqq x \leqq s(y),\ c \leqq y \leqq d$ のとき,
$$\iint_E f(x,y)\,dxdy = \int_c^d \left(\int_{r(y)}^{s(y)} f(x,y)\,dx \right) dy$$

ただし, 被積分関数 $f(x,y)$ は積分領域で連続とする.

▶注 $\int_{p(x)}^{q(x)} f(x,y)\,dy$ は, x を一時的に定数とみて y について積分することを意味する. (1) の右辺を次のように記すこともある:
$$\int_a^b dx \int_{p(x)}^{q(x)} f(x,y)\,dy$$

［例］ 次の二重積分 I を計算せよ．
$$I = \iint_D \frac{x^3}{y^2}\,dxdy \qquad D: x^4 \leqq y \leqq x,\ \frac{1}{2} \leqq x \leqq 1$$

解
$$\begin{aligned}
I &= \iint_D \frac{x^3}{y^2}\,dxdy \\
&= \int_{\frac{1}{2}}^1 \left(\int_{x^4}^x \frac{x^3}{y^2}\,dy \right) dx \\
&= \int_{\frac{1}{2}}^1 \left(x^3 \left[-\frac{1}{y} \right]_{x^4}^x \right) dx \\
&= \int_{\frac{1}{2}}^1 \left(-x^2 + \frac{1}{x} \right) dx \\
&= -\frac{7}{24} + \log 2 \qquad \square
\end{aligned}$$

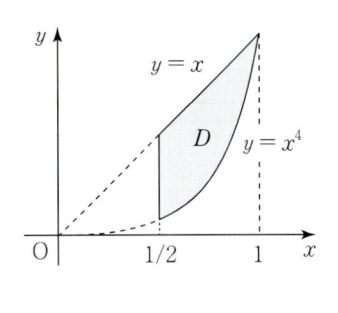

積分の順序変更

二重積分
$$I = \iint_D xe^{-y^2}\,dxdy \qquad D: x^2 \leqq y \leqq 1,\ x \geqq 0$$
を，積分領域 D を縦線領域とみて，
$$I = \int_0^1 \left(x \int_{x^2}^1 e^{-y^2}\,dy \right) dx \quad \cdots\ \text{①}$$
と変形すると，$\int e^{-y^2}\,dy$ がうまく見つからないので，この先の計算ができない．

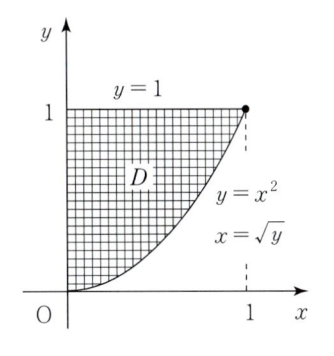

そこで，今度は D を横線領域とみると，はたして，
$$\begin{aligned}
I &= \int_0^1 \left(e^{-y^2} \int_0^{\sqrt{y}} x\,dx \right) dy \quad \cdots\ \text{②} \\
&= \int_0^1 e^{-y^2} \left[\frac{1}{2}x^2 \right]_0^{\sqrt{y}} dy \\
&= \int_0^1 \frac{1}{2} y e^{-y^2}\,dy = \frac{1}{4}\left(1 - \frac{1}{e}\right)
\end{aligned}$$
のように計算することができる．これは，累次積分①の積分の順序を変更して，累次積分②が得られた，とみることができる．

例題 21.1 ——————————————— 積分の順序変更

次の累次積分 I を計算せよ．

(1) $\displaystyle\int_0^1 dy \int_{2y}^2 y\sqrt{x^3+1}\,dx$

(2) $\displaystyle\int_0^{\sqrt{\frac{\pi}{2}}} dx \int_{x^2}^{\frac{\pi}{2}} \frac{x\cos y}{y}\,dy$

【解】 原始関数が見つからないので，積分の順序を変更する．

(1) $\displaystyle I = \int_0^2 dx \int_0^{\frac{x}{2}} y\sqrt{x^3+1}\,dy$

$\displaystyle = \int_0^2 \sqrt{x^3+1}\left[\frac{1}{2}y^2\right]_0^{\frac{x}{2}} dx$

$\displaystyle = \int_0^2 \sqrt{x^3+1}\cdot\frac{1}{8}x^2\,dx$

$\displaystyle = \left[\frac{1}{36}(x^3+1)^{\frac{3}{2}}\right]_0^2 = \frac{13}{18}$

(2) $\displaystyle I = \int_0^{\frac{\pi}{2}} dy \int_0^{\sqrt{y}} \frac{x\cos y}{y}\,dx$

$\displaystyle = \int_0^{\frac{\pi}{2}} \frac{\cos y}{y}\left[\frac{1}{2}x^2\right]_0^{\sqrt{y}} dy$

$\displaystyle = \frac{1}{2}\int_0^{\frac{\pi}{2}} \cos y\,dy = \frac{1}{2}$

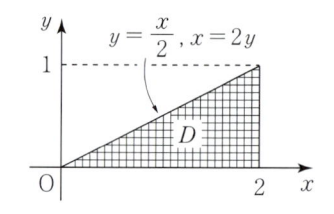

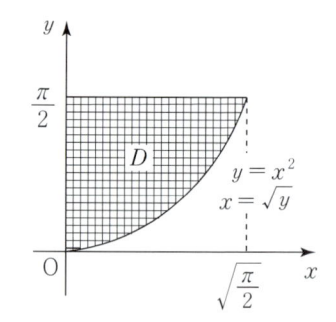

三重積分

閉領域 $V: p(x,y) \leqq z \leqq q(x,y), (x,y) \in D$ 上の連続関数 $f(x,y,z)$ の三重積分を，次のように計算することができる：

$$\iiint_V f(x,y,z)\,dxdydz = \iint_D \left(\int_{p(x,y)}^{q(x,y)} f(x,y,z)\,dz\right) dxdy$$

例 $f(x,y,z) = xyz$, $V: y \leqq z \leqq 1$, $D: x \leqq y \leqq 1$, $0 \leqq x \leqq 1$ のとき，

$$\iiint_V f(x,y,z)\,dxdydz = \iint_D \left(xy\int_y^1 z\,dz\right) dxdy$$

$$= \frac{1}{2} \iint_D xy(1-y^2)\,dxdy = \frac{1}{48} \qquad \square$$

演習問題

21.1 次の重積分を計算せよ．

(1) $\iint_D (x+3y^2)\,dxdy \qquad D: 0 \leq y \leq \dfrac{1}{x+1},\ 0 \leq x \leq 1$

(2) $\iint_D \dfrac{x}{x^2+y^2}\,dxdy \qquad D: \dfrac{1}{4}x^2 \leq y \leq x,\ 0 \leq x \leq 4$

(3) $\iint \sin(x+y)\,dxdy \qquad D: 0 \leq y \leq x,\ \dfrac{\pi}{4} \leq x \leq \dfrac{\pi}{2}$

(4) $\iiint_V x^2\,dxdydz \qquad V: x+y+z \leq 1,\ x, y, z \geq 0$

21.2 次の累次積分を計算せよ．

(1) $\displaystyle\int_0^\pi dy \int_y^\pi \cos(x^2)\,dx$

(2) $\displaystyle\int_0^{\frac{\pi}{2}} dx \int_0^{\frac{\pi}{2}} \dfrac{\sin y}{y}\,dy$

21.3 次の積分の順序を変更せよ．

(1) $\displaystyle\int_0^3 dx \int_0^{x^2} f(x,y)\,dy$

(2) $\displaystyle\int_0^1 dx \int_x^{2x} f(x,y)\,dy$

> 重積分の計算
> ⬇
> 積分領域を図示せよ！

21.4 $\displaystyle I = \int_0^1 dy \int_0^1 \dfrac{x-y}{(x+y)^3}\,dx, \quad J = \int_0^1 dx \int_0^1 \dfrac{x-y}{(x+y)^3}\,dy$

を計算し，比較せよ．

21.5 連続関数 $f(x), g(x)$ に対して，

$$(f*g)(x) = \int_0^x f(x-t)g(t)\,dt$$

を，$f(x)$ と $g(x)$ との**合成積**（**たたみこみ**）とよぶ．

(1) $f(x)=x^2,\ g(x)=x^3$ のとき，$(f*g)(x)$ を求めよ．

(2) $f*g = g*f$ および，$f*(g*h) = (f*g)*h$ を示せ．

§22 変数変換

――― 舞台を変えよう！ ―――

変数変換

一変数関数の定積分に"置換積分"というテクニックがあった：

$$\int_{g(\alpha)}^{g(\beta)} f(x)\,dx = \int_{\alpha}^{\beta} f(g(t))\,g'(t)\,dt$$

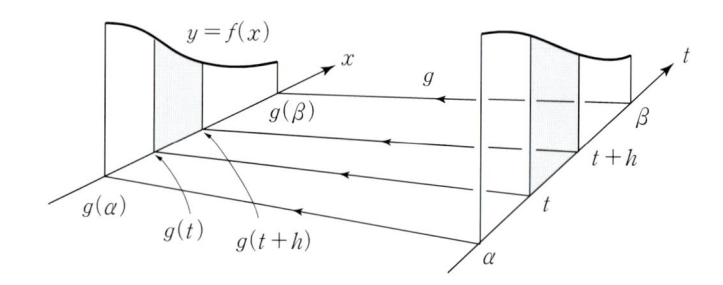

この等式で，

$$g(t+h) - g(t) \fallingdotseq g'(t)\,h$$

だから，$g'(t)$ は，点 t での長さの瞬間的拡大率（交換レート）である．

この置換積分は，二変数関数の場合にはどうなるだろうか．

まず，その定理を述べ，次にその意味を説明する．

――― ●ポイント ――― 変数変換（置換積分） ―――

写像 $\varPhi$ によって，uv-平面の閉領域 E は xy-平面の閉領域 D の上へ一対一に写され，E の各点で，$J \neq 0$ とする．

このとき，実数値関数 $f(x, y)$ が D で連続ならば，

$$\iint_D f(x, y)\,dxdy = \iint_E f(\varphi(u, v), \psi(u, v))\,|J|\,dudv$$

ただし，$\varPhi = (\varphi, \psi)$ は連続な導関数をもち，

$$\begin{cases} x = \varphi(u, v) \\ y = \psi(u, v) \end{cases}, \quad J(u, v) = |\varPhi'(u, v)| = \begin{vmatrix} \varphi_u & \varphi_v \\ \psi_u & \psi_v \end{vmatrix}$$

このとき，ヤコビ行列 $\begin{bmatrix} \varphi_x & \varphi_y \\ \psi_x & \psi_y \end{bmatrix}$ の行列式を，$\dfrac{\partial(x,y)}{\partial(u,v)} = \begin{vmatrix} \varphi_x & \varphi_y \\ \psi_x & \psi_y \end{vmatrix}$ など
と記し，**ヤコビ行列式（ヤコビアン）**という．

▶注 D の内部と E の内部が，Φ により一対一に対応していればよい．

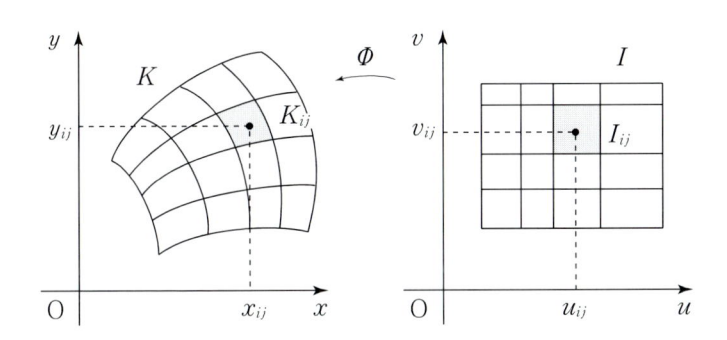

閉領域 E を含む大区間 I をとり，u, v の関数 $f(\varphi(u,v), \psi(u,v))$ を E の外では値 0 をとるように I 上の関数に拡張しておけば，閉領域 E として区間（長方形領域）だけを考えれば十分．

さて，区間 I の分割 I_{ij} $(1 \leqq i \leqq m, 1 \leqq j \leqq n)$ を考え，I_{ij} の点 (u_{ij}, v_{ij}) に対して，
$$(x_{ij}, y_{ij}) = (\varphi(u_{ij}, v_{ij}), \psi(u_{ij}, v_{ij}))$$
とおく．点 (u_{ij}, v_{ij}) の近くでは，写像 $\Phi(u,v)$ は，(u,v) の1次関数
$$\Phi(u_{ij}, v_{ij}) + \Phi'(u_{ij}, v_{ij}) \begin{bmatrix} u - u_{ij} \\ v - v_{ij} \end{bmatrix}$$
によって近似されるので，$K_{ij} = \Phi(I_{ij})$ は，I_{ij} のこの1次関数による像である平行四辺形で近似される．

このときの面積の拡大率は，次のようである：
$$J(u_{ij}, v_{ij}) = |\Phi'(u_{ij}, v_{ij})| = \begin{vmatrix} \varphi_u(u_{ij}, v_{ij}) & \varphi_v(u_{ij}, v_{ij}) \\ \psi_u(u_{ij}, v_{ij}) & \psi_v(u_{ij}, v_{ij}) \end{vmatrix}$$
すなわち，K_{ij}, I_{ij} の面積 $|K_{ij}|, |I_{ij}|$ のあいだに，

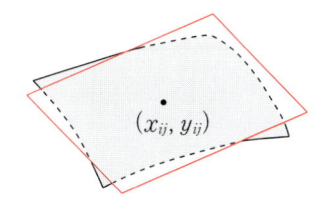

$$|K_{ij}| \fallingdotseq |J(u_{ij}, v_{ij})||I_{ij}|$$
$$\sum_{i,j} f(x_{ij}, y_{ij})|K_{ij}| \fallingdotseq \sum_{i,j} f(\varphi(u_{ij}, v_{ij}), \psi(u_{ij}, v_{ij}))|J||I_{ij}|$$

ここで，分割を細かくした極限では，$\fallingdotseq$ は $=$ になり，次の式を得る：

$$\iint_K f(x, y)\,dxdy = \iint_I f(\varphi(u, v), \psi(u, v))|J(u, v)|\,dudv$$

▶ **注1** 分割 $K_{ij}\,(1 \leqq i \leqq m, 1 \leqq j \leqq n)$ は，K の区間分割（長方形分割）ではないが，$\iint_K f(x, y)\,dxdy$ に収束することが知られている．

2 ヤコービアン $J(u, v)$ に絶対値を付けるのは，一変数の場合と違い，積分領域に"向き"を考えないからである．

3 a, b を二隣辺とする平行四辺形の面積は行列式 $\det[\,a\ b\,]$ で表わされるから，線形写像 $y = Ax$ によって面積は $\det A$ 倍される：

$$\det[\,Aa\ Ab\,] = \det A[\,a\ b\,] = \det A \det[\,a\ b\,]$$

［例］　次の二重積分を求めよ：

$$\iint_D (x + 2y)\,e^{2x-y}\,dxdy \qquad D : 0 \leqq x + 2y \leqq 2,\ 0 \leqq 2x - y \leqq 4$$

解　変換 $\begin{cases} u = x + 2y \\ v = 2x - y \end{cases}$ $\left(x = \dfrac{u + 2v}{5},\ y = \dfrac{2u - v}{5}\right)$

によって，

$$E : 0 \leqq u \leqq 2,\ 0 \leqq v \leqq 4$$

と，D とは一対一に対応する．

$$\begin{aligned}
J &= \frac{\partial(x, y)}{\partial(u, v)} \\
&= \left(\frac{\partial(u, v)}{\partial(x, y)}\right)^{-1} \\
&= \begin{vmatrix} 1 & 2 \\ 2 & -1 \end{vmatrix}^{-1} = -\frac{1}{5}
\end{aligned}$$

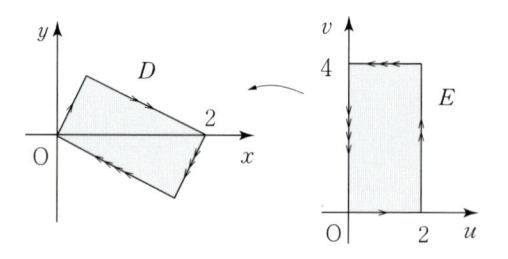

$$\therefore\ \iint_E ue^v \cdot \left|-\frac{1}{5}\right|\,dudv$$
$$= \frac{1}{5}\int_0^2 u\,du \int_0^4 e^v\,dv = \frac{2}{5}(e^4 - 1) \qquad \square$$

━━━ 例題 22.1 ━━━━━━━━━━━━━━━━━━━━━━━━━ 変数変換 ━━━

次の二重積分を計算せよ：

$$\iint_D \frac{x+y}{y^2} e^{x+y} dxdy \qquad D: 1 \leq y \leq 3-x, \ x \geq 0$$

【解】 変換 $u = x+y, \ v = \dfrac{x}{y}$ によって, uv-平面の閉領域

$E: 0 \leq v \leq u-1, \ 1 \leq u \leq 3$

は, xy-平面の閉領域 D に一対一に写る.

$x = \dfrac{uv}{v+1}, \quad y = \dfrac{u}{v+1}$

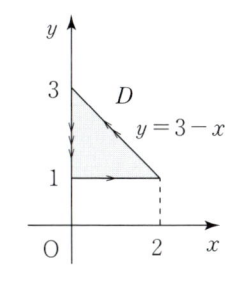

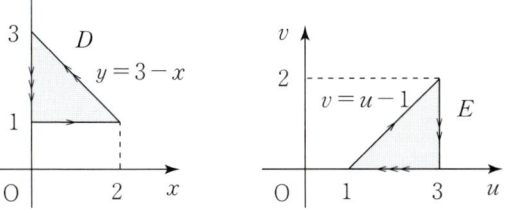

を, $1 \leq y \leq 3-x, \ x \geq 0$ へ代入して整理する.

$$\frac{\partial(u,v)}{\partial(x,y)} = \begin{vmatrix} \dfrac{\partial u}{\partial x} & \dfrac{\partial u}{\partial y} \\ \dfrac{\partial v}{\partial x} & \dfrac{\partial v}{\partial y} \end{vmatrix} = \begin{vmatrix} 1 & 1 \\ \dfrac{1}{y} & -\dfrac{x}{y^2} \end{vmatrix} = -\dfrac{x+y}{y^2}$$

$\therefore \ J = \dfrac{\partial(x,y)}{\partial(u,v)} = \left(\dfrac{\partial(u,v)}{\partial(x,y)} \right)^{-1} = -\dfrac{y^2}{x+y} \qquad \therefore \ |J| = \dfrac{y^2}{x+y}$

ゆえに,

$$\iint_D \frac{x+y}{y^2} e^{x+y} dxdy = \iint_E \frac{x+y}{y^2} e^{x+y} \frac{y^2}{x+y} dudv$$

$$= \iint_E e^u \, dudv = \int_0^2 \left(\int_{v+1}^3 e^u \, du \right) dv$$

$$= \int_0^2 \left[e^u \right]_{v+1}^3 dv$$

$$= \int_0^2 (e^3 - e^{v+1}) \, dv$$

$$= e^3 + e \qquad \qquad \square$$

例題 22.2 ────────────────── 極座標変換

次の二重積分を計算せよ:
$$\iint_D xy^2\,dxdy \qquad D: x^2+y^2 \leq 2x,\ y \geq 0$$

変数変換のうち,よく用いられる**極座標変換**の例題である.

【解】 極座標変換
$$x = r\cos\theta,\ y = r\sin\theta$$
によって,

半円 $D: x^2+y^2 \leq 2x,\ y \geq 0$

図形 $E: 0 \leq r \leq 2\cos\theta,\ \theta \geq 0$

の内部どうしは,一対一に対応する.

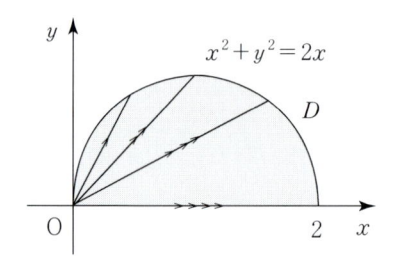

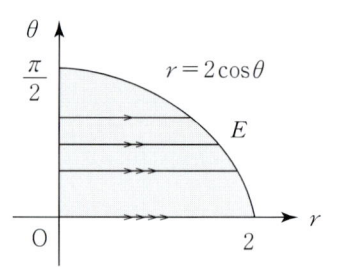

> 積分領域が円か球
> ↓
> 極座標変換

$$J = \frac{\partial(x,y)}{\partial(r,\theta)} = \begin{vmatrix} \cos\theta & -r\sin\theta \\ \sin\theta & r\cos\theta \end{vmatrix} = r \qquad \therefore\ |J| = r$$

ゆえに,

このrを忘れるな!

$$\iint_D xy^2\,dxdy = \iint_E r\cos\theta \cdot r^2\sin^2\theta \cdot r\,drd\theta$$
$$= \int_0^{\frac{\pi}{2}} d\theta \int_0^{2\cos\theta} r^4\cos\theta\sin^2\theta\,dr$$
$$= \int_0^{\frac{\pi}{2}} \left[\frac{1}{5}r^5\right]_0^{2\cos\theta} \cos\theta\sin^2\theta\,d\theta$$
$$= \frac{32}{5}\int_0^{\frac{\pi}{2}} \cos^6\theta\sin^2\theta\,d\theta$$

$$= \frac{32}{5} \left(\int_0^{\frac{\pi}{2}} \cos^6 \theta \, d\theta - \int_0^{\frac{\pi}{2}} \cos^8 \theta \, d\theta \right)$$

$$= \frac{32}{5} \left(\frac{5}{6} \frac{3}{4} \frac{1}{2} \frac{\pi}{2} - \frac{7}{8} \frac{5}{6} \frac{3}{4} \frac{1}{2} \frac{\pi}{2} \right) = \frac{1}{8} \pi \qquad \square$$

IIIIIIIIIIIIIII 演習問題 IIIIIIIIIIIIIIIIIIIIIIIIIIIIIIIIIIIIIIIIIIIIIIIIIIIIIIIIIIIIIIIIIIIIIIIIIIIIIIIIIIIIIIII

22.1 次の二重積分を計算せよ．

(1) $\iint_D (x+y) e^{x-y} dxdy \qquad D: 0 \leq x-y \leq 1, \ 0 \leq x+y \leq 1$

(2) $\iint_D (x+y)^2 \sin(x-y) dxdy \qquad D: \begin{cases} 0 \leq x+y \leq \pi \\ 0 \leq x-y \leq \pi \end{cases}$

(3) $\iint_D \frac{x+y}{x^2} e^{\frac{y}{x}} dxdy \qquad D: 0 \leq y \leq x, \ 1 \leq x \leq 2$

(4) $\iint_D \frac{x^2+y^2}{(x+y)^3} dxdy \qquad D: 1-x \leq y \leq 2-x, \ x \geq 0, y \geq 0$

▶ ヒント　(3) $u = x+y, \ v = \frac{y}{x}$　(4) $x = u - uv, \ y = uv$

22.2 次の二重積分を計算せよ．

(1) $\iint_D e^{-x^2-y^2} dxdy \qquad D: x^2+y^2 \leq 1, \ x \geq 0, y \geq 0$

(2) $\iint_D (x^2+y^2) dxdy \qquad D: \frac{x^2}{a^2} + \frac{y^2}{b^2} = 1 \quad (a > 0, b > 0)$

(3) $\iint_D \sqrt{x} \, dxdy \qquad D: x^2 + y^2 \leq x$

22.3 変数変換　$u = x+y, \ y = uv$　によって次の等式を示せ：

$$\iint_{x+y \leq 1, \ x,y \geq 0} x^{p-1} y^{q-1} (1-x-y)^{r-1} dxdy = B(p+q, r) B(p, q)$$

22.4 3次元極座標変換

$$x = r \sin\theta \cos\varphi, \quad y = r \sin\theta \sin\varphi, \quad z = r \cos\theta$$

により，次の三重積分を計算せよ：

$$\iiint_V x e^{-x^2-y^2-z^2} dxdydz \qquad V: x^2+y^2+z^2 \leq 1, \ x \geq 0$$

§23 広義重積分

―― 近似増加列の選び方がポイント ――

広義重積分

この§では，たとえば，

$$\iint_{\mathbf{R}^2} e^{-x^2-y^2}dxdy \quad \text{や} \quad \iint_D \frac{1}{x+y}dxdy \quad D:\begin{cases} 0 \leq x \leq 1, \ 0 \leq y \leq 1 \\ (x,y) \neq (0,0) \end{cases}$$

のように，**積分領域が無限領域**であったり，**積分領域の境界で非有界な関数**の重積分を考える．アイディアは，一変数関数の広義積分と同様に，**通常の重積分の極限**として定義することである．

広義積分 $\iint_D f(x,y)dxdy$ の場合，積分領域 D 自身は必ずしも閉領域ではなく，境界を付け加えて閉領域になる全平面 $\mathbf{R}^2$ の部分集合（非有界でもよい）とし，被積分関数 $f(x,y)$ は D で連続とする．$f(x,y)$ は，D の境界で非有界になる場合，広義積分を考えるのである．

さて，次のような有界閉領域の列 $\{D_n\}$ を，D の**近似増加列**とよぶ：

（1） $D_1 \subseteq D_2 \subseteq \cdots \subseteq D_n \subseteq \cdots$ （各 D_n は $D_n \subseteq D$）

（2） $D_1 \cup D_2 \cup \cdots \cup D_n \cup \cdots = D$

（3） D に含まれる有界閉領域は，いずれかの D_n に含まれる．

たとえば，次の二つの列はどちらも上の積分領域 D の近似増加列である．

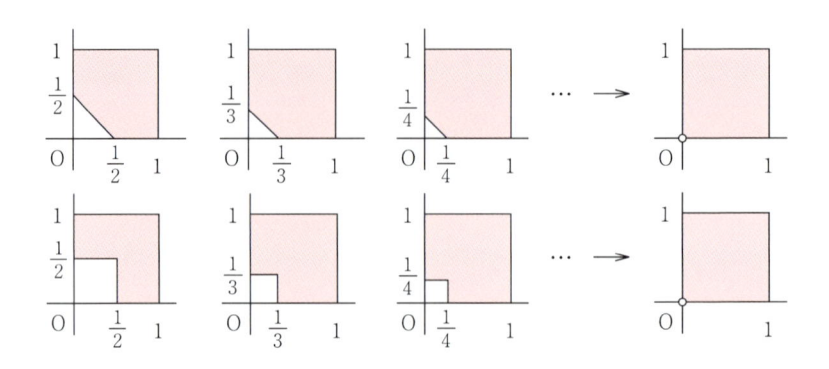

このとき，積分領域 D の**すべて**の近似増加列 $\{D_n\}$ に対して，
$$\lim_{n\to\infty} \iint_{D_n} f(x,y)\,dxdy$$
が，**同一の極限値**に収束するとき，$f(x,y)$ は D で**積分可能**であるといい，その極限値を，$f(x,y)$ の D における**広義積分**とよび，次のように記す：
$$\iint_D f(x,y)\,dxdy$$

"**すべて**の近似増加列 …" と言われると驚くかもしれないが，幸いなことに被積分関数が D で**定符号**の場合は，次の結果がある：

●**ポイント**────────────定符号関数の広義重積分─

集合 D で，つねに $f(x,y) \geqq 0$（または $f(x,y) \leqq 0$）であるとき，D の**一つの近似増加列** $\{D_n\}$ に対して，$\lim_{n\to\infty}\iint_{D_n} f(x,y)\,dxdy$ が収束するとき，$f(x,y)$ は D で**積分可能**であって，
$$\iint_D f(x,y)\,dxdy = \lim_{n\to\infty}\iint_{D_n} f(x,y)\,dxdy$$

証明 $f(x,y) \geqq 0$ とする．
D の二つの近似増加列 $\{A_n\}, \{B_n\}$ に対して，
$$a_n = \iint_{A_n} f(x,y)\,dxdy \to \alpha, \quad b_n = \iint_{B_n} f(x,y)\,dxdy \to \beta$$
とおく．$f(x,y) \geqq 0$ で，$\{A_n\},\{B_n\}$ は**増加列**だから，
$$a_1 \leqq a_2 \leqq \cdots \leqq a_n \leqq \cdots \leqq \alpha, \quad b_1 \leqq b_2 \leqq \cdots \leqq b_n \leqq \cdots \leqq \beta$$
近似増加列 $\{B_n\}$ の性質から，各 A_n ごとに，$A_n \subseteq B_m$ なる B_m が存在する．よって，
$$a_n = \iint_{A_n} f(x,y)\,dxdy \leqq \iint_{B_m} f(x,y)\,dxdy = b_m \leqq \beta$$
ゆえに，
$$\alpha \leqq \beta$$
$\{A_n\}$ と $\{B_n\}$ の立場を入れかえれば，同様の推論で，$\beta \leqq \alpha$ が得られるから，
$$\alpha = \beta \qquad\qquad \square$$

例題 23.1 ──────────────── 広義重積分・1

次の広義積分を計算せよ：

$$\iint_D \frac{1}{x+y}\,dxdy \qquad D: 0\leq x\leq 1,\ 0\leq y\leq 1,\ (x,y)\neq(0,0)$$

被積分関数は，積分領域 D で，つねに，

$$\frac{1}{x+y} > 0$$

だから，適当な近似増加列を一つ考えればよい．

【解】 図のような閉領域 D_n による D の近似増加列 $\{D_n\}$ を考える．このとき，

$$\iint_{D_n} \frac{1}{x+y}\,dxdy$$

$$= \int_0^{\frac{1}{n}} dx \int_{\frac{1}{n}}^1 \frac{1}{x+y}\,dy + \int_{\frac{1}{n}}^1 dx \int_0^1 \frac{1}{x+y}\,dy$$

$$= \int_0^{\frac{1}{n}} \Big[\log(x+y)\Big]_{y=\frac{1}{n}}^{y=1} dx + \int_{\frac{1}{n}}^1 \Big[\log(x+y)\Big]_{y=0}^{y=1} dx$$

$$= \int_0^{\frac{1}{n}} \left(\log(x+1) - \log\left(x+\frac{1}{n}\right)\right) dx + \int_{\frac{1}{n}}^1 (\log(x+1) - \log x)\,dx$$

$$= \left[(x+1)\log(x+1) - \left(x+\frac{1}{n}\right)\log\left(x+\frac{1}{n}\right)\right]_0^{\frac{1}{n}}$$
$$\qquad + \left[(x+1)\log(x+1) - x\log x\right]_{\frac{1}{n}}^1$$

$$= \left(\frac{1}{n}+1\right)\log\left(\frac{1}{n}+1\right) - \frac{2}{n}\log\frac{2}{n} + \frac{1}{n}\log\frac{1}{n}$$
$$\quad + 2\log 2 - \left(\frac{1}{n}+1\right)\log\left(\frac{1}{n}+1\right) + \frac{1}{n}\log\frac{1}{n}$$

$$\boxed{\lim_{x\to+0} x\log x = 0}$$

$$= 2\log 2 - \frac{2}{n}\log\frac{2}{n} + 2\left(\frac{1}{n}\log\frac{1}{n}\right) \longrightarrow 2\log 2 \quad (n\to\infty)$$

ゆえに，

$$\iint_D \frac{1}{x+y}\,dxdy = \lim_{n\to\infty} \iint_{D_n} \frac{1}{x+y}\,dxdy = 2\log 2 \qquad \square$$

━━━ 例題 23.2 ━━━━━━━━━━━━━━━━━━━━━━━━ 広義重積分・2 ━━━

（1） $\iint_D e^{-x^2-y^2} dxdy \qquad D : x \geqq 0, \ y \geqq 0$　を求めよ．

（2） $\int_0^{+\infty} e^{-x^2} dx = \dfrac{\sqrt{\pi}}{2}$　を示せ．

【解】（1） $D_n : x \geqq 0, \ y \geqq 0, \ x^2 + y^2 \leqq n^2$
による無限領域 D の近似増加列 $\{D_n\}$ を考える．
　いま，極座標変換
$$x = r\cos\theta, \quad y = r\sin\theta$$
を行うと，D_n の内部と，
$$E_n : 0 \leqq r \leqq n, \ 0 \leqq \theta \leqq \pi/2$$
の内部とは一対一に対応する．

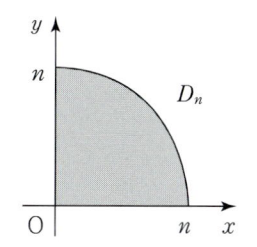

$$\iint_{D_n} e^{-x^2-y^2} dxdy = \int_0^{\frac{\pi}{2}} d\theta \int_0^n e^{-r^2} r\, dr$$

$$= \Big[\theta\Big]_0^{\frac{\pi}{2}} \Big[-\frac{1}{2}e^{-r^2}\Big]_0^n = \frac{\pi}{4}\Big(1 - \frac{1}{e^{n^2}}\Big)$$

$$\therefore \quad \iint_D e^{-x^2-y^2} dxdy = \lim_{n\to\infty} \iint_{D_n} e^{-x^2-y^2} dxdy = \frac{\pi}{4}$$

（2） $D_n' : 0 \leqq x \leqq n, \ 0 \leqq y \leqq n$
による D の近似増加列を考える．

$$\iint_{D_n'} e^{-x^2-y^2} dxdy = \int_0^n e^{-x^2} dx \cdot \int_0^n e^{-y^2} dy$$

$$= \Big(\int_0^n e^{-x^2} dx\Big)^2$$

両辺の $n \to \infty$ をとると，

$$\iint_D e^{-x^2-y^2} dx = \Big(\int_0^{+\infty} e^{-x^2} dx\Big)^2$$

$\int_0^{+\infty} e^{-x^2} dx > 0$ だから，$\quad \int_0^{+\infty} e^{-x^2} dx = \dfrac{\sqrt{\pi}}{2}$　　□

▶注　これから，統計学でおなじみの次の公式が得られる：
$$\frac{1}{\sqrt{2\pi}} \int_{-\infty}^{+\infty} e^{-\frac{1}{2}x^2} dx = 1$$

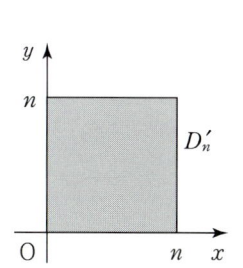

例題 23.3 ——————————— ベータ関数・ガンマ関数

$$I = \iint_D e^{-x-y} x^{p-1} y^{q-1} \, dxdy \qquad D : x > 0, \ y > 0$$

を計算することにより，次の等式を示せ：

$$\frac{\Gamma(p)\Gamma(q)}{\Gamma(p+q)} = B(p, q) \qquad (p > 0, \ q > 0)$$

$$B(p, q) = \int_0^1 x^{p-1}(1-x)^{q-1} \, dx \qquad (p > 0, \ q > 0)$$

$$\Gamma(s) = \int_0^{+\infty} e^{-x} x^{s-1} \, dx \qquad (s > 0)$$

【解】 右のような近似増加列 $\{D_n\}$ について，

$$I_n = \iint_{D_n} e^{-x-y} x^{p-1} y^{q-1} \, dxdy$$

$$= \left(\int_{\frac{1}{n}}^n e^{-x} x^{p-1} \, dx \cdot \int_0^{\frac{1}{n}} e^{-y} y^{q-1} \, dy \right)$$

$$+ \left(\int_0^{\frac{1}{n}} e^{-x} x^{p-1} \, dx \cdot \int_{\frac{1}{n}}^n e^{-y} y^{q-1} \, dy \right)$$

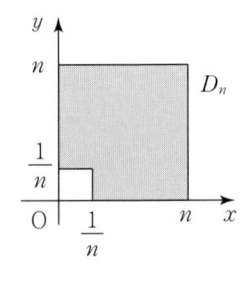

$$+ \left(\int_{\frac{1}{n}}^n e^{-x} x^{p-1} \, dx \cdot \int_{\frac{1}{n}}^n e^{-y} y^{q-1} \, dy \right) \longrightarrow 0 + 0 + \Gamma(p)\Gamma(q)$$

$$\therefore \quad I = \Gamma(p)\Gamma(q) \quad \cdots\cdots\cdots\cdots\cdots\cdots\cdots\cdots\cdots ①$$

次に，別の近似増加列 $\{D_n'\}$ について，

$$I_n' = \iint_{D_n'} e^{-x-y} x^{p-1} y^{q-1} \, dxdy$$

を計算するために，変数変換

$$x = uv, \quad y = u - uv$$

を行う．

$|J| = |-u| = u$ だから，

$$I_n' = \int_{\frac{1}{n}}^n e^{-u} u^{p+q-1} \, du \cdot \int_0^1 v^{p-1} (1-v)^{q-1} \, dv \longrightarrow \Gamma(p+q) B(p, q)$$

$$\therefore \quad I = \Gamma(p+q) B(p, q) \quad \cdots\cdots\cdots\cdots\cdots ②$$

以上，①，② から，証明すべき等式が得られる． □

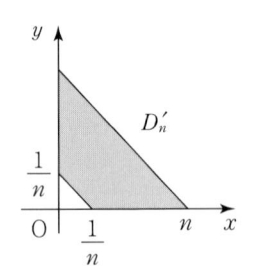

▶注 一般に, $\int_0^{+\infty}|f(x)|\,dx$, $\int_0^{+\infty}|g(x)|\,dx$ が存在すれば,
$$\iint_{x\geqq 0,y\geqq 0} f(x)g(y)\,dxdy = \left(\int_0^{+\infty} f(x)\,dx\right)\left(\int_0^{+\infty} g(x)\,dx\right)$$

|||||||||| 演習問題 ||||||||||||||||||||||||||||||||||||||||||||||||||||||||||||||||||||||||||

23.1 次の広義重積分を計算せよ.

(1) $\iint_D \dfrac{1}{\sqrt{x-y}}\,dxdy \qquad D : 0 \leqq y < x \leqq 1$

(2) $\iint_D \dfrac{1}{\sqrt{x^2+y^2}}\,dxdy \qquad D : 0 \leqq x \leqq y \leqq 1,\ y > 0$

(3) $\iint_D \dfrac{e^y}{y}\,dxdy \qquad D : 0 \leqq x \leqq y \leqq 2,\ y > 0$

(4) $\iint_D \dfrac{1}{\sqrt{1-x^2-y^2}}\,dxdy \qquad D : x^2+y^2 < 1$

(5) $\iint_D \dfrac{y}{x+y} e^{\left(\frac{y}{x+y}\right)^2}\,dxdy \qquad D : 0 < x+y \leqq 2,\ x,y \geqq 0$

▶ヒント (4) 極座標変換 (5) $u = x+y,\ y = uv$

23.2 次の広義重積分を計算せよ.

(1) $\iint_D \dfrac{1}{(x+y+2)^3}\,dxdy \qquad D : x \geqq 0,\ y \geqq 0$

(2) $\iint_D e^{-x-y}\,dxdy \qquad D : x \geqq 0,\ y \geqq 0$

(3) $\iint_D \dfrac{1}{(x^2+y^2+1)^2}\,dxdy \qquad D : \begin{cases} -\infty < x < +\infty \\ -\infty < y < +\infty \end{cases}$

▶ヒント (3) 極座標変換

23.3 ベータ関数・ガンマ関数を用いて, 次の定積分の値を求めよ:
$$\int_0^{\frac{\pi}{2}} \cos^4 x \sin^6 x\,dx$$

§24 体積・曲面積

重積分が大活躍

体　積

閉領域 D 上で，二曲面
$$z = f(x, y), \quad z = g(x, y)$$
に挟まれた部分 V の体積は，
$$\iint_D (f(x, y) - g(x, y))\, dxdy$$

これは，3 次元空間での累次積分により，次のようにもかける：
$$\iiint_V dxdydz$$

ただし，$f(x, y)$, $g(x, y)$ は D で連続で，$f(x, y) \geqq g(x, y)$ とする．

例　曲面 $z = \dfrac{x^2}{a^2} + \dfrac{y^2}{b^2}$，平面 $z = 0$ および，柱面 $x^2 + y^2 = c^2$ によって囲まれた部分 V の体積は，図形の対称性を考えて，

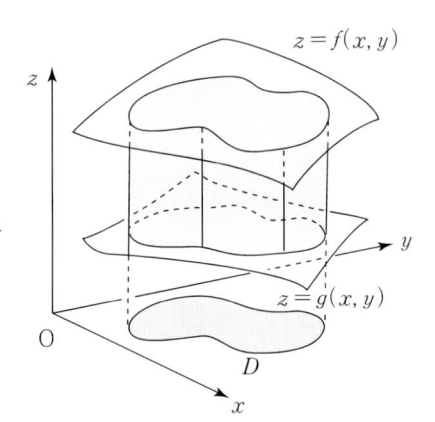

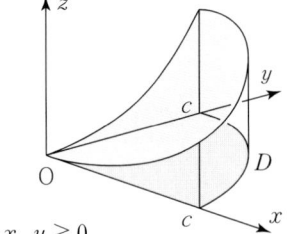

$$V = 4 \iint_D \left(\frac{x^2}{a^2} + \frac{y^2}{b^2} \right) dxdy \quad D : x^2 + y^2 \leqq c^2,\ x, y \geqq 0$$

ここで，$x = r\cos\theta$, $y = r\sin\theta$ とおき，

$$\begin{aligned}
V &= 4 \int_0^{\frac{\pi}{2}} d\theta \int_0^c \left(\frac{r^2 \cos^2 \theta}{a^2} + \frac{r^2 \sin^2 \theta}{b^2} \right) r\, dr \\
&= \int_0^{\frac{\pi}{2}} \left(\frac{\cos^2 \theta}{a^2} + \frac{\sin^2 \theta}{b^2} \right) \Big[r^4 \Big]_0^c d\theta \\
&= c^4 \left(\frac{1}{a^2} \int_0^{\frac{\pi}{2}} \cos^2 \theta\, d\theta + \frac{1}{b^2} \int_0^{\frac{\pi}{2}} \sin^2 \theta\, d\theta \right) \\
&= \frac{\pi}{4} \left(\frac{1}{a^2} + \frac{1}{b^2} \right) c^4
\end{aligned}$$

□

── 例題 24.1 ──────────────────────── 体 積 ──

(1) 曲面 $z = x^2 + y^2$ と平面 $z = x + y$ によって囲まれた部分の体積を求めよ。

(2) 三重積分により，閉曲面 $x^{\frac{2}{3}} + y^{\frac{2}{3}} + z^{\frac{2}{3}} = 1$ の囲む立体 V の体積を求めよ．

立体 V の体積も V と記すことにする．

【解】 (1) 求める体積は，
$$V = \iint_D ((x+y) - (x^2+y^2))\,dxdy$$
$$D : x^2 + y^2 \leqq x + y$$

この積分領域 D の内部は，変換
$$x = r\cos\theta, \quad y = r\sin\theta$$
によって，$r\theta$-平面の閉領域
$$E : \begin{cases} r \leqq \cos\theta + \sin\theta \\ -\pi/4 \leqq \theta \leqq 3\pi/4 \end{cases}$$
の内部と一対一に写り合う．

$$V = \iint_E (r(\cos\theta + \sin\theta) - r^2)\,r\,drd\theta$$
$$= \int_{-\pi/4}^{3\pi/4} d\theta \int_0^{\cos\theta+\sin\theta} (r^2(\cos\theta + \sin\theta) - r^3)\,dr$$
$$= \int_{-\pi/4}^{3\pi/4} \left[\frac{r^3}{3}(\cos\theta + \sin\theta) - \frac{r^4}{4}\right]_0^{\cos\theta+\sin\theta} d\theta$$
$$= \int_{-\pi/4}^{3\pi/4} \frac{1}{12}(\cos\theta + \sin\theta)^4\,d\theta$$
$$= \int_{-\pi/4}^{3\pi/4} \frac{1}{12}\left(\sqrt{2}\sin\left(\theta + \frac{\pi}{4}\right)\right)^4 d\theta$$
$$= \frac{4}{12}\int_0^\pi \sin^4 t\,dt \quad \left(t = \theta + \frac{\pi}{4} \text{ とおいた}\right)$$
$$= \frac{4}{12}\cdot 2\int_0^{\pi/2} \sin^4 t\,dt$$
$$= \frac{4}{12}\cdot 2 \cdot \frac{3}{4}\cdot\frac{1}{2}\cdot\frac{\pi}{2} = \frac{\pi}{8}$$

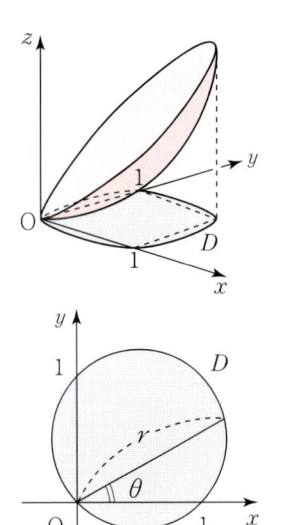

（2） $V = \iiint_V dxdydz$

$$V : x^{\frac{2}{3}} + y^{\frac{2}{3}} + z^{\frac{2}{3}} \leqq 1$$

積分領域 V は，変数変換

$$x = u^3, \quad y = v^3, \quad z = w^3$$

によって，

$$V' : u^2 + v^2 + w^2 \leqq 1$$

に写る．このとき，

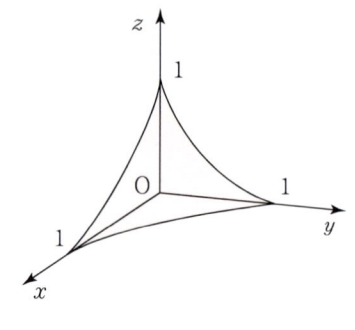

$$V = \iiint_{V'} \left| \frac{\partial(x, y, z)}{\partial(u, v, w)} \right| dudvdw$$

$$= 27 \iiint_{V'} u^2 v^2 w^2 \, dudvdw$$

領域 V' は，さらに，3 次元極座標変換

$$u = r\sin\theta\cos\varphi, \quad v = r\sin\theta\sin\varphi, \quad w = r\cos\theta$$

によって，

$$V'' : 0 \leqq r \leqq 1, \ 0 \leqq \theta \leqq \pi, \ 0 \leqq \varphi \leqq 2\pi$$

に写る．このとき，

$$V = 27 \iiint_{V''} (r\sin\theta\cos\varphi)^2 (r\sin\theta\sin\varphi)^2 (r\cos\theta)^2 \, drd\theta d\varphi$$

$$= 27 \int_0^1 r^8 \, dr \cdot \int_0^\pi \sin^5\theta \cos^2\theta \, d\theta \cdot \int_0^{2\pi} \cos^2\varphi \sin^2\varphi \, d\varphi$$

$$= 27 \cdot \frac{1}{9} \cdot \frac{16}{105} \cdot \frac{\pi}{4}$$

$$= \frac{4}{35}\pi \qquad \square$$

曲面積

曲面 $z = f(x, y)$ の領域 D 上の曲面積を求めよう．

張りぼて人形の全表面積は，切り張りする新聞紙片の面積の総和と考えることができる．

いま，領域 D を含む有限区間を区間分割する：

$$I_{ij} \ (1 \leqq i \leqq m, \ 1 \leqq j \leqq n)$$

小区間 I_{ij} の代表点 $(x_{ij}, y_{ij}, 0)$ に対する曲面上の点

$$P_{ij}(x_{ij}, y_{ij}, f(x_{ij}, y_{ij}))$$

の近くでは，曲面をこの点における接平面で代用できる．小区間 I_{ij} 上では，曲面を，

$$h_i \begin{bmatrix} 1 \\ 0 \\ f_x \end{bmatrix}, \quad k_j \begin{bmatrix} 0 \\ 1 \\ f_y \end{bmatrix}$$

を二隣辺とする平行四辺形で近似する．ここに，h_i, k_j は長方形 I_{ij} の縦・横の長さであり，$f_x(x_{ij}, y_{ij})$，$f_y(x_{ij}, y_{ij})$ を，簡単のため，それぞれ f_x, f_y と略記した．

この平行四辺形の面積 S_{ij} は，

$$S_{ij} = \sqrt{\begin{vmatrix} 0 & 1 \\ f_x & f_y \end{vmatrix}^2 + \begin{vmatrix} f_x & f_y \\ 1 & 0 \end{vmatrix}^2 + \begin{vmatrix} 1 & 0 \\ 0 & 1 \end{vmatrix}^2}\, h_i k_j$$

$$= \sqrt{f_x(x_{ij}, y_{ij})^2 + f_y(x_{ij}, y_{ij})^2 + 1}\, h_i k_j$$

したがって，求める曲面積 S は，

$$S = \lim_{n \to \infty} \sum_i \sum_j S_{ij} = \iint_D \sqrt{f_x^2 + f_y^2 + 1}\, dxdy$$

●ポイント ──────────────────── 曲面積 ─

曲面 $z = f(x, y)$ の領域 D 上の曲面積は，

$$S = \iint_D \sqrt{f_x^2 + f_y^2 + 1}\, dxdy$$

▶注　$\boldsymbol{a} = \begin{bmatrix} a_1 \\ a_2 \\ a_3 \end{bmatrix}, \quad \boldsymbol{b} = \begin{bmatrix} b_1 \\ b_2 \\ b_3 \end{bmatrix}$

を二隣辺とする平行四辺形の面積は，

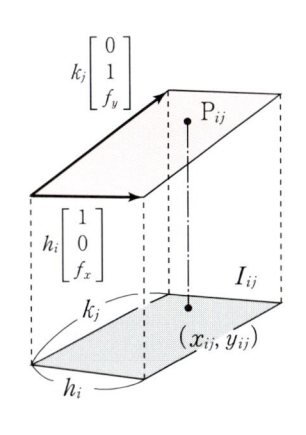

$$S = \sqrt{\|\boldsymbol{a}\|^2 \|\boldsymbol{b}\|^2 - (\boldsymbol{a}, \boldsymbol{b})^2} = \sqrt{\begin{vmatrix} a_2 & b_2 \\ a_3 & b_3 \end{vmatrix}^2 + \begin{vmatrix} a_3 & b_3 \\ a_1 & b_1 \end{vmatrix}^2 + \begin{vmatrix} a_1 & b_1 \\ a_2 & b_2 \end{vmatrix}^2}$$

例題 24.2 ━━━━━━━━━━━━ 曲面積

球面 $x^2+y^2+z^2=a^2$ の円柱面 $x^2+y^2=ax$ によって切りとられる部分の曲面積を求めよ．ただし，$a>0$．

【解】 問題の図形は，xy-平面，xz-平面に関して対称だから，$z\geqq 0$, $y\geqq 0$ の部分だけ考える．

$$x^2+y^2+z^2=a^2$$

の両辺を x および y で偏微分すると，

$$2x+2z\frac{\partial z}{\partial x}=0 \quad \therefore\quad \frac{\partial z}{\partial x}=-\frac{x}{z}$$

$$2y+2z\frac{\partial z}{\partial y}=0 \quad \therefore\quad \frac{\partial z}{\partial y}=-\frac{y}{z}$$

ゆえに，求める曲面積は，

$$S=4\iint_D \sqrt{\left(\frac{\partial z}{\partial x}\right)^2+\left(\frac{\partial z}{\partial y}\right)^2+1}\,dxdy \qquad D:x^2+y^2\leqq ax,\ y\geqq 0$$

$$=4\iint_D \sqrt{\left(-\frac{x}{z}\right)^2+\left(-\frac{y}{z}\right)^2+1}\,dxdy$$

$$=4\iint_D \sqrt{\frac{x^2+y^2+z^2}{z^2}}\,dxdy = 4\iint_D \frac{a}{\sqrt{a^2-(x^2+y^2)}}\,dxdy$$

ここで，極座標変換

$$x=r\cos\theta,\quad y=r\sin\theta$$

を行うと，

$$S=4\iint_E \frac{a}{\sqrt{a^2-r^2}}\cdot r\,drd\theta$$

$$=4\int_0^{\frac{\pi}{2}}d\theta \int_0^{a\cos\theta}\frac{ar}{\sqrt{a^2-r^2}}\,dr$$

$$=4a\int_0^{\frac{\pi}{2}}\left[-\sqrt{a^2-r^2}\right]_0^{a\cos\theta}d\theta$$

$$=4a\int_0^{\frac{\pi}{2}}a(1-\sin\theta)\,d\theta$$

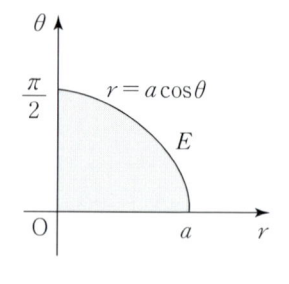

$$=2(\pi-2)a^2 \qquad\qquad\qquad\qquad\qquad\qquad\qquad\qquad\quad\square$$

演習問題

24.1 次の立体の体積を求めよ．

(1) 曲面 $z^2 = 4x$ と円柱面 $x^2 + y^2 = x$ とで囲まれた部分

(2) 球面 $x^2 + y^2 + z^2 = a^2$ で囲まれた円柱面 $x^2 + y^2 = ax$ $(a > 0)$ の内部の部分．

(3) 曲面 $z = xy$, 平面 $z = 0$ と円柱面 $(x-1)^2 + (y-1)^2 = 1$ で囲まれた部分．

(4) 曲面 $z = x^2 + y^2$ と平面 $z = 2x$ によって囲まれた部分．

24.2 三重積分により，楕円体
$$\frac{x^2}{a^2} + \frac{y^2}{b^2} + \frac{z^2}{c^2} = 1$$
の体積を求めよ．$(a > 0, b > 0, c > 0)$

24.3 (1) 曲線 $x^{\frac{1}{p}} + y^{\frac{1}{p}} = 1$ が第I象限で両軸と囲む面積は，
$$S = \frac{p}{2} \frac{\Gamma(p)^2}{\Gamma(2p)}$$
であることを示せ．

(2) 曲線 $x^{\frac{2}{3}} + y^{\frac{2}{3}} = 1$ が第I象限で両軸と囲む面積を求めよ．

24.4 次の曲面積を求めよ．

(1) 曲面 $z^2 = 4x$ の円柱面 $x^2 + y^2 = x$ の内部にある部分．

(2) 曲面 $z^2 = 2xy$ の $0 \leqq x \leqq a$, $0 \leqq y \leqq b$, $z \geqq 0$ の部分．

(3) 円柱面 $x^2 + z^2 = a^2$ から，円柱 $x^2 + y^2 \leqq a^2$ $(a > 0)$ が切り取る部分．

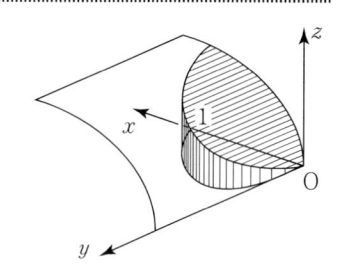

立体の体積

積分領域・曲面の上下を正しく決定せよ！

平面積・体積

$\iint_D dxdy$: D の面積

$\iiint_V dxdydz$: V の体積

§25 線積分とグリーンの定理
――――― 微積分学の基本定理 New version ―――――

線積分

たとえば，力 F が曲線 C 上を運動する質点 M にする**仕事**を考えよう．

いま，簡単のため，平面上で考えることにする．曲線を，
$$C : \boldsymbol{x} = \boldsymbol{c}(t) \quad (a \leq t \leq b)$$
とし，位置 $\boldsymbol{x}$ で質点 M に働く力を $F(\boldsymbol{x})$ とする．

まず，期間 $[a, b]$ を小期間に分割する：
$$a = t_0 < t_1 < \cdots < t_n = b$$
各分点 t_i に対して，
$$\boldsymbol{x}_i = \boldsymbol{c}(t_i)$$
とおけば，小期間 $[t_{i-1}, t_i]$ に，力 F が質点 M にする仕事は，ほぼ，
$$(F(\boldsymbol{x}_i), \boldsymbol{x}_i - \boldsymbol{x}_{i-1})$$
[$F(\boldsymbol{x}_i)$ と $\boldsymbol{x}_i - \boldsymbol{x}_{i-1}$ の内積]だから，求める仕事量は，ほぼ次のようになる：
$$W_n = \sum_{i=1}^{n} (F(\boldsymbol{x}_i), \boldsymbol{x}_i - \boldsymbol{x}_{i-1})$$

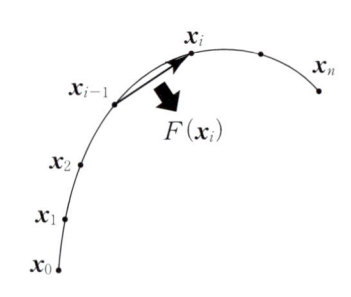

ここで，$[a, b]$ の分割を限りなく細かくしたとき，近似和 W_n が一定値へ近づくならば，この一定値を，曲線 C に沿っての F の**線積分**とよび，
$$\int_C F \quad \text{または} \quad \int_C F(\boldsymbol{x})\, d\boldsymbol{x}$$
などと記す．ベクトル $\boldsymbol{x}, F(\boldsymbol{x})$ を成分で表わせば，この線積分は次のようにもかける：
$$\int_C F(\boldsymbol{x})\, d\boldsymbol{x} = \int_C \left(\begin{bmatrix} f(x, y) \\ g(x, y) \end{bmatrix}, \begin{bmatrix} dx \\ dy \end{bmatrix} \right)$$
$$= \int_C f(x, y)\, dx + g(x, y)\, dy$$

また，上の近似和 W_n を，

$$W_n = \sum_{i=1}^n \left(F(\boldsymbol{x}_i),\ \frac{\boldsymbol{c}(t_i) - \boldsymbol{c}(t_{i-1})}{t_i - t_{i-1}} \right)(t_i - t_{i-1})$$

とかいてから，分割を限りなく細かくすれば，次の積分に近づく：

$$\int_a^b (F(\boldsymbol{c}(t)),\ \boldsymbol{c}'(t))\, dt$$

この積分も，成分を用いて，

$$\boldsymbol{c}(t) = \begin{bmatrix} \varphi(t) \\ \psi(t) \end{bmatrix},\quad F(\boldsymbol{x}) = \begin{bmatrix} f(\varphi(t), \psi(t)) \\ g(\varphi(t), \psi(t)) \end{bmatrix}$$

などとおけば，次のようにかける：

$$\int_a^b (f(\varphi(t), \psi(t))\varphi'(t) + g(\varphi(t), \psi(t))\psi'(t))\, dt$$

この例を見たところで，あらためて，次のように定義する：

■ポイント ──────────────── 線積分 ──

$\boldsymbol{R}^2$ の領域上の連続な行ベクトル値関数 F と滑らかな曲線 C

$$F(x, y) = [\, f(x, y) \quad g(x, y)\,]$$
$$C : \boldsymbol{c}(t) = \begin{bmatrix} \varphi(t) \\ \psi(t) \end{bmatrix} \quad (a \le t \le b)$$

に対して，

$$\int_a^b (f(\varphi(t), \psi(t))\varphi'(t) + g(\varphi(t), \psi(t))\psi'(t))\, dt$$

を，関数 F の曲線 C に沿っての(線)**積分**とよび，

$$\int_C F,\quad \int_C F(\boldsymbol{x})\, d\boldsymbol{x},\quad \int_C f(x,y)\, dx + g(x,y)\, dy$$

などと記す．

　このとき，曲線 C をこの線積分の**積分路**(道)という．
　t が a から b へ向う方向に曲線 C にも**向き**を考え，$(\varphi(a), \psi(a))$ および $(\varphi(b), \psi(b))$ を，それぞれ，曲線 C の**始点・終点**という．

▶ 注　$C : \boldsymbol{c}(t) = \begin{bmatrix} \varphi(t) \\ \psi(t) \end{bmatrix}$ は**滑らか** $\iff$ $\varphi'(t), \psi'(t)$ は連続

　　二つの曲線 $\boldsymbol{c}_1 : [a, b] \to \boldsymbol{R}^2,\ \boldsymbol{c}_2 : [b, c] \to \boldsymbol{R}^2$ で，C_1 の終点と C_2 の始点が一致するとき，C_1, C_2 を**つないだ**曲線

$$\boldsymbol{c}: [a, c] \longrightarrow \boldsymbol{R}^2$$
$$\boldsymbol{c}(t) = \begin{cases} \boldsymbol{c}_1(t) & (a \leq t \leq b) \\ \boldsymbol{c}_2(t) & (b \leq t \leq c) \end{cases}$$

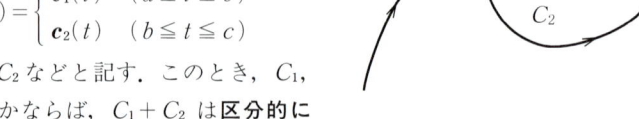

を，$C_1 + C_2$ などと記す．このとき，C_1，C_2 が滑らかならば，$C_1 + C_2$ は**区分的に滑らか**だという．また，$C_1 + C_2$ に沿った線積分を，次で定義する：

$$\int_{C_1+C_2} F = \int_{C_1} F + \int_{C_2} F$$

曲線 $C: \boldsymbol{x} = \boldsymbol{c}(t)$ $(a \leq t \leq b)$ の**逆向き**の曲線 C^- を次で定義する：

$$\boldsymbol{c}^-(t) = \boldsymbol{c}(a+b-t) \quad (a \leq t \leq b)$$

なお，線積分の値は，積分路 C の表示法によらない．

●線積分の次の性質は，ほぼ明らかであろう：

（1） $\displaystyle\int_C aF + bG = a\int_C F + b\int_C G$ 　　（2） $\displaystyle\int_{C^-} F = -\int_C F$

[**例**] $A(1, 0)$ から $B(0, 1)$ へ至る曲線

$$C_1: \boldsymbol{c}_1(t) = \begin{bmatrix} 1-t \\ t \end{bmatrix} \quad (0 \leq t \leq 1)$$

$$C_2: \boldsymbol{c}_2(t) = \begin{bmatrix} \cos t \\ \sin t \end{bmatrix} \quad \left(0 \leq t \leq \frac{\pi}{2}\right)$$

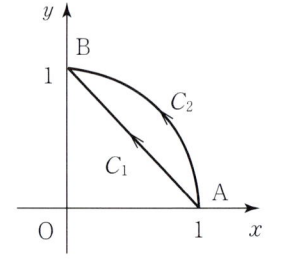

に沿っての関数

$$F(x, y) = \begin{bmatrix} x + 2y & 3x + y \end{bmatrix}$$

の線積分を，それぞれ求めよ．

解 $\displaystyle\int_{C_1} F = \int_0^1 [(1-t) + 2t \quad 3(1-t) + t] \begin{bmatrix} -1 \\ 1 \end{bmatrix} dt$

$\qquad\qquad = \displaystyle\int_0^1 (2 - 3t)\, dt = \dfrac{1}{2}$

$\displaystyle\int_{C_2} F = \int_0^{\frac{\pi}{2}} [\cos t + 2\sin t \quad 3\cos t + \sin t] \begin{bmatrix} -\sin t \\ \cos t \end{bmatrix} dt$

$\qquad\qquad = \displaystyle\int_0^{\frac{\pi}{2}} (3\cos^2 t - 2\sin^2 t)\, dt = 3 \cdot \dfrac{1}{2} \dfrac{\pi}{2} - 2 \cdot \dfrac{1}{2} \dfrac{\pi}{2} = \dfrac{\pi}{4}$ 　□

この例にも見るように，一般に，始点・終点が一致していても積分路が異

なれば，線積分は異なる．この点に関して，次の命題は注目に価する：

> **●ポイント** ─────────────────── **原始関数と線積分** ─
>
> 行ベクトル値関数 $F(\boldsymbol{x}) = [\, f(x,y) \quad g(x,y)\,]$ の滑らかな曲線 C に沿っての線積分について，次の(1),(2)は，同値：
>
> (1) $F(\boldsymbol{x})$ は，積分可能である．
>
> (2) 線積分 $\int_C F$ は，積分路の始点と終点だけで決まり，曲線 C の形によらない．
>
> ここに，行ベクトル値関数 $F(\boldsymbol{x})$ と，実数値関数 $\Phi(\boldsymbol{x})$ について，
>
> $$\Phi'(\boldsymbol{x}) = F(\boldsymbol{x}) \iff \Phi(\boldsymbol{x}) \text{ は } F(\boldsymbol{x}) \text{ の\textbf{原始関数}}$$
>
> $$F(\boldsymbol{x}) \text{ は\textbf{積分可能}} \iff F(\boldsymbol{x}) \text{ は原始関数をもつ}$$
>
> と定義する．

▶注 物理学では，$-\Phi(\boldsymbol{x})$ を $F(\boldsymbol{x})$ の**ポテンシャル**，積分可能であることを，**保存ベクトル場**という．

証明 $(1) \Rightarrow (2)$： $\Phi'(\boldsymbol{x}) = F(\boldsymbol{x})$, $C : \boldsymbol{x} = \boldsymbol{c}(t) \ (a \leq t \leq b)$ とおく．

$$\int_C F = \int_C \Phi' = \int_a^b \Phi'(\boldsymbol{c}(t))\, \boldsymbol{c}'(t)\, dt = \Big[\, \Phi(\boldsymbol{c}(t))\, \Big]_a^b$$
$$= \Phi(\boldsymbol{c}(b)) - \Phi(\boldsymbol{c}(a)) = \Phi(\text{終点}) - \Phi(\text{始点})$$

$(2) \Rightarrow (1)$： 始点 $\boldsymbol{a}$，終点 $\boldsymbol{x}$ の曲線に沿っての関数 F の線積分を，

$$G(\boldsymbol{x}) = \int_a^x F$$

と記す．以下で，$G' = F$ すなわち，

$$\left[\, \frac{\partial G}{\partial x} \quad \frac{\partial G}{\partial y}\,\right] = [\, f(x,y) \quad g(x,y)\,]$$

を示す．

$$\frac{\partial G}{\partial x} = \lim_{h \to 0} \frac{G(x+h, y) - G(x, y)}{h}$$
$$= \lim_{h \to 0} \frac{1}{h} \int_x^{x+he_1} F \quad \text{ただし } \boldsymbol{e}_1 = \begin{bmatrix} 1 \\ 0 \end{bmatrix}$$

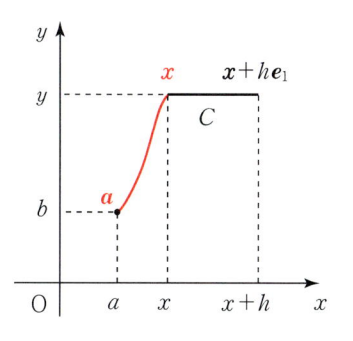

始点 $\boldsymbol{x}$・終点 $\boldsymbol{x}+h\boldsymbol{e}_1$ を結ぶ曲線として，**とくに，有向線分**

$$C: \boldsymbol{c}(t) = \boldsymbol{x} + t\boldsymbol{e}_1 = \begin{bmatrix} x+t \\ y \end{bmatrix} \quad (0 \leq t \leq h)$$

をとると，$\boldsymbol{c}'(t) = \boldsymbol{e}_1$ となり，上の計算は，次のように続行される：

$$= \lim_{h\to 0} \frac{1}{h} \int_0^h F(\boldsymbol{c}(t)) \, \boldsymbol{c}'(t) \, dt \quad \left(\boldsymbol{c}'(t) = \begin{bmatrix} 1 \\ 0 \end{bmatrix} \right)$$

$$= \lim_{h\to 0} \frac{1}{h} \int_0^h f(x+t, y) \, dt = f(x, y)$$

同様に，$\dfrac{\partial G}{\partial y} = g(x, y)$. □

▶注 一般に，$P'(t) = p(t)$ のとき，

$$\lim_{h\to 0} \frac{1}{h} \int_0^h p(t) \, dt = \lim_{h\to 0} \frac{P(h) - P(0)}{h} = P'(0) = p(0)$$

グリーンの定理

目的は，線積分と二重積分の関係を扱う次の定理である：

●ポイント ──────────────── **グリーンの定理**

$f(x,y)$, $g(x,y)$ が，有界閉領域 D で C^1 級であるとき，

$$\int_{\partial D} f(x,y)\, dx + g(x,y)\, dy = \iint_D \left(\frac{\partial g}{\partial x} - \frac{\partial f}{\partial y} \right) dx dy$$

ここに，∂D は，閉領域 D の内部が進行方向左側になるように向きを考えた D の境界である．

証明 領域 D を座標軸に平行な適当な切断線によって，各部分領域が**縦線領域かつ横線領域**であるように分割すれば，切断線上で線積分は打消し合い，二重積分は加法性をもつので，D がたとえば右のような場合について証明すればよい．

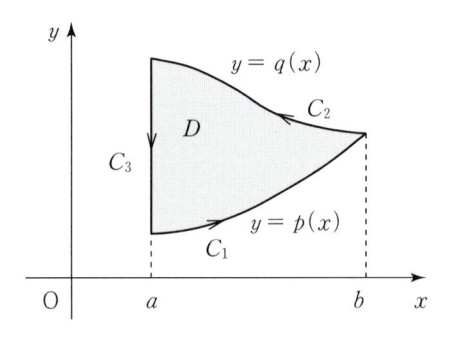

このとき,
$$\int_{\partial D} f(x,y)\,dx = \int_{C_1} f + \int_{C_2} f + \int_{C_3} f$$
$$= \int_a^b f(x, p(x))\,dx + \int_b^a f(x, q(x))\,dx + 0$$
$$= -\int_a^b (f(x, q(x)) - f(x, p(x)))\,dx$$
$$= -\int_a^b \Big[f(x,y) \Big]_{y=p(x)}^{y=q(x)} dx$$
$$= -\int_a^b dx \int_{p(x)}^{q(x)} \frac{\partial}{\partial y} f(x,y)\,dy = -\iint_D \frac{\partial f}{\partial y}\,dxdy$$

ゆえに,
$$\int_{\partial D} f(x,y)\,dx = -\iint_D \frac{\partial f}{\partial y}\,dxdy \quad \cdots\cdots\cdots\cdots\cdots ①$$

同様に,
$$\int_{\partial D} g(x,y)\,dy = \iint_D \frac{\partial g}{\partial x}\,dxdy \quad \cdots\cdots\cdots\cdots\cdots ②$$

①,② から,目標の等式が得られる. □

▶注 グリーンの定理では,閉領域 D 全体で定義された $\dfrac{\partial g}{\partial x} - \dfrac{\partial f}{\partial y}$ の二重積分が,$f(x,y), g(x,y)$ の境界上での値だけから決まる——興味あることである.1次元での $\displaystyle\int_a^b F'(x)\,dx = F(b) - F(a)$ と**同種の定理**である.

このグリーンの定理と先ほどの性質(p. 165)より,

●ポイント ──────────────── 原始関数の存在条件 ──

単純閉曲線の内部で C^1 級の行ベクトル値関数 $[\,f(x,y)\ \ g(x,y)\,]$ について,次の(1),(2)は,同値:

(1) $[\,f(x,y)\ \ g(x,y)\,]$ は,積分可能.

(2) D の各点で,$\dfrac{\partial g}{\partial x} = \dfrac{\partial f}{\partial y}$.

▶注 この条件(1),(2)を満たす $[\,f(x,y)\ \ g(x,y)\,]$ の原始関数は,
$$F(x,y) = \int_a^x f(t,y)\,dt + \int_b^y g(a,t)\,dt$$

━━ 例題 25.1 ━━━━━━━━━━━━━━━━━━ グリーンの定理 ━━

　右のような閉曲線 C に沿っての次の線積分を，定義にしたがって計算し，グリーンの定理を確かめよ：

$$\int_C (x+y^2)\,dx + (x^2+y)\,dy$$

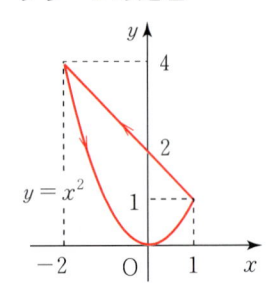

【解】　C を C_1, C_2 に分けて考える：

$$C_1 : \begin{bmatrix} x \\ y \end{bmatrix} = \begin{bmatrix} 1-t \\ 1+t \end{bmatrix} \quad (0 \leq t \leq 3)$$

$$C_2 : \begin{bmatrix} x \\ y \end{bmatrix} = \begin{bmatrix} t \\ t^2 \end{bmatrix} \quad (-2 \leq t \leq 1)$$

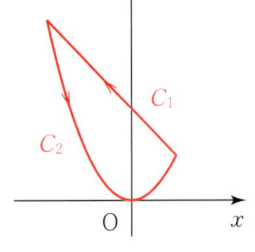

このとき，

$$I_1 = \int_{C_1} (x+y^2)\,dx + (x^2+y)\,dy$$

$$= \int_0^3 \begin{bmatrix} 1-t+(1+t)^2 & (1-t)^2+(1+t) \end{bmatrix} \begin{bmatrix} -1 \\ 1 \end{bmatrix} dt$$

$$= \int_0^3 (-2t)\,dt = \Big[-t^2\Big]_0^3 = -9$$

$$I_2 = \int_{C_2} (x+y^2)\,dx + (x^2+y)\,dy = \int_{-2}^1 \begin{bmatrix} t+t^4 & 2t^2 \end{bmatrix} \begin{bmatrix} 1 \\ 2t \end{bmatrix} dt$$

$$= \int_{-2}^1 (t^4+4t^3+t)\,dt = \Big[\frac{1}{5}t^5+t^4+\frac{1}{2}t^2\Big]_{-2}^1 = -\frac{99}{10}$$

ゆえに，

$$\int_C (x+y^2)\,dx + (x^2+y)\,dy = I_1 + I_2 = -\frac{189}{10}$$

次に，曲線 C の囲む閉領域を D とおき，

$$I = \iint_D \left(\frac{\partial}{\partial x}(x^2+y) - \frac{\partial}{\partial y}(x+y^2)\right) dxdy$$

$$= \iint_D (2x-2y)\,dxdy$$

$$= \int_{-2}^{1} dx \int_{x^2}^{2-x} (2x-2y)\,dy = \int_{-2}^{1} \Big[2xy - y^2\Big]_{y=x^2}^{y=2-x} dx$$

$$= \int_{-2}^{1} (x^4 - 2x^3 - 3x^2 + 8x - 4)\,dx = -\frac{189}{10}$$

したがって，確かに，グリーンの定理は成立している． □

演習問題

25.1 $F(x,y) = [\,x+y\quad 2x\,]$ の点 A$(1,1)$ から B$(2,4)$ へ至る次の曲線に沿っての線積分を求めよ．

（1） C_1：有向線分 AB （2） C_2：放物線弧 $y = x^2$

25.2 $F(x,y) = [\,x^2 - 4y^2\quad 2y - 3xy\,]$ の次の各閉領域の境界に沿っての線積分を求めよ．（領域内部を左手に見る向きを考える）

（1） 三点 $(0,0), (1,0), (0,1)$ を頂点とする三角形．

（2） $y = x^2,\ y = \sqrt{x}$ で囲まれた部分．

25.3 $$f(x,y) = \frac{-y}{x^2+y^2},\quad g(x,y) = \frac{x}{x^2+y^2}$$

のとき，次の I, J を計算し，比較せよ：

$$I = \int_{\partial D} f(x,y)\,dx + g(x,y)\,dy,\quad J = \iint_D \left(\frac{\partial g}{\partial x} - \frac{\partial f}{\partial y}\right) dxdy$$

ただし，D は，単位円板 $x^2 + y^2 \leq 1$．

25.4 （1） 区分的に C^1 級の曲線で囲まれた有界閉領域 D の面積は，

$$S = \frac{1}{2} \int_{\partial D} -y\,dx + x\,dy = \int_{\partial D} -y\,dx = \int_{\partial D} x\,dy$$

で与えられることを示せ．

（2） アステロイド $x^{\frac{2}{3}} + y^{\frac{2}{3}} = a^{\frac{2}{3}}\ (a > 0)$ によって囲まれた部分の面積を求めよ．

（3） 閉曲線 $x = \sin 2t,\ y = \sin 3t\ (0 \leq t \leq \pi)$ によって囲まれた部分の面積を求めよ．

演習問題の解または略解

1.1 （1） $(f \circ g)(x) = f(g(x)) = \dfrac{1}{2}\left(\dfrac{x^2}{4}+2\right)-1 = \dfrac{x^2}{8}$ $(0 \leqq x \leqq 2)$

$(g \circ f)(x) = g(f(x)) = \dfrac{1}{4}\left(\dfrac{x}{2}-1\right)^2+2 = \dfrac{x^2}{16}-\dfrac{x}{4}+\dfrac{9}{4}$ $(2 \leqq x \leqq 3)$

$f^{-1}(x) = 2x+2$ $(0 \leqq x \leqq 1/2)$

$g^{-1}(x) = 2\sqrt{x-2}$ $(2 \leqq x \leqq 3)$

（2） $y = (f \circ g)^{-1}(x)$ とおけば，$x = (f \circ g)(y) = y^2/8$ だから，

$(f \circ g)^{-1}(x) = \sqrt{8x} = 2\sqrt{2x}$

$(g^{-1} \circ f^{-1})(x) = g^{-1}(f^{-1}(x)) = g^{-1}(2x+2) = 2\sqrt{2x}$

1.2 $\lim\limits_{x \to 2-0}(ax+5) = b$, $\lim\limits_{x \to 2+0}(x^2-3) = 6$ より，それぞれ，次を得る：

$2a+5 = b$, $1 = b$ $\therefore$ $a = -2$, $b = 1$

1.3 （1） na^{n-1}

（2） $X = \sqrt[n]{x}$, $A = \sqrt[n]{a}$ などとおく．

$1/(n\sqrt[n]{a^{n-1}})$

1.4 $y = \begin{cases} \dfrac{x^2}{1-\dfrac{1}{1+x^2}} = 1+x^2 & (x \neq 0) \\ 0 & (x = 0) \end{cases}$

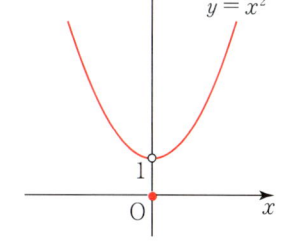

1.5 （1） $a_n = \dfrac{2-1/n}{3+2/n} \to \dfrac{2}{3}$ $\therefore$ $a = \dfrac{2}{3}$

（2） $\left|a_n - \dfrac{2}{3}\right| = \dfrac{7}{3(3n+2)} < 10^{-4}$ より，$n > 7777.1\cdots$ $\therefore$ $N = 7778$

1.6 （1） 2 （2） 求める上限は，1．$0 < x < 1$ なるどんな x をとっても，

$n > \dfrac{x}{1-x}$ なる n に対して，つねに，$x < \dfrac{n}{n+1} < 1$ が成立するから．

2.1 三者は，それぞれ，次を表わす：

8時 a 分～8時 $a+h$ 分 のあいだに，改札口を通過した人数．

8時 a 分～8時 $a+h$ 分 における 1 分あたりの平均通過人数．

8時 a 分頃の 1 分間あたりの改札口通過人数．

2.2 $g(x) = x^2$, $h(x) = ax + b$ とおく．
$g(1) = h(1)$, $g'(1) = h'(1)$ より，$a = 2$, $b = -1$．

2.3 （1）$\dfrac{6x^2 - 2x + 3}{\sqrt{x^2 + 1}}$　　（2）$2 + \dfrac{2x + 1}{\sqrt{x^2 + x}}$

（3）$\dfrac{75x^2 + 110x - 136}{(2x+3)\sqrt{2x+3}}$　　（4）$\dfrac{2a^2 x}{(a^2 - x^2)\sqrt{a^4 - x^4}}$

3.1（1）$p = \log_a b$, $q = \log_c a$, $r = \log_c b$ とおけば，
$b = a^p$, $a = c^q$, $b = c^r$　∴　$c^r = b = a^p = (c^q)^p = c^{pq}$　∴　$pq = r$

∴　$\log_a b = \dfrac{\log_c b}{\log_c a}$　　（2）$y = \dfrac{\log x}{\log a}$　∴　$y' = \dfrac{1}{x \log a}$

3.2（1）$x > 0$ のとき，$y' = \dfrac{1}{x}$．$x < 0$ のとき，$y' = \dfrac{(-x)'}{-x} = \dfrac{1}{x}$

∴　$(\log|x|)' = \dfrac{1}{x}$　　（2）$y' = \dfrac{1}{x^2 - a^2}$

（3）$(3^x)' = 3^x \log 3$ より，$(x^2 \cdot 3^x)' = 3^x (2x + x^2 \log 3)$

（4）$2\sqrt{x^2 + a^2}$

（5）$x^{(e^x)} e^x \left(\dfrac{1}{x} + \log x\right)$　　（6）$\dfrac{3x^2 + 2x - 3}{2\sqrt{(x^2+1)(x+1)^3 (x+2)^3}}$

4.1（1）$\sin \dfrac{\pi}{12} = \sin\left(\dfrac{\pi}{3} - \dfrac{\pi}{4}\right) = \sin \dfrac{\pi}{3} \cos \dfrac{\pi}{4} - \cos \dfrac{\pi}{3} \sin \dfrac{\pi}{4}$

$$= \dfrac{\sqrt{3}}{2} \dfrac{\sqrt{2}}{2} - \dfrac{1}{2} \dfrac{\sqrt{2}}{2} = \dfrac{\sqrt{6} - \sqrt{2}}{4}$$

（2）$\cos \dfrac{\pi}{8} = x$ とおく．二倍角の公式より，$\cos \dfrac{\pi}{4} = \cos^2 \dfrac{\pi}{8} - 1$

∴　$\dfrac{\sqrt{2}}{2} = 2x^2 - 1$　　よって，$x = \cos \dfrac{\pi}{8} = \dfrac{\sqrt{2 + \sqrt{2}}}{2}$

（3）$\sin^{-1}\left(\sin \dfrac{5}{6}\pi\right) = \sin^{-1} \dfrac{1}{2} = \dfrac{\pi}{6}$

4.2（1）右辺に，加法定理を用いる．

（2）加法定理を逆用

$y = 2\left(\dfrac{\sqrt{3}}{2} \sin x - \dfrac{1}{2} \cos x\right)$

$= 2\left(\sin x \cos \dfrac{\pi}{6} - \cos x \sin \dfrac{\pi}{6}\right)$

∴　$y = 2 \sin\left(x - \dfrac{\pi}{6}\right)$

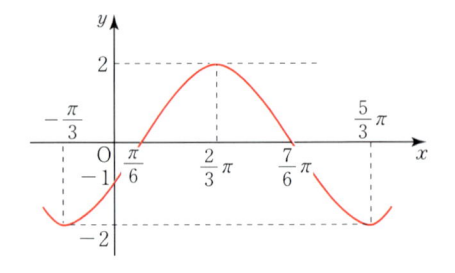

4.3 （1） $-4\sin(8x+10)$ （2） $-\tan x$ （3） $2\tan^{-1} x$

4.4 略

5.1 $\dfrac{2-0}{0-(-1)} = \dfrac{3c^2+1}{2c}$, $0 < c < 1$ より, $c = \dfrac{1}{3}$

5.2 $f(t) = t^p$, $g(t) = t^q$ に, $[a, b]$ でコーシーの平均値の定理を用いると, 次のような c が存在する：

$$\frac{a^q - b^q}{a^p - b^p} = \frac{qc^{q-1}}{pc^{p-1}} = \frac{q}{p} c^{q-p}, \quad 0 < a < c < b < 1$$

$0 < c^{q-p} < 1$ より, 与えられた不等式は明らか.

5.3 （1） $\dfrac{\infty}{\infty}$ 型 -2 （2） $\dfrac{\infty}{\infty}$ 型 0 （3） $\dfrac{\infty}{\infty}$ 型 1

（4） $\dfrac{\infty}{\infty}$ 型 1 （5） 1^∞ 型 $f(x) = (\cos x)^{\frac{1}{x^2}}$ とおき, $\dfrac{0}{0}$ 型へ.

$$\lim_{x \to 0} \log f(x) = \lim_{x \to 0} \frac{\log \cos x}{x^2} = \lim_{x \to 0} \frac{-\tan x}{2x} = -\frac{1}{2} \quad \therefore \quad f(x) \to e^{-\frac{1}{2}}$$

（6） $\displaystyle\lim_{x \to +\infty} \frac{\pi/2 - \tan^{-1} x}{1/x} = \lim_{x \to +\infty} \frac{-1/(1+x^2)}{-1/x^2} = 1$

6.1 （1） $f(x) = \dfrac{1}{a-b}\left(\dfrac{a}{x-a} - \dfrac{b}{x-b}\right)$ と変形.

$$f^{(n)}(x) = \frac{(-1)^n n!}{a-b}\left\{\frac{a}{(x-a)^{n+1}} - \frac{b}{(x-b)^{n+1}}\right\}$$

（2） $f^{(n)}(x) = (\sqrt{2})^n e^x \sin\left(x + \dfrac{n}{4}\pi\right)$

6.2 （1） $1 + \dfrac{1}{3}x - \dfrac{1}{9}x^2 + \dfrac{5}{81}x^3 - \dfrac{10}{243}(1+\theta x)^{-\frac{11}{3}} x^4$

（2） $1 + x + x^2 + x^3 + (1-\theta x)^{-5} x^4$

6.3 （1） $(1+x^2)' = 2x$, $(1+x^2)'' = 2$, $(1+x^2)''' = 0$, $\cdots$ に注意し, ライプニッツの公式を用いれば, 証明すべき等式は明らか.

（2） （1）の等式で, $x = 0$ とおけば,

$$y^{(n+1)}(0) = -n(n-1) y^{(n-1)}(0)$$

$\therefore \ y^{(2)}(0) = y^{(4)}(0) = y^{(6)}(0) = \cdots = 0 \quad (\because \ y(0) = 0)$

$y^{(2n-1)}(0) = -(2n-2)(2n-3) y^{(2n-3)}(0)$

$\qquad = \{-(2n-2)(2n-3)\}\{-(2n-4)(2n-5)\} y^{(2n-5)}(0)$

$\qquad = \cdots = (-1)^{n-1}(2n-2)! \, y'(0) = (-1)^{n-1}(2n-2)!$

$\therefore \ f^{(n)}(0) = y^{(n)}(0) = \begin{cases} 0 & (n : 偶数) \\ (-1)^{\frac{n-1}{2}}(n-1)! & (n : 奇数) \end{cases}$

$$\therefore \quad \tan^{-1} x = x - \frac{x^3}{3} + \frac{x^5}{5} - \frac{x^7}{7} + \cdots \cdots \quad (-1 \leqq x \leqq 1)$$

6.4 必要な項まで計算すればよい．

(1) $\dfrac{1}{\cos x} = \dfrac{1}{1-(1-\cos x)} = 1 + (1-\cos x) + (1-\cos x)^2 + \cdots$

$\qquad = 1 + \left(\dfrac{x^2}{2} - \dfrac{x^4}{24} + \cdots\right) + \left(\dfrac{x^2}{2} - \dfrac{x^4}{24} + \cdots\right)^2 + \cdots = 1 + \dfrac{x^2}{2} + \dfrac{5}{24}x^4 + \cdots$

(2) $\tan x = \dfrac{\sin x}{\cos x} = \left(x - \dfrac{x^3}{6} + \dfrac{x^5}{120} - \cdots\right)\left(1 + \dfrac{x^2}{2} + \dfrac{5}{24}x^4 + \cdots\right)$

$\qquad\qquad = x + \dfrac{1}{3}x^3 + \dfrac{2}{15}x^5 + \cdots \cdots$

(3) $\dfrac{x}{e^x - 1} = \dfrac{1}{1 + \dfrac{x}{2} + \dfrac{x^2}{6} + \dfrac{x^3}{24} + \cdots}$

$\qquad \doteqdot 1 - \left(\dfrac{x}{2} + \dfrac{x^2}{6} + \dfrac{x^3}{24}\right) + \left(\dfrac{x}{2} + \dfrac{x^2}{6}\right)^2 - \left(\dfrac{x}{2} + \dfrac{x^2}{6}\right)^3$

$\qquad \doteqdot 1 - \dfrac{x}{2} + \dfrac{x^2}{12}$

(4) $(1+x)^{\frac{1}{x}} = e^{\frac{1}{x}\log(1+x)} = e^{1 - \frac{x}{2} + \frac{x^2}{3} - \frac{x^3}{4} + \cdots} = e \cdot e^{-\frac{x}{2} + \frac{x^2}{3} - \frac{x^3}{4} + \cdots}$

$\qquad = e\left\{1 + \dfrac{1}{1!}\left(-\dfrac{x}{2} + \dfrac{x^2}{3} - \dfrac{x^3}{4} + \cdots\right) + \dfrac{1}{2!}\left(-\dfrac{x}{2} + \dfrac{x^2}{3} - \dfrac{x^3}{4} + \cdots\right)^2 + \cdots\right\}$

$\qquad = e\left(1 - \dfrac{x}{2} + \dfrac{11}{24}x^2 - \cdots\right)$

6.5 (1) **6.4**(2)を用いて，$-\dfrac{1}{3}$　　(2) **6.4**(4)を用いて，$\dfrac{1}{2}e$．

7.1 (1) $\dfrac{dy}{dx} = \tan t$，$\dfrac{d^2y}{dx^2} = \dfrac{1}{t\cos^3 t}$

(2) $\dfrac{dy}{dx} = \dfrac{1}{2}\left(t - \dfrac{1}{t}\right)$，$\dfrac{d^2y}{dx^2} = -\dfrac{1}{8}\left(t + \dfrac{1}{t}\right)^3$

7.2 (1) $y' = 1 - \dfrac{x}{\sqrt{2-x^2}}$　$\cdots$　①

$\quad = \dfrac{2(1-x^2)}{\sqrt{2-x^2}\,(x + \sqrt{2-x^2})}$　$\cdots$　②

$x < 0$ のとき，①より $y' > 0$．
$x \geqq 0$ のとき，②より，$x = 1$ の前後だけで y' は正から負へ符号変化するから，極値(極大値)は，ここだけ．

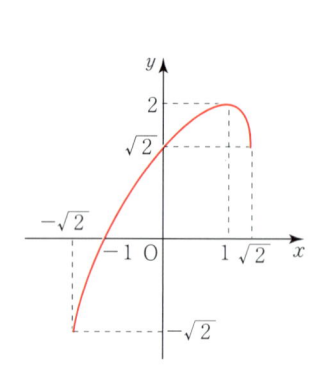

（2） $y' = 1 + \log x$

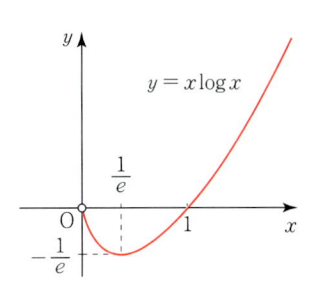

x	0	$\cdots$	$1/e$	$\cdots$
y'		$-$	0	$+$
y	0	$\searrow$	$-1/e$	$\nearrow$

（3） $y' = x^{\frac{1}{x}-2}(1 - \log x) \quad (x > 0)$

y' は，$x = e$ の前後だけで，正から負へ符号変化するので，極値（極大値）は，ここだけ．また，$x \to +\infty$ のとき，$y = x^{\frac{1}{x}} \to 1$.

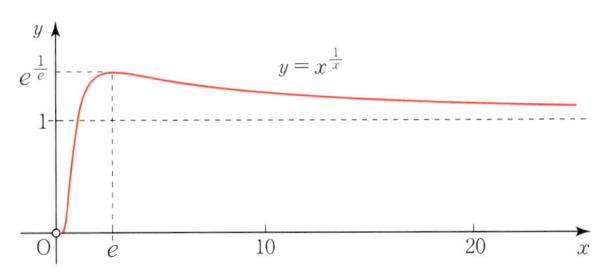

（4） $y' = 4\cos x(1 - 2\sin x)$　　増減表は略す．

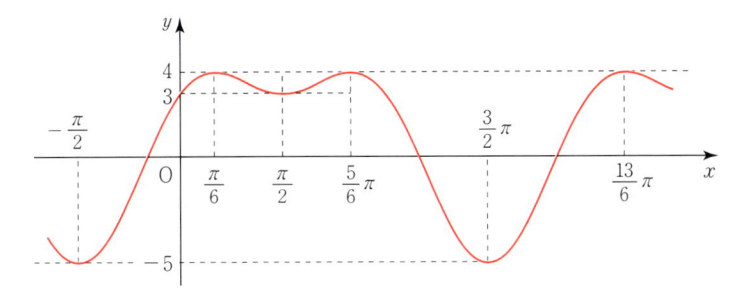

7.3 （1） ● $f''(a) < 0$ のとき： $f''(x)$ は点 a の近くで連続だから，a に十分近い x に対して，$f''(x) < 0$. テイラーの定理より，

$$f(x) = f(a) + \frac{f''(c)}{2!}(x-a)^2 \quad (c は a と x の間の数)$$

$f''(c) < 0$ より，$f(x)$ は点 a で極大になる．

● $f''(a) > 0$ のとき： 同様．

● $f''(a) = 0$ のとき：

$$f(x) = f(a) + \frac{f'''(c)}{3!}(x-a)^3 \qquad (c \text{ は } a \text{ と } x \text{ の間の数})$$

$f'''(x)$ の連続性と，$f'''(a) \neq 0$ より，$f'''(c) \neq 0$．$f'''(c) \neq 0$ より，点 a のどんな近くにも，$f(x) < f(a)$ なる点と，$f(x) > f(a)$ なる点があるので，$f(a)$ は極値ではない．

（2） $f'(x) = (2\cos x - 1)(\cos x + 1) = 0$ より，$x = \pi/3,\ \pi,\ 5\pi/3$．

$\qquad f''(x) = -\sin x(1 + 4\cos x)$

$f''\left(\dfrac{\pi}{3}\right) = -\dfrac{3}{2}\sqrt{3} < 0 \quad \therefore\ f\left(\dfrac{\pi}{3}\right) = \dfrac{3}{4}\sqrt{3}$ は，極大値

$f''\left(\dfrac{5}{3}\pi\right) = \dfrac{3}{2}\sqrt{3} > 0 \quad \therefore\ f\left(\dfrac{5}{3}\pi\right) = -\dfrac{3}{4}\sqrt{3}$ は，極小値

$f''(\pi) = 0,\ f'''(\pi) \neq 0 \quad \therefore\ f(\pi) = 0$ は，極値ではない．

7.4　（1）　$y' = \dfrac{-2(x-1)(x+1)}{(x^2+1)^2}$

$\qquad y'' = \dfrac{4x(x-\sqrt{3})(x+\sqrt{3})}{(x^2+1)^3}$

変曲点は，次の三点：

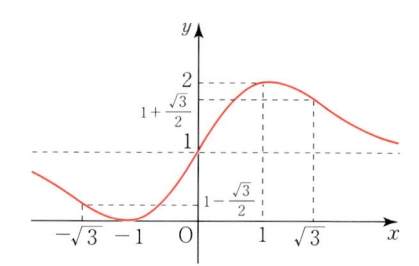

$\qquad (0, 1),\ \left(\pm\sqrt{3},\ 1 \pm \dfrac{\sqrt{3}}{2}\right)$

（2）　$y' = -\dfrac{1}{\sqrt{2\pi}}\, x e^{-\frac{1}{2}x^2}$

$\qquad y'' = \dfrac{1}{\sqrt{2\pi}}(x^2 - 1) e^{-\frac{1}{2}x^2}$

変曲点は，次の二点：

$\qquad \left(\pm 1,\ \dfrac{1}{\sqrt{2\pi}} e^{-\frac{1}{2}}\right)$

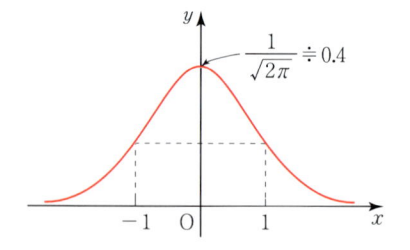

7.5　$S = \pi r^2 + \pi r \sqrt{r^2 + h^2}$ より，$h = \sqrt{S^2 - 2\pi r^2 S}\,/\pi r$

$$V = \dfrac{\pi}{3} r^2 h = \dfrac{1}{3} r \sqrt{S^2 - 2\pi r^2 S} \quad \left(0 < r < \sqrt{\dfrac{S}{2\pi}}\right)$$

$\dfrac{dV}{dr} = \dfrac{S^2 - 4\pi r^2 S}{3\sqrt{S^2 - 2\pi r^2 S}}$ は，$r = \sqrt{\dfrac{S}{4\pi}}$ の前後で，正から負へ符号変化する．

このとき，すなわち，$r : h = 1 : 2\sqrt{2}$ のとき，体積 V は最大になる．

7.6　楕円上の点 $(a\cos t,\ b\sin t)$ における接線は，

$$\dfrac{x\cos t}{a} + \dfrac{y\sin t}{b} = 1$$

$$f(t) = \mathrm{PQ}^2 = \left(\frac{a}{\cos t}\right)^2 + \left(\frac{b}{\sin t}\right)^2 \quad \left(0 < t < \frac{\pi}{2}\right)$$

$f'(t) = \dfrac{2a^2 \cos t}{\sin^3 t}\left(\tan^4 t - \dfrac{b^2}{a^2}\right)$ は，$t = \tan^{-1}\sqrt{\dfrac{b}{a}}$ の前後で負から正へ符号変化する．$f\left(\tan^{-1}\sqrt{\dfrac{b}{a}}\right) = (a+b)^2$　よって，PQ の最小値は，$a+b$．

8.1　p.53［例］と同様に解決する．(1), (2) は，容易なので略す．
(3) まず，(1), (2) と同様に，「$x < \tan x \quad (0 < x < \pi/2)$」を示す．その上で，

$$f(x) = \tan x - \left(x + \frac{1}{3}x^3\right) \quad \left(0 < x < \frac{\pi}{2}\right) \quad \text{とおく．}$$

$$f'(x) = \sec^2 x - (1+x^2) = (1+\tan^2 x) - (1+x^2)$$
$$= \tan^2 x - x^2 > 0 \quad (0 < x < \pi/2)$$

$f(x)$ は増加関数で，$f(0) = 0$ だから，$f(x) > 0 \quad (0 < x < \pi/2)$．

8.2　(1)　$f(x) = (a^p + x^p) - (a+x)^p \quad (x \geq 0)$ とおく．
$f'(x) = p(x^{p-1} - (a+x)^{p-1}) > 0$　∴　$f(x)$ は増加関数
∴　$f(x) > f(0) = 0$　とくに，$f(b) = (a^p + b^p) - (a+b)^p > 0$
(2)　$a_1^p + a_2^p + \cdots + a_n^p > (a_1 + a_2)^p + a_3^p + \cdots + a_n^p > \cdots$
$\cdots\cdots > (a_1 + a_2 + \cdots + a_n)^p$

8.3　(1)　$f(x) = x^3 - 4x + 1$ とおく．　$f'(x) = 3x^2 - 4$
$$f(1.5) = -1.625 < 0, \quad f(2.0) = 1.0 > 0$$
$$a_1 = 2.0, \quad a_2 = 2.0 - \frac{f(2.0)}{f'(2.0)} = 1.875$$
$$a_3 = 1.875 - \frac{f(1.875)}{f'(1.875)} = 1.8609 \quad ∴ \quad x ≒ 1.861$$

(2)　$f(x) = x - \cos x$ とおく．　$f'(x) = 1 + \sin x$
$$f(0) = -1 < 0, \quad f\left(\frac{\pi}{4}\right) = \frac{\pi}{4} - \frac{\sqrt{2}}{2} > 0$$
$$a_1 = \frac{\pi}{4}, \quad a_2 = \frac{\pi}{4} - \frac{f(\pi/4)}{f'(\pi/4)} = 0.7395\cdots \quad ∴ \quad x ≒ 0.740$$

9.1　(1)　$L = \displaystyle\lim_{n\to\infty} \sum_{k=1}^{n} \frac{1}{1+3(k/n)} \frac{1}{n} = \int_0^1 \frac{dx}{1+3x} = \frac{1}{3}\log 4$

(2)　$L = \displaystyle\lim_{n\to\infty} \sum_{k=1}^{n} \frac{1}{\sqrt{1+(k/n)}} \frac{1}{n} = \int_0^1 \frac{dx}{\sqrt{1+x}} = 2(\sqrt{2}-1)$

9.2　(1)　$I = \displaystyle\int_1^2 (x^{-\frac{3}{2}} + 2x^{-1} + x^{-\frac{1}{2}}) dx = \sqrt{2} + 2\log 2$

（2） $\dfrac{1}{2}$　　（3） $\dfrac{1}{3}e(e^3-1)$　　（4） $I=\displaystyle\int_{\frac{\pi}{4}}^{\frac{\pi}{2}}\dfrac{1+\cos 2x}{2}dx=\dfrac{\pi}{8}-\dfrac{1}{4}$

9.3　（1） $\dfrac{1}{2}\log|x^2-2x+3|$　　（2） $-\log|\cos x|$　　（3） $\log|\log x|$

10.1　（1） $\dfrac{2}{9}(1+x^3)^{\frac{3}{2}}$　　（2） $\dfrac{1}{4}\sin^4 x$　　（3） $-\dfrac{1}{2}e^{-x^2}$

（4） $-\dfrac{1}{2}\cos(x^2+1)$　　（5） $\dfrac{1}{3}(\log x)^3$　　（6） $\tan^{-1}e^x$

（7） $\log(x^2+\sqrt{1+x^4})$　　（8） $2(\sqrt{e^x-1}-\tan^{-1}\sqrt{e^x-1})$

（9） $\log(x^3+\sqrt{1+x^6})$　　（10） $\sin(\tan^{-1}x), \dfrac{x}{\sqrt{1+x^2}}$

10.2　部分積分を二回行う．

（1）　$x^2\sin x+2x\cos x-2\sin x$　　（2） $\dfrac{1}{2}x^2\left\{(\log x)^2-\log x+\dfrac{1}{2}\right\}$

（3）　$2x^3\tan^{-1}x-x^2+\log(x^2+1)$　　（4）　$e^x\log x$

10.3　（1）　右辺を微分すれば，$P(x)e^x$ になる．

（2）　（1）を用いて，

$$\int(x^2-5x+6)dx=\{(x^2-5x+6)-(x^2-5x+6)'+(x^2-5x+6)''-\cdots\}e^x$$

$$=\{(x^2-5x+6)-(2x-5)+2-0\}e^x=(x^2-7x+13)e^x$$

10.4　（1）　置換積分 $t=\sqrt{x}$ を行ってから，部分積分．

$$\int_0^{\frac{\pi}{2}}\dfrac{1}{2}\cos\sqrt{x}\,dx=\int_0^{\sqrt{\pi/2}}t\cos t\,dt=\Big[t\sin t\Big]_0^{\sqrt{\pi/2}}-\int_0^{\sqrt{\pi/2}}\sin t\,dt$$

$$=\sqrt{\dfrac{\pi}{2}}\sin\sqrt{\dfrac{\pi}{2}}+\cos\sqrt{\dfrac{\pi}{2}}-1$$

（2）　$\dfrac{1}{4}(\pi-2\log 2)$

10.5　右の公式による．

（1）　$f(x)$ を次のように変形する：

$$f(x)=x\int_0^x g(t)dt-\int_0^x tg(t)dt$$

$$\dfrac{d}{dx}\int_a^x \varphi(t)\,dt=\varphi(x)$$

∴　$f'(x)=\displaystyle\int_0^x g(t)dt+xg(x)-xg(x)=\int_0^x g(t)dt$

（2）　$u=x^2$ とおく．$f'(x)=g(u)\dfrac{du}{dx}=2xg(x^2)$

11.1　（1）　$\dfrac{1}{5}\displaystyle\int\left(\dfrac{3}{x-2}+\dfrac{2}{x+3}\right)dx=\dfrac{1}{5}\log|(x-2)^3(x+3)^2|$

（2）　$\displaystyle\int\left(x+3-\dfrac{1}{x-1}+\dfrac{8}{x-2}\right)dx=\dfrac{1}{2}x^2+3x+\log\dfrac{(x-2)^8}{|x-1|}$

演習問題の解または略解　179

(3) $\displaystyle\int\left(-\frac{1}{x-3}+\frac{1}{x-4}-\frac{1}{(x-4)^2}+\frac{2}{(x-4)^3}\right)dx$

$\displaystyle =\log\left|\frac{x-4}{x-3}\right|+\left(\frac{1}{x-4}-\frac{1}{(x-4)^2}\right)$

(4) $\displaystyle\int\left(\frac{1}{x+1}-\frac{x}{x^2+1}+\frac{1}{x^2+1}-\frac{2x}{(x^2+1)^2}+\frac{2}{(x^2+1)^2}\right)dx$

$\displaystyle =\log\frac{|x+1|}{\sqrt{x^2+1}}+\tan^{-1}x+\frac{1}{x^2+1}+\left(\frac{x}{x^2+1}+\tan^{-1}x\right)$

$\displaystyle =\log\frac{|x+1|}{\sqrt{x^2+1}}+2\tan^{-1}x+\frac{x+1}{x^2+1}$

11.2 部分積分により，容易に示される．

11.3 （1）〜（4）は，$\tan\dfrac{x}{2}=t$ とおく．

(1) $\displaystyle\frac{1}{3}\log\left|\frac{1+2\tan(x/2)}{4+2\tan(x/2)}\right|$ 　　(2) $\displaystyle\frac{2}{3}\tan^{-1}\left(\frac{4}{3}+\frac{5}{3}\tan\frac{x}{2}\right)$

(3) $\displaystyle\frac{1}{2}\log\left|\tan\frac{x}{2}\right|+\tan\frac{x}{2}+\frac{1}{4}\tan^2 x$ 　　(4) $\displaystyle\log\left|\tan\frac{x}{2}\right|$

(5) $\tan x=t$ とおく．$\displaystyle\frac{\sqrt{5}}{2}\tan^{-1}\left(\frac{2}{\sqrt{5}}\tan x\right)-x$

(6) $\cos x=t$ とおく．$\displaystyle\log|\cos x|+\frac{1}{2\cos^2 x}$

(7) $\sqrt{1-x}=t$ とおく．$\displaystyle\log\left|\frac{1-\sqrt{1-x}}{1+\sqrt{1-x}}\right|$

(8) $\sqrt[4]{x}=t$ とおく．$4(\sqrt[4]{x^3}-3\sqrt[4]{x}+3\tan^{-1}\sqrt[4]{x})$

(9) $\sqrt{\dfrac{1-x}{1+x}}=t$ とおく．$\sqrt{1-x^2}+\sin^{-1}x$

(10) $\sqrt{x^2-x+1}=t-x$ とおく．$\displaystyle\log\left|\frac{x-1+\sqrt{x^2-x+1}}{x+1+\sqrt{x^2-x+1}}\right|$

(11) $\displaystyle\frac{x}{\sqrt{1-x^2}}$,　$\tan(\sin^{-1}x)$ 　　(12) $-\dfrac{\sqrt{1-4x^2}}{x}$

(13) $\sqrt{1+x}\,(\log(1+x)-2)$

12.1 (1) $\displaystyle\int_0^2\sqrt{(2t)^2+(3t^2)^2}\,dt=\int_0^2 t\sqrt{4+9t^2}\,dt$

$\displaystyle =\frac{1}{27}\left[\sqrt{(4+9t^2)^3}\right]_0^2=\frac{8}{27}(10\sqrt{10}-1)$

(2) $\displaystyle\int_0^p\sqrt{1+\left(\sinh\frac{x}{a}\right)^2}\,dx=\int_0^p\cosh\frac{x}{a}\,dx$

$$= \left[a \sinh \frac{x}{a} \right]_0^p = a \sinh \frac{p}{a} \quad \left(= \frac{a}{2}(e^{\frac{p}{a}} - e^{-\frac{p}{a}}) \right)$$

（3） $a\sqrt{1+a^2} + \log(a + \sqrt{1+a^2})$ （4） $4\pi a$

12.2 楕円を，$x = a\cos\theta,\ y = b\sin\theta\ (0 \leqq \theta \leqq 2\pi)$ と表わす．

$$l = 4\int_0^{\frac{\pi}{2}} \sqrt{(-a\sin\theta)^2 + (b\cos\theta)^2}\, d\theta$$

$$= 4a\int_0^{\frac{\pi}{2}} \sqrt{1 - \frac{a^2 - b^2}{a^2}\cos^2\theta}\, d\theta = 4a\int_0^{\frac{\pi}{2}} \sqrt{1 - e^2\sin^2 t}\, dt$$

（置換積分 $\theta = \pi/2 - t$ を行った）

12.3 （1） $\dfrac{1}{2}(4\pi - 5\sqrt{3})$

（2） 図形は傾いた楕円． $y = -\dfrac{h}{b} \pm \dfrac{\sqrt{b - (ab - h^2)x^2}}{b}$

$$S = \int_{-r}^{r} \frac{2\sqrt{b - (ab - h^2)x^2}}{b}\, dx$$

$$= \frac{2\sqrt{ab - h^2}}{b} \int_{-r}^{r} \sqrt{r^2 - x^2}\, dx = \frac{2\sqrt{a^2 - h^2}}{b} \cdot \frac{\pi r^2}{2}$$

$$= \frac{\pi}{\sqrt{ab - h^2}} \qquad \text{ここに，} r = \sqrt{\frac{b}{ab - h^2}}.$$

12.4 $S = \dfrac{1}{2}\cosh p \sinh p - \displaystyle\int_1^{\cosh p} \sqrt{x^2 - 1}\, dx$

$$= \frac{1}{2}\cosh p \sinh p - \int_0^h \sinh p \sinh p\, dt \quad (x = \cosh t\ \text{とおいた})$$

$$= \frac{1}{4}\sinh 2p - \frac{1}{2}\int_0^p (\cosh 2t - 1)\, dt$$

$$= \frac{1}{4}\sinh 2p - \frac{1}{2}\left[\frac{1}{2}\sinh 2t - t\right]_0^p = \frac{1}{2}p$$

12.5 それぞれ，次の不等式から容易に得られる．

（1） $0 < x < 1 \Rightarrow \sqrt{1 - x^2} < \sqrt{(1 + x^2)(1 - x^2)} < \sqrt{2}\sqrt{1 - x^2}$

（2） $1 < \dfrac{1}{\sqrt{1 - (1/2)\sin^2 x}} < \sqrt{2} \quad \left(0 < x < \dfrac{\pi}{2} \Rightarrow 0 < \sin^2 x < 1\right)$

（3） $\displaystyle\int_0^n \sqrt{x}\, dx < \sqrt{1} + \sqrt{2} + \cdots + \sqrt{n} < \int_0^{n+1} \sqrt{x}\, dx$ （図示せよ）

13.1 （1） $\displaystyle\int_0^1 x\log x\, dx = \left[\frac{1}{2}x^2 \log x - \frac{1}{4}x^2\right]_0^1 = -\frac{1}{4}$

（2） $\displaystyle\int_a^b \frac{1}{\sqrt{(x - a)(b - x)}}\, dx = \left[\sin^{-1}\frac{2x - (a + b)}{b - a}\right]_a^b = \pi$

(3) $\int_0^{+\infty} xe^{-x^2}\,dx = \left[-\frac{1}{2}e^{-x^2}\right]_0^{+\infty} = \frac{1}{2}$

(4) $\int_0^{+\infty} \frac{\log(1+x^2)}{x^2}\,dx = \left[-\frac{1}{x}\log(1+x^2)\right]_0^{+\infty} + \int_0^{+\infty} \frac{1}{x}\frac{2x}{1+x^2}\,dx$

$= (0-0) + 2\int_0^{+\infty} \frac{1}{1+x^2}\,dx = 2\left[\tan^{-1}x\right]_0^{+\infty} = \pi$

13.2 $\int_0^{+\infty} \frac{\sin^2 x}{x^2}\,dx = \left[-\frac{1}{x}\sin^2 x\right]_0^{+\infty} + \int_0^{+\infty} \frac{2}{x}\sin x \cos x\,dx$

$= 2\int_0^{+\infty} \frac{\sin 2x}{2x}\,dx = \int_0^{+\infty} \frac{\sin t}{t}\,dt = \frac{\pi}{2}$ $(t=2x)$

13.3 (1) $0 < x < \frac{\pi}{2}$ で, $\frac{1}{\sqrt{\tan x}} \leqq \sqrt{\frac{\pi}{2}}\frac{1}{\sqrt{x}}$ ゆえに, **収束**

(2) $0 < x < 1 \Rightarrow x^{-1}(1-x)^{-1} < x^{-\frac{3}{2}}(1-x)^{-2}$ であって,

$\int_0^1 x^{-1}(1-x)^{-1}\,dx$ は発散するから, 問題の広義積分は **発散** する.

(3) $\frac{\log x}{x^2} < \frac{1}{x\sqrt{x}}$ ゆえに, **収束**

(4) $\frac{1}{e}\int_0^1 \frac{1}{x}\,dx < \int_0^1 \frac{1}{xe^x}\,dx < \int_0^{+\infty} e^{-x}x^{-1}\,dx$ ゆえに, **発散**

13.4 (1) 略 (2) 例題 13.1(p.89) と同様.

13.5 (1) $B(p,q) = \int_0^{\frac{1}{2}} + \int_{\frac{1}{2}}^1 = I_1 + I_2$ とおく.

$0 < x < \frac{1}{2}$ のとき, $\frac{1}{2} < 1-x < 1$ だから, $0 < x^{p-1}(1-x)^{q-1} < Kx^{p-1}$ なる定数 K が存在するから, I_1 は収束する. 同様に, I_2 も収束する.

(2) $B(p,q)$ の定義式に, 置換積分 $x = \cos^2 t$ $(0 \leqq t \leqq \pi/2)$ を行う.

(3) $\int_0^{\frac{\pi}{2}} \cos^5 x \sin^7 x\,dx = \frac{1}{2}B(3,4) = \frac{1}{2}\frac{(3-1)!(4-1)!}{(3+4-1)!} = \frac{1}{120}$

(演習問題 11.2 p.79 の結果を用いた)

13.6 (1) $I_1 = \int_0^{\frac{\pi}{2}} \frac{\sin x}{x}\,dx$, $I_2 = \int_{\frac{\pi}{2}}^{+\infty} \frac{\sin x}{x}\,dx$ とおく.

I_1 の収束性は, 明らか. I_2 の収束性は, 次から明らか:

$I_2 = \left[-\frac{\cos x}{x}\right]_{\frac{\pi}{2}}^{+\infty} + \int_{\frac{\pi}{2}}^{+\infty} \frac{\cos x}{x^2}\,dx < \int_{\frac{\pi}{2}}^{+\infty} \frac{1}{x^2}\,dx$

(2) $a_n = \int_{n\pi}^{(n+1)\pi} \frac{|\sin x|}{x}\,dx > \int_{n\pi}^{(n+1)\pi} \frac{|\sin x|}{(n+1)\pi}\,dx = \frac{2}{(n+1)\pi}$

(3) $I = a_0 + a_1 + a_2 + \cdots > \frac{2}{\pi}\left(\frac{1}{1} + \frac{1}{2} + \frac{1}{3} + \cdots\right) = +\infty$

14. 1

	$\lim\limits_{x\to 0}\lim\limits_{y\to 0}$	$\lim\limits_{y\to 0}\lim\limits_{x\to 0}$	$\lim\limits_{(x,y)\to(0,0)}$
(1)	0	0	なし
(2)	0	0	0
(3)	$\pm\infty$	1	なし
(4)	なし	なし	0

14. 2 (1) $\displaystyle\lim_{(x,y)\to(0,0)}\frac{x^2+y^2}{|x|+|y|}\cdot\frac{\sin(x^2+y^2)}{x^2+y^2}=0\times 1=0$

(2) $|xy|\leqq x^2+y^2$ より，$(x,y)\to(0,0)$ のとき，
$$|f(x,y)|\leqq|(x^2+y^2)\log(x^2+y^2)|\to 0$$

14. 3

	$f_x(x,y)$	$f_y(x,y)$
(1)	$4x^3-12x^2y$	$-4x^3+4y^3$
(2)	$-3x^2\sin(x^3+y^3)$	$-2y\sin(x^3+y^3)$
(3)	$e^x\sin y+e^y\sin x$	$e^x\cos y-e^y\cos x$
(4)	$\dfrac{x}{x^2+y^2}$	$\dfrac{y}{x^2+y^2}$
(5)	$-\dfrac{y}{x^2+y^2}$	$\dfrac{x}{x^2+y^2}$
(6)	$\dfrac{x^4y+4x^2y^3-y^5}{(x^2+y^2)^2}$	$\dfrac{x^5-4x^3y^2-xy^4}{(x^2+y^2)^2}$

15. 1 $f(a+h,b+k)-f(a,b)=2(a+b)h+2(a+b)k+(h+k)^2$

$$=[\,2(a+b)\ \ 2(a+b)\,]\begin{bmatrix}h\\k\end{bmatrix}+\sqrt{h^2+k^2}\cdot\frac{(h+k)^2}{\sqrt{h^2+k^2}}$$

$\dfrac{(h+k)^2}{\sqrt{h^2+k^2}}\leqq 2\sqrt{h^2+k^2}\to 0\quad\therefore\ f'(a,b)=[\,2(a+b)\ \ 2(a+b)\,]$

15. 2 (1) $\begin{bmatrix}3a^2-6ab & -3a^2\\ 2b & 2a-4b^3\end{bmatrix}$ (2) $\begin{bmatrix}e^{a+b} & e^{a+b}\\ -\sin(a-b) & \sin(a-b)\end{bmatrix}$

15. 3 (1) $f_x(0,0)=0,\quad f_y(0,0)=0$

(2) $(x,y)\neq(0,0)$ のとき，
$$f_x(x,y)=y\sin\frac{1}{\sqrt{x^2+y^2}}-\frac{x^2y}{(\sqrt{x^2+y^2})^3}\cos\frac{1}{\sqrt{x^2+y^2}}$$

この $f_x(x,y)$ は，$(x,y)\to(0,0)$ のときの極限値が存在しないから，$f_x(x,y)$

は $(0,0)$ で不連続. 同様に, $f_y(x,y)$ も不連続.

(3) $f'(0,0)=0$

15.4 (1) $z=-3(x-1)+9(y-2)+3$ ∴ $z=-3x+9y-12$

(2) $bcx+cay+abz=3abc$

15.5 直円柱の底面の半径を x, 高さを y とすると, $S(x,y)=2\pi x^2+2\pi xy$

$$S(R+r,H+h)-S(R,H) \fallingdotseq \begin{bmatrix} \dfrac{\partial S}{\partial x}(R,H) & \dfrac{\partial S}{\partial y}(R,H) \end{bmatrix} \begin{bmatrix} r \\ h \end{bmatrix}$$

$$=\begin{bmatrix} 4\pi R+2\pi H & 2\pi R \end{bmatrix}\begin{bmatrix} r \\ h \end{bmatrix}=2\pi(2R+H)r+2\pi Rh$$

16.1 (1) $f'(u,v)g'(x,y)=\begin{bmatrix} 2(u+v) & 2(u+v) \\ 2uv^2 & 2u^2v \end{bmatrix}\begin{bmatrix} 1 & 1 \\ y & x \end{bmatrix}$

$$=2\begin{bmatrix} (x+y+xy)(y+1) & (x+y+xy)(x+1) \\ xy^2(x+y)(2x+y) & x^2y(x+y)(x+2y) \end{bmatrix}$$

(2) $f'(u,v)g'(x,y)=\begin{bmatrix} 1 & 1 \\ v & u \end{bmatrix}\begin{bmatrix} e^{x+y} & e^{x+y} \\ ye^{xy} & xe^{xy} \end{bmatrix}$

$$=\begin{bmatrix} e^{x+y}+ye^{xy} & e^{x+y}+xe^{xy} \\ (y+1)e^{x+y}e^{xy} & (x+1)e^{x+y}e^{xy} \end{bmatrix}$$

16.2 $(f\circ g)'(a,b)=f'(g(a,b))g'(a,b)$ による.

(1) $f'(u,v)=\begin{bmatrix} 1 & 1 \\ v & u \end{bmatrix}$, $g'(x,y)=\begin{bmatrix} -y\sin xy & -x\sin xy \\ y\cos xy & x\cos xy \end{bmatrix}$

$(f\circ g)'\left(\dfrac{1}{3},\dfrac{\pi}{2}\right)=f'\left(\cos\dfrac{1}{3}\dfrac{\pi}{2},\sin\dfrac{1}{3}\dfrac{\pi}{2}\right)g'\left(\dfrac{1}{3},\dfrac{\pi}{2}\right)$

$$=\begin{bmatrix} 1 & 1 \\ \dfrac{1}{2} & \dfrac{\sqrt{3}}{2} \end{bmatrix}\begin{bmatrix} -\dfrac{1}{4}\pi & -\dfrac{1}{6} \\ \dfrac{\sqrt{3}}{4}\pi & \dfrac{\sqrt{3}}{6} \end{bmatrix}=\begin{bmatrix} \dfrac{\sqrt{3}-1}{4}\pi & \dfrac{\sqrt{3}-1}{6} \\ \dfrac{1}{4}\pi & \dfrac{1}{6} \end{bmatrix}$$

(2) $f'(g(2,-1))g'(2,-1)=f'(1,e)g'(2,-1)$

$$=2\begin{bmatrix} 1 & e \\ 1 & 1/e \end{bmatrix}\begin{bmatrix} 0 & -\pi \\ e & e \end{bmatrix}=2\begin{bmatrix} e^2 & e^2-\pi \\ 1 & 1-\pi \end{bmatrix}$$

16.3 (1) $z_x=-\sin(x+y)\sin xy+y\cos(x+y)\cos xy$

$z_y=-\sin(x+y)\sin xy+x\cos(x+y)\cos xy$

(2) $z_x=e^{x\cos y}\cos y+e^{x\sin y}\sin y$

$z_y=-xe^{x\cos y}\sin y+xe^{x\sin y}\cos y$

16.4 (1) 問題文後のヒントにより明らか.

（2） $f_x(x,y) = e^x \sin 2y$, $f_y(x,y) = 2e^x \cos 2y$

$$\therefore \ f_{\boldsymbol{u}}\left(1, \frac{\pi}{6}\right) = \frac{3}{5} \cdot \frac{\sqrt{3}}{2} e + \frac{4}{5} e = \frac{8 + 3\sqrt{3}}{10} e$$

16.5 $f_{\boldsymbol{u}}(0,0) = \lim_{h \to 0} \frac{1}{h} \frac{(hu)^2(hv)}{(hu)^4 + (hv)^2} = \begin{cases} u^2/v & (v \neq 0) \\ 0 & (v=0) \end{cases}$

$y = x^2$ 上で, $(x,y) \to (0,0)$ とすると, $f(x,y) \to 1/2 \neq 0 = f(0,0)$

17.1

	f_{xx}	f_{yy}	$f_{xy} = f_{yx}$
（1）	$12x^2 y^5$	$20x^4 y^3$	$20x^3 y^4$
（2）	$e^x \cos y$	$-e^x \cos y$	$-e^x \sin y$
（3）	$-y^3 \sin xy$	$2x \cos xy - x^2 y \sin xy$	$2y \cos xy - xy^2 \sin xy$
（4）	$y(y-1)x^{y-2}$	$x^y (\log x)^2$	$x^{y-1}(1 + y \log x)$

17.2 （1）～（4）いずれも, $\Delta f(x,y) = 0$.

17.3 $f_x(0,y) = \lim_{h \to 0} \frac{1}{h}\left(h^2 \tan^{-1} \frac{y}{h} - y^2 \tan^{-1} \frac{h}{y}\right)$

$$= \lim_{h \to 0}\left(h \tan^{-1}\frac{y}{h} - y \frac{\tan^{-1}(h/y)}{h/y}\right) = -y$$

$$\therefore \ f_{xy}(0,0) = \lim_{k \to 0} \frac{f_x(0,k) - f_x(0,0)}{k} = -1$$

同様にして, $f_{yx}(0,0) = 1$.

17.4 略

17.5 （1） $f'' = [\,[\,f_{xx} \ \ f_{yx}\,] \ \ [\,f_{xy} \ \ f_{yy}\,]\,]$ だから,

$f''(a,b) = [\,[\,e^a \sin b \ \ e^a \cos b\,] \ \ [\,e^a \cos b \ \ -e^a \sin b\,]\,]$

（2） $(d^2 f)_{\boldsymbol{a}}(\boldsymbol{h}) = (f''(\boldsymbol{a})\boldsymbol{h})\boldsymbol{h} = \left[\left(h\frac{\partial}{\partial x} + k\frac{\partial}{\partial y}\right)^2 f\right](\boldsymbol{a})$

$$= h^2 e^a \sin b + 2hk e^a \cos b - k^2 e^a \sin b$$

17.6 （1） $\log 3 + \frac{1}{1!}\left(\frac{\log 3}{2} x + \frac{1}{3} y\right) + \frac{1}{2!}\left(-\frac{\log(3 + \theta x)}{4\sqrt{(1+\theta x)^3}} x^2 \right.$

$$\left. + \frac{xy}{2\sqrt{1 + \theta x}\,(3 + \theta y)} - \frac{\sqrt{1 + \theta x}}{(3 + \theta y)^2} y^2 \right)$$

（2） $1 + \frac{1}{1!} x + \frac{1}{2!}(x^2 e^{\theta x} \cos \theta y - 2xy e^{\theta x} \sin \theta y - y^2 e^{\theta x} \cos \theta y)$

18.1 （1） $f_x = 2x - 4y$, $f_y = -4x + 8y^3$, $f_{xx} = 2$, $f_{yy} = 24y^2$, $f_{xy} = -4$,

$$D(x,y) = f_{xx}f_{yy} - f_{xy}{}^2 = 48y^2 - 16$$

$f_x = f_y = 0$ より，$(x,y) = (0,0), (\pm 2, \mp 1)$ ［複号同順］

○ $D(0,0) = -16 < 0$　　ゆえに，$f(0,0) = 5$ は，極値ではない．

○ $D(\pm 2, \mp 1) = 32 > 0$, $f_{xx}(\pm 2, \mp 1) = 2 > 0$　　ゆえに，$f(\pm 2, \mp 1) = 3$ は，極小値．

（2）　$f_x = f_y = 0$ より，$(x,y) = (0,0)$．

$D(0,0) = 0$ だから，f_{xx} と D の符号から極値は判定できない．

$$f(x,y) = (x-y^2)(x-2y^2) + f(0,0)$$

点 $(0,0)$ のどんな近くにも，$f(x,y) < f(0,0)$ なる点と $f(x,y) > f(0,0)$ なる点があるので，$f(0,0) = 5$ は極値ではない．

（3）　$f_x = f_y = 0$ より，$(x,y) = (0,0), (-4, 4)$．

○ $f(x,0) = x^2(x+3)$，$f(0,y) = y^2(3-y)$ に着目すると，点 $(0,0)$ のどんな近くにも，$f(x,y) < f(0,0)$ なる点と $f(x,y) > f(0,0)$ なる点があるので，$f(0,0) = 0$ は極値ではない．

○ D と f_{xx} の符号より，$f(-4, 4) = 64$ は極大値．

18.2　（1）　$f_x = f_y = 0$ より，$(x,y) = (1, -2)$　　☞ ▶注

このとき，$f_{xx} = 32 > 0$, $D = 252 > 0$　　∴　$f(1, -2) = 36$（極小値）

（2）　$f_x = f_y = 0$ より，$(x,y) = (0,1), (0, \pm 1), (\pm 1, 0)$．

$f(0,0) = 0$（極小値），$f(0, \pm 1) = b/e$（極大値）．$f(\pm 1, 0)$ は極値ではない．

（3）　$f_x = f_y = 0$ より，$(x,y) = (\pm \pi/3, \pm \pi/3), (0, 0)$．

$$f\left(\frac{\pi}{3}, \frac{\pi}{3}\right) = \frac{3\sqrt{3}}{8}\text{（極大値）},\quad f\left(-\frac{\pi}{3}, -\frac{\pi}{3}\right) = -\frac{3\sqrt{3}}{8}\text{（極小値）}$$

$f(0,0) = 0$ は極値ではない．$[\because\ f(x,x) = \sin^2 x \sin 2x]$

▶注　$f_x = 0$, $f_y = 0$ より，それぞれ，

$$8x^3 - 2x^2y - 12 = 0 \quad \cdots \quad \text{①} \qquad 2y^3 - 2xy^2 + 24 = 0 \quad \cdots \quad \text{②}$$

① $+$ ② $\times 1/2$ より，

$$8x^3 - 2x^2y - xy^2 + y^3 = 0$$

∴　$(2x+y)(4x^2 - 3xy + y^2) = 0$　　∴　$y = -2x$

これと，①または②と組み合わせて，$(x,y) = (1, -2)$

19.1　（1）　両辺を x で微分すると，$2x - y - xy' + 2yy' = 0$

∴　$y' = \dfrac{2x-y}{x-2y}$,　$y'' = \dfrac{6}{(x-2y)^3}$

（2）　$y' = \dfrac{x^2 - 2y}{2x - y^2}$,　$y'' = \dfrac{16xy}{(2x-y^2)^3}$

（3） $y' = \dfrac{x+y}{x-y}, \quad y'' = \dfrac{2(x^2+y^2)}{(x-y)^3}$

19.2 与えられた等式の両辺を x および y で微分する．

（1） $yz_x + (z_x x + z) + y = 0, \quad (z_x + yz_y) + z_y x + x = 0$

∴ $z_x = -\dfrac{y+z}{x+y}, \quad z_y = -\dfrac{z+x}{x+y}$

（2） $z_x = -\left(\dfrac{z}{x}\right)^{\frac{1}{3}}, \quad z_y = -\left(\dfrac{z}{y}\right)^{\frac{1}{3}}$

19.3 与えられた二つの等式の両辺を x で微分する．

（1） $y'z + yz' + z'x + z + y + xy' = 0, \quad yz + xy'z + xyz' = 0$

∴ $y' = \dfrac{y^2(z-x)}{x^2(y-z)}, \quad z' = \dfrac{z^2(y-x)}{x^2(z-y)}$

（2） $y' = \dfrac{2x}{1-2y}, \quad z' = -\dfrac{x}{z(1-2y)}$

19.4 （1） $F = 0, F_x = 0$ より，$(x, y) = (\pm 3, \pm 5)$

$f(3) = 5$（極大値）　$f(-3) = -5$（極小値）

（2） $F = 0, F_x = 0$ より，

$(x, y) = (0, 0), (\pm 2, 2)$

$f(\pm 2) = 2$（極大値）　（☞ 右図）

$f(0) = 0$（極値ではない）

19.5 $F = 0, F_x = F_y = 0$ より，

$(x, y, z) = (\pm 3, \mp 1, \mp 7)$

$f(3, -1) = -7$（極小値）

$f(-3, 1) = 7$（極大値）

20.1 $f(x, y) = \sin x + \sin y + \sin(x+y), \; 0 < x, y, x+y < \pi$.

$f_x = f_y = 0$ より，$(x, y) = (\pi/3, \pi/3)$　　よって，正三角形．

20.2 $f(x, y) = \tan x + \tan y - \tan(x+y), \; 0 < x, y < \pi/2, \; \pi/2 \leq x+y < \pi$

$f_x = f_y = 0$ より，$x = y = \pi/3$　　よって，正三角形．

20.3 $[f_x \; f_y] = \lambda[g_x \; g_y], \; g(x, y) = 0$ を解く

（1） $(x, y) = (0, \pm 1), (\pm 1, 0), (\pm 1/\sqrt{2}, \pm 1/\sqrt{2})$

極大値：$f(0, 1) = f(1, 0) = 1, \; f(-1/\sqrt{2}, -1/\sqrt{2}) = -1/\sqrt{2}$

極小値：$f(0, -1) = f(-1, 0) = -1, \; f(1/\sqrt{2}, 1/\sqrt{2}) = 1/\sqrt{2}$

（2） $(x, y) = (0, 0), (3, 3)$

○ $f(x, y) = x^2 + y^2 \geq 0$ だから，$f(0, 0) = 0$ は，明らかに極小値．

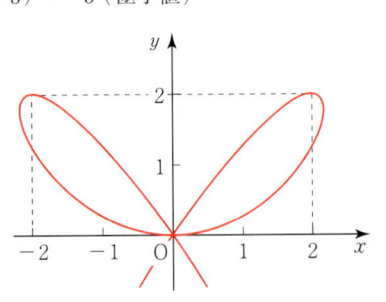

○ $f(3,3)=18$ が極大値であることを示す：

$x^3-6xy+y^3=0$ より，局所的に y は x の関数となるから，そこで，$f(x,y)=x^2+y^2$ は，x だけの関数になる．それを $y=h(x)$ と記す．
$x^3-6xy+y^3=0$ の両辺を x で一回，さらにもう一回微分する．

$$3x^2-6(y+xy')+3y^2y'=0 \quad \cdots\cdots\cdots\cdots\cdots ①$$
$$6x-6(2y'+xy'')+6y(y')^2+3y^2y''=0 \quad \cdots\cdots ②$$

$(x,y)=(3,3)$ のとき，①,②より，$y'=-1$，$y''=-16/3$．
次に，$h(x)=f(x,y)=x^2+y^2$ を x で二回微分する：
$$h'(x)=2x+2yy', \quad h''(x)=2+(y')^2+2yy''$$
$$\therefore \quad h''(3)=2+2\times(-1)^2+2\times 3\times(-16/3)=-28<0$$

20.4 $y+z=\lambda yz$, $z+x=\lambda zx$, $x+y=\lambda xy$, $yz+zx+xy=3$ より，
$$(x,y,z)=(\pm 1, \pm 1, \pm 1)$$
$yz+zx+xy=3$ の両辺を x,y で一回・二回微分した等式より，
$(x,y,z)=(1,1,1)$ のとき，
$$z_x=-1, \quad z_y=-1, \quad z_{xx}=1, \quad z_{yy}=1, \quad z_{xy}=1/2$$
次に，$h(x,y)=xyz$ より，
$h_{xx}=y(2z_x+xz_{xx})$, $h_{xy}=z+xz_x+y(z_y+xz_{xy})$, $h_{yy}=x(2z_y+yz_{yy})$
したがって，$(x,y,z)=(1,1,1)$ のとき，
$$D=h_{xx}h_{yy}-h_{xy}{}^2=3/4>0, \quad h_{xx}=-1<0$$
よって，$(x,y)=(1,1)$ のとき，xyz は，極大値 1 をとる．
同様に，$(x,y)=(-1,-1)$ のとき，xyz は，極小値 -1 をとる．

20.5 $x^2+y^2+z^2=(x+y+z)^2-2(yz+zx+xy)=3^2-2\times(-9)=27$
だから，連続関数 $f(x,y,z)=xyz$ の定義域は有界閉集合．
よって，$f(x,y,z)$ は，最大値・最小値をもつ．
$$\begin{bmatrix} f_x & f_y & f_z \end{bmatrix} = \begin{bmatrix} \lambda & \mu \end{bmatrix} \begin{bmatrix} g_x & g_y & g_z \\ h_x & h_y & h_z \end{bmatrix}, \quad g=h=0 \text{ より,}$$
$$(x,y,z)=(-3,3,3), (3,-3,3), (3,3,-3),$$
$$(5,-1,-1), (-1,5,-1), (-1,-1,5)$$
$$f(-3,3,3)=f(3,-3,3)=f(3,3,-3)=-27 \quad : \text{最小値}$$
$$f(5,-1,-1)=f(-1,5,-1)=f(-1,-1,5)=5 \quad : \text{最大値}$$

21.1 （1） $\displaystyle\int_0^1 dx \int_0^{\frac{1}{x+1}}(x+3y^2)dy = \int_0^1 \Big[xy+y^3\Big]_{y=0}^{y=\frac{1}{x+1}} dx$
$$= \int_0^1 \Big(\frac{x}{x+1}+\frac{1}{(x+1)^3}\Big)dx = \frac{11}{8}-\log 2$$

(2) $\displaystyle\int_0^4 dx \int_{x^2/4}^x \frac{x}{x^2+y^2}\,dy = 2\log 2$　　(3) 1　　(4) $\dfrac{1}{60}$

21.2 積分の順序を変更する．

(1) $\displaystyle\int_0^\pi dx \int_0^x \cos(x^2)\,dy = \int_0^\pi x\cos(x^2)\,dx = \frac{1}{2}\sin\pi^2$

(2) $\displaystyle\int_0^{\frac{\pi}{2}} dy \int_0^y \frac{\sin y}{y}\,dx = \int_0^{\frac{\pi}{2}} \sin y\,dy = 1$

21.3 (1) $\displaystyle\int_0^9 dy \int_{\sqrt{y}}^3 f(x,y)\,dx$

(2) $\displaystyle\int_0^1 dy \int_{y/2}^y f(x,y)\,dx + \int_1^2 dy \int_{y/2}^1 f(x,y)\,dx$

21.4 $I = \displaystyle\int_0^1 \left[\frac{-x}{(x+y)^2}\right]_{x=0}^{x=1} dy = \int_0^1 \frac{-1}{(1+y)^2}\,dy = -\frac{1}{2}$

$J = \displaystyle\int_0^1 \left[\frac{y}{(x+y)^2}\right]_{y=0}^{y=1} dx = \int_0^1 \frac{1}{(1+x)^2}\,dx = \frac{1}{2}$

▶注　被積分関数が**積分領域内の点** $(0,0)$ で**不連続**なので，積分の順序は変更できない．

21.5 (1) $\displaystyle\int_0^x (x-t)^2 t^3\,dt = \frac{1}{60}x^6$

(2) $f*g = g*f$ は，置換積分 $u = x-t$ によって明らか．

$\displaystyle (f*(g*h))(x) = \int_0^x f(x-t)(g*h)(t)\,dt$

$\displaystyle = \int_0^x dt \int_0^t f(x-t)g(t-u)h(u)\,du$

$\displaystyle = \int_0^x du \int_u^x f(x-t)g(t-u)h(u)\,dt$

$\displaystyle = \int_0^x du \int_0^{x-u} f(x-u-s)g(s)h(u)\,ds \quad (s = t-u)$

$\displaystyle = \int_0^x (f*g)(x-u)h(u)\,du$

$= ((f*g)*h)(x)$

22.1 (1) $u = x+y,\ v = x-y\quad E: 0 \leq u \leq 1,\ 0 \leq v \leq 1$

$\displaystyle I = \iint_E ue^v |J|\,dudv = \iint_E ue^v \cdot \left|-\frac{1}{2}\right|\,dudv = \frac{1}{4}(e-1)$

(2) $u = x+y,\ v = x-y\quad E: 0 \leq u \leq \pi,\ 0 \leq v \leq \pi.\quad I = \dfrac{\pi^3}{3}$

(3) $E: v+1 \leq u \leq 2v+2,\ 0 \leq v \leq 1$

$\displaystyle I = \iint_E \frac{x+y}{x^2} e^v \frac{x^2}{x+y}\,dudv = \int_0^1 dv \int_{v+1}^{2v+2} e^v\,du = e$

（4） $E: 1 \leqq u \leqq 2,\ 0 \leqq v \leqq 1,\ J = u.\qquad I = \dfrac{2}{3}$

22.2 （1） $x = r\cos\theta,\ y = r\sin\theta\qquad E: 0 \leqq r \leqq 1,\ 0 \leqq \theta \leqq \pi/2$

$$I = \iint_E e^{-r^2} r\, dr d\theta = \frac{\pi}{4}\left(1 - \frac{1}{e}\right)$$

（2） $x = ar\cos\theta,\ y = br\sin\theta\qquad E: 0 \leqq r \leqq 1,\ 0 \leqq \theta \leqq 2\pi$

$$I = \frac{\pi ab(a^2 + b^2)}{4}$$

（3） 極座標変換 $E: 0 \leqq r \leqq \cos\theta,\ -\pi/2 \leqq \theta \leqq \pi/2$

$$I = \int_{-\pi/2}^{\pi/2} d\theta \int_0^{\cos\theta} \sqrt{r\cos\theta}\, r\, dr = \frac{4}{5}\int_0^{\pi/2} \cos^3\theta\, d\theta = \frac{4}{5}\cdot\frac{2}{3} = \frac{8}{15}$$

22.3 略

22.4 $W: 0 \leqq r \leqq 1,\ 0 \leqq \theta \leqq \pi,\ -\pi/2 \leqq \varphi \leqq \pi/2$

$$I = \iiint_W r\sin\theta\cos\varphi\, e^{-r^2} r^2 \sin\theta\, dr d\theta d\varphi$$

$$= \int_0^1 r^3 e^{-r^2}\, dr \cdot \int_0^{\pi} \sin^2\theta\, d\theta \cdot \int_{-\pi/2}^{\pi/2} \cos\varphi\, d\varphi$$

$$= \left(\frac{1}{2} - \frac{1}{e}\right)\cdot\frac{\pi}{2}\cdot 2 = \left(\frac{1}{2} - \frac{1}{e}\right)\pi$$

23.1 （1） $D_n: 0 \leqq y \leqq x - 1/n,\ x \leqq 1$

$$\iint_{D_n} \frac{1}{\sqrt{x-y}}\, dxdy = \int_{1/n}^1 dx \int_0^{x-1/n} \frac{1}{\sqrt{x-y}}\, dxdy$$

$$= \frac{4}{3}\left\{1 - \left(\frac{1}{n}\right)^{\frac{3}{2}}\right\} - 2\sqrt{\frac{1}{n}}\left(1 - \frac{1}{n}\right) \to \frac{4}{3}$$

（2） $D_n: 1/n \leqq y \leqq 1,\ y \geqq x$

$$\int_{1/n}^1 dy \int_0^y \frac{1}{\sqrt{x^2 + y^2}}\, dx = \left(1 - \frac{1}{n}\right)\log(1 + \sqrt{2}) \to \log(1 + \sqrt{2})$$

（3） $\displaystyle\int_{1/n}^2 dy \int_0^y \frac{e^y}{y}\, dx = \int_{1/n}^2 e^y\, dy = e^2 - e^{\frac{1}{n}} \to e^2 - 1$

（4） $D_n: x^2 + y^2 \leqq 1 - 1/n^2$ は，極座標変換によって，

$E_n: 0 \leqq r \leqq 1 - 1/n,\ 0 \leqq \theta \leqq 2\pi$　にうつる．

$$\iint_{E_n} \frac{1}{\sqrt{1-r^2}}\, r\, dr d\theta = \int_0^{2\pi} d\theta \int_0^{1-1/n} \frac{r}{\sqrt{1-r^2}}\, dr = 2\pi\left(1 - \frac{1}{n}\right) \to 2\pi$$

（5） $D_n: 1/n \leqq x + y \leqq 2,\ x, y \geqq 0$

$E_n: 1/n \leqq u \leqq 2,\ 0 \leqq v \leqq 1$

$$\iint_{E_n} v e^{v^2} u\, dudv = \int_0^1 v e^{v^2}\, dv \int_{1/n}^2 u\, du \to e - 1$$

23.2 (1) $D_n : 0 \leq x \leq n,\ 0 \leq y \leq n$

$$\int_0^n dx \int_0^n \frac{dy}{(x+y+2)^3} = \frac{1}{2}\int_0^n \left\{\frac{1}{(x+2)^2} - \frac{1}{(x+n+2)^2}\right\} dx \to \frac{1}{4}$$

(2) $\displaystyle\int_0^n e^{-x}\,dx \int_0^n e^{-y}\,dy = \left(1 - \frac{1}{e^n}\right)^2 \to 1$

(3) $D_n : x^2 + y^2 < n^2 \qquad E_n : 0 \leq r \leq n,\ 0 \leq \theta \leq 2\pi$

$$\iint_{E_n} \frac{1}{(r^2+1)^2}\, r\, dr d\theta = \int_0^{2\pi} d\theta \int_0^n \frac{r}{(r^2+1)^2}\, dr$$

$$= \pi \left(1 - \frac{1}{n^2+1}\right) \to \pi$$

23.3 $\displaystyle I = \frac{1}{2} B\left(\frac{4+1}{2}, \frac{6+1}{2}\right) = \frac{1}{2} B\left(\frac{5}{2}, \frac{7}{2}\right) = \frac{1}{2}\cdot \frac{\Gamma\left(\frac{5}{2}\right)\Gamma\left(\frac{7}{2}\right)}{\Gamma\left(\frac{5}{2} + \frac{7}{2}\right)}$

$$= \frac{1}{2}\cdot\frac{\Gamma\left(2+\frac{1}{2}\right)\Gamma\left(3+\frac{1}{2}\right)}{\Gamma(6)} = \frac{1}{2}\cdot\frac{\frac{1}{2}\cdot\frac{3}{2}\sqrt{\pi}\cdot\frac{1}{2}\cdot\frac{3}{2}\cdot\frac{5}{2}\sqrt{\pi}}{5!} = \frac{3}{512}\pi$$

24.1 (1) 対称性から,

$$V = 4\iint_{0 \leq y \leq \sqrt{x-x^2}} 2\sqrt{x}\, dxdy$$

$$= 4\int_0^1 dx \int_0^{\sqrt{x-x^2}} 2\sqrt{x}\, dy = 8\int_0^1 x\sqrt{1-x}\, dx = \frac{32}{15}$$

(2) $V = 4\displaystyle\iint_D \sqrt{a^2 - x^2 - y^2}\, dxdy \quad (D : x^2 + y^2 \leq a^2,\ y \geq 0)$

$$= 4\int_0^{\pi/2} d\theta \int_0^{a\cos\theta} \sqrt{a^2 - r^2}\, r\, dr = \frac{4}{3}a^3 \int_0^{\pi/2}(1 - \sin^3\theta)\, d\theta$$

$$= \frac{2}{9}(3\pi - 4)a^3$$

(3) $x = 1 + r\cos\theta,\ y = 1 + r\sin\theta$ とおく.

$$V = \int_0^{2\pi} d\theta \int_0^1 (1 + r\cos\theta)(1 + r\sin\theta)\, r\, dr$$

$$= \int_0^{2\pi}\left\{\frac{1}{2} + \frac{1}{3}(\cos\theta + \sin\theta) + \frac{1}{4}\cos\theta\sin\theta\right\} d\theta = \pi$$

(4) $V = \displaystyle\iint_D \{2x - (x^2 + y^2)\}\, dxdy \quad (D : x^2 + y^2 \leq 2x)$

$$= 2\int_0^{\pi/2} d\theta \int_0^{2\cos\theta}(2r\cos\theta - r^2)\, r\, dr$$

$$= 2\cdot\frac{4}{3}\int_0^{\pi/2}\cos^4\theta\, d\theta = 2\cdot\frac{4}{3}\cdot\frac{3}{4}\cdot\frac{1}{2}\cdot\frac{\pi}{2} = \frac{\pi}{2}$$

24.2 $x = ar\sin\theta\cos\varphi$, $y = br\sin\theta\sin\varphi$, $z = cr\cos\theta$ とおく.
$$J = abc\, r^2 \sin\theta$$
$$V = abc\int_0^\pi \sin\theta\, d\theta \int_0^1 r^2\, dr \int_0^{2\pi} d\varphi = \frac{4}{3}\pi abc$$

24.3 (1) $x = u^p$, $y = v^p$ とおく. $E : u+v \leqq 1,\ u, v \geqq 0$
$$S = \iint_E p^2 u^{p-1} v^{p-1}\, dudv = p^2 \int_0^1 u^{p-1}\, du \int_0^{1-u} v^{p-1}\, dv$$
$$= p \int_0^1 u^{p-1}(1-u)^p\, du = pB(p, p+1)$$
$$= p\frac{\Gamma(p)\Gamma(p+1)}{\Gamma(2p+1)} = \frac{p}{2}\frac{\Gamma(p)^2}{\Gamma(2p)}$$

(2) (1)で, とくに, $p = 3/2$ の場合.
$$S = \frac{1}{2}\cdot\frac{3}{2}\frac{\Gamma(3/2)^2}{\Gamma(3)} = \frac{1}{2}\cdot\frac{3}{2}\frac{(\sqrt{\pi}/2)^2}{2!} = \frac{3}{32}\pi$$

24.4 (1) $S = 4\int_D \sqrt{\left(\frac{\partial z}{\partial x}\right)^2 + \left(\frac{\partial z}{\partial y}\right)^2 + 1}\, dxdy$
$$= 4\iint_D \sqrt{\frac{x+1}{x}}\, dxdy = 4\int_0^1 dx \int_0^{\sqrt{x-x^2}} \sqrt{\frac{x+1}{x}}\, dy$$
$$= 4\int_0^1 \sqrt{1-x^2}\, dx = \pi$$

(2) $S = \iint_D \sqrt{\left(\frac{\partial z}{\partial x}\right)^2 + \left(\frac{\partial z}{\partial y}\right)^2 + 1}\, dxdy \quad (z = \sqrt{2xy})$
$$= \iint_D \sqrt{\frac{y}{2x} + \frac{x}{2y} + 1}\, dxdy$$
$$= \iint_D \frac{x}{\sqrt{2xy}}\, dxdy + \iint_D \frac{y}{\sqrt{2xy}}\, dxdy$$
$$= \frac{1}{\sqrt{2}}\int_0^a \sqrt{x}\, dx \int_0^b \frac{1}{\sqrt{y}}\, dy + \frac{1}{\sqrt{2}}\int_0^a \frac{1}{\sqrt{x}}\, dx \int_0^b \sqrt{y}\, dy$$
$$= \frac{2}{3}\sqrt{2ab}\,(a+b)$$

(3) $z = \sqrt{a^2 - x^2}$ より, $\sqrt{\left(\frac{\partial z}{\partial x}\right)^2 + \left(\frac{\partial z}{\partial y}\right)^2 + 1} = \frac{a}{\sqrt{a^2-x^2}}$
$$\therefore\ S = 8\int_0^a dx \int_0^{\sqrt{a^2-x^2}} \frac{a}{\sqrt{a^2-x^2}}\, dy = 8a^2$$

25.1 (1) $C_1 : x = t+1,\ y = 3t+1 \quad (0 \leqq t \leqq 1)$
$$I = \int_0^1 [\,4t+2 \quad 2t+2\,]\begin{bmatrix}1\\3\end{bmatrix} dt = \int_0^1 (10t+8)\, dt = 13$$

（2） $C_2 : x = t,\ y = t^2\ \ (1 \leq t \leq 2)$

$$I = \int_1^2 \begin{bmatrix} t + t^2 & 2t \end{bmatrix} \begin{bmatrix} 1 \\ 2t \end{bmatrix} dt = \int_1^2 (5t^2 + t)\, dt = \frac{79}{6}$$

25.2 グリーンの定理により，線積分を二重積分として計算する．

（1） $\displaystyle I = \iint_D \left(\frac{\partial}{\partial x}(2y - 3xy) - \frac{\partial}{\partial y}(x^2 - 4y^2) \right) dxdy$

$\displaystyle = \int_0^1 dx \int_0^{1-x} 5y\, dy = \frac{5}{2} \int_0^1 (1-x)^2\, dx = \frac{5}{6}$

（2） $\displaystyle I = \int_0^1 dx \int_{x^2}^{\sqrt{x}} 5y\, dy = \frac{5}{2} \int_0^1 (x - x^4)\, dx = \frac{3}{4}$

25.3 極座標変換して，$I = 2\pi$．また，$\dfrac{\partial g}{\partial x} = \dfrac{\partial f}{\partial y}$ より，$J = 0$

▶注 D 内の点 $(0,0)$ で，$f(x,y),\ g(x,y)$ は不連続なので，$I = J$ は保障されない．

25.4 （1） グリーンの定理で，$f(x,y) = -y,\ g(x,y) = 0$ とすれば，

$$S = \iint_D dxdy = \int_C (-y)\, dx, \quad S = \int_C x\, dy \quad \text{も同様．}$$

これら二つの式を辺ごとに加えて，両辺を $1/2$ 倍すれば，残る等式が得られる．

（2） $x = \cos^3 t,\ y = \sin^3 t\ \ (0 \leq t \leq 2\pi)$ と表わす．

$\displaystyle S = \frac{1}{2} \int_C -y\, dx + x\, dy$

$\displaystyle = \frac{1}{2} \int_0^{2\pi} (-\sin^3 t \cdot (-3\cos^2 t \sin t) + \cos^3 t \cdot 3\sin^2 t \cos t)\, dt$

$\displaystyle = \frac{3}{2} \int_0^{2\pi} \sin^2 t \cos^2 t\, dt = \frac{3}{2} \cdot 4 \int_0^{\pi/2} (\sin^2 t - \sin^4 t)\, dt = \frac{3}{8}\pi$

（3） $\displaystyle S = \int_C y\, dx = \int_0^{\pi} y \frac{dx}{dt} dt$

$\displaystyle = \int_0^{\pi} \sin 3t \cdot 2\cos 2t\, dt$

$\displaystyle = \int_0^{\pi} (\sin 5t + \sin t)\, dt$

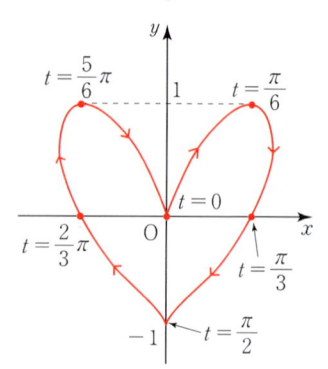

$\displaystyle = \frac{12}{5}$

―― 解答終り ――

索　引

あ・い・お

アステロイド	*82*
鞍点	*119*
陰関数	*22*
──── 定理	*124, 126*
凹凸（曲線の）	*49*

か・き

開区間	*2, 95*
下限	*9*
関数	*2*
ガンマ関数	*89, 90*
逆関数	*3, 4*
──── の微分法	*21*
逆三角関数	*30*
級数	*8*
極限（値）	
左────，右────	*5*
関数の────	*4, 96*
数列の────	*8*
極座標（変換）	*148, 149*
極小・極大・極値	*48, 118*
曲線の長さ	*80*
曲面積	*159*
近傍	*95*

く・け・こ

グリーンの定理	*166*
原始関数	*63, 165*
広義重積分	*151*
広義積分	*86*
高次導関数	*40*
高次微分係数	*40*
合成関数	*3, 4*
──── の微分法	*14, 106*
合成積	*143*
コーシーの平均値の定理	*36*

さ・し

サイクロイド	*81*
最大値・最小値の存在定理	*33*
三角関数	*25*
指数関数・指数法則	*18, 19*
重積分	*138*
収束	
広義積分の────	*86, 88*
数列の────	*7*
シュワルツの不等式	*83*
上限	*9*

す・せ・そ

数列	*7*
積分・積分可能	*60*
接線	*14*
接平面	*104*
線積分	*162*
増加関数，増加状態	*35*
双曲線関数	*32*

た・ち・て・と

対数関数	*20*
対数微分法	*23*
たたみこみ	*143*
単調増加・単調減少	*35*
置換積分（法）	*67, 144*
中間値の定理	*6*
定積分	*60*

テイラー展開	42, 43, 114
テイラーの定理	41
導関数	11

な・に

滑らか	
曲線が――	163
区分的に――	164
ニュートンの近似法	56

は・ひ・ふ

媒介表示関数の微分法	47
ハサミウチの原理	6
発散	
広義積分の――	88
数列の――	7
微積分学の基本定理	65, 87
微分 (differential)	14, 100
微分可能	11, 12, 100
微分係数	10, 11, 100
不定形の極限	37
不定積分	62
部分積分(法)	69

へ・ほ

平均値の定理	34
ベータ関数	91
ヘッセ行列	121
変曲点	49
変数変換	144
偏導関数・偏微分係数	98
方向微分係数	110

ま

マクローリン展開	42, 43

や・ゆ

ヤコビ行列	102
ヤコビ行列式・ヤコービアン	145
有界	
区間が――	33
関数が――	60
優関数定理	88

ら・り・る・れ・ろ

ライプニッツの公式	40
ラグランジュの剰余項	44
ラグランジュの未定乗数(法)	132
領域	95
累次積分	140
連続(関数が――)	5, 6, 96
左――,右――	6
連続微分可能	40
ロピタルの定理	37
ロルの定理	33

記　号

$f \circ g$　（合成関数）	3
f^{-1}　（逆関数）	3
$(df)_a$　（微分）	14
$f(x) \ll g(x)$　$(x \to +\infty)$	46
$f_x, \dfrac{\partial f}{\partial x}$　（偏導関数）	98
$f_{xy}, \dfrac{\partial^2 f}{\partial y \partial x}$　（2次偏導関数）	111
C^n 級	113
$f_{\boldsymbol{u}}(\boldsymbol{a})$　（方向微分係数）	110
$\dfrac{\partial (u,v)}{\partial (x,y)}$　（ヤコビ行列式）	145
$f \ast g$　（合成積）	143
$\int_C f,\ \int_C f(\boldsymbol{x})\,d\boldsymbol{x}$　（線積分）	162
$\cos^{-1},\ \sin^{-1}$　（逆三角関数）	30
$\cosh,\ \sinh$　（双曲線関数）	32
$B(p,q)$　（ベータ関数）	91
$\Gamma(s)$　（ガンマ関数）	89

著者紹介

小寺平治(こでらへいぢ)

1940年 東京都に生まれる
1964年 東京教育大学理学部数学科卒
　　　 愛知教育大学助教授・同教授を歴任
現　在 愛知教育大学名誉教授
専　攻 数学基礎論・数理哲学
主　著 『明解演習 線形代数』共立出版
　　　 『明解演習 微分積分』共立出版
　　　 『明解演習 数理統計』共立出版
　　　 『新統計入門』裳華房
　　　 『クイックマスター線形代数 改訂版』共立出版
　　　 『クイックマスター微分積分』共立出版
　　　 『なっとくする微分方程式』講談社
　　　 『ゼロから学ぶ統計解析』講談社
　　　 『テキスト 線形代数』共立出版
　　　 『テキスト 微分方程式』共立出版
　　　 『テキスト 複素解析』共立出版
　　　 『はじめての 統計15講』講談社
　　　 『はじめての 線形代数15講』講談社
　　　 『はじめての 微分積分15講』講談社
　　　 『リメディアル 大学の基礎数学』裳華房
　　　 『これでわかった！ 微分積分演習』共立出版
　　　 『ゲンツェン 数理論理学への誘い』現代数学社

テキスト 微分積分　　　著　者　小寺平治 © 2003
　　　　　　　　　　　 発行者　南條光章
　　　　　　　　　　　 発　行　共立出版株式会社

2003年11月19日 初版1刷発行
2023年 1月20日 初版24刷発行

東京都文京区小日向4丁目6番19号
電話　東京(03)3947-2511番（代表）
郵便番号112-0006
振替口座00110-2-57035番
URL　www.kyoritsu-pub.co.jp

印　刷　中央印刷株式会社
製　本　協栄製本

検印廃止
NDC 413.3
ISBN 978-4-320-01751-1

一般社団法人
自然科学書協会
会員

Printed in Japan

JCOPY ＜出版者著作権管理機構委託出版物＞
本書の無断複製は著作権法上での例外を除き禁じられています．複製される場合は，そのつど事前に，出版者著作権管理機構（TEL：03-5244-5088, FAX：03-5244-5089, e-mail：info@jcopy.or.jp）の許諾を得てください．

◆ **色彩効果の図解と本文の簡潔な解説により数学の諸概念を一目瞭然化！**

ドイツ Deutscher Taschenbuch Verlag 社の『dtv-Atlas事典シリーズ』は，見開き２ページで１つのテーマが完結するように構成されている。右ページに本文の簡潔で分り易い解説を記載し，かつ左ページにそのテーマの中心的な話題を図像化して表現し，本文と図解の相乗効果で理解をより深められるように工夫されている。これは，他の類書には見られない『dtv-Atlas事典シリーズ』に共通する最大の特徴と言える。本書は，このシリーズの『dtv-Atlas Mathematik』と『dtv-Atlas Schulmathematik』の日本語翻訳版。

カラー図解 数学事典

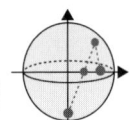

Fritz Reinhardt・Heinrich Soeder [著]
Gerd Falk [図作]
浪川幸彦・成木勇夫・長岡昇勇・林 芳樹 [訳]

数学の最も重要な分野の諸概念を網羅的に収録し，その概観を分り易く提供。数学を理解するためには，繰り返し熟考し，計算し，図を書く必要があるが，本書のカラー図解ページはその助けとなる。

【主要目次】 まえがき／記号の索引／序章／数理論理学／集合論／関係と構造／数系の構成／代数学／数論／幾何学／解析幾何学／位相空間論／代数的位相幾何学／グラフ理論／実解析学の基礎／微分法／積分法／関数解析学／微分方程式論／微分幾何学／複素関数論／組合せ論／確率論と統計学／線形計画法／参考文献／索引／著者紹介／訳者あとがき／訳者紹介

■菊判・ソフト上製本・508頁・定価（本体5,500円＋税）■

カラー図解 学校数学事典

Fritz Reinhardt [著]
Carsten Reinhardt・Ingo Reinhardt [図作]
長岡昇勇・長岡由美子 [訳]

『カラー図解 数学事典』の姉妹編として，日本の中学・高校・大学初年級に相当するドイツ・ギムナジウム第５学年から13学年で学ぶ学校数学の基礎概念を１冊に編纂。定義は青で印刷し，定理や重要な結果は緑色で網掛けし，幾何学では彩色がより効果を上げている。

【主要目次】 まえがき／記号一覧／図表頁凡例／短縮形一覧／学校数学の単元分野／集合論の表現／数集合／方程式と不等式／対応と関数／極限値概念／微分計算と積分計算／平面幾何学／空間幾何学／解析幾何学とベクトル計算／推測統計学／論理学／公式集／参考文献／索引／著者紹介／訳者あとがき／訳者紹介

■菊判・ソフト上製本・296頁・定価（本体4,000円＋税）■

http://www.kyoritsu-pub.co.jp/　　共立出版　　（価格は変更される場合がございます）